高职高专"十三五"规划教材

辽宁省能源装备智能制造高水平特色专业群建设成果系列教材

王 辉 主编

电工技术

王 辉 黄清学 郭庆霞 主编

化学工业出版社

·北京·

内容简介

"电工技术"是一门重要的专业基础课程,《电工技术》的主要内容包括:直流电路、单相正弦交流电路、三相交流电路、电路的暂态分析、含耦合电感电路、电气控制基础等,内容与行业、职业岗位需要的知识、技能和技术相结合,为学生可持续发展奠定良好基础,使学生具有电工实践动手能力和分析电路的能力。

本书可作为高职高专院校工科类专业教材使用,也可供相关技术人员参考阅读。

图书在版编目(CIP)数据

电工技术/王辉,黄清学,郭庆霞主编. —北京:化学工业出版社,2020.12(2025.2重印)
高职高专"十三五"规划教材. 辽宁省能源装备智能制造高水平特色专业群建设成果系列教材
ISBN 978-7-122-37990-0

Ⅰ.①电… Ⅱ.①王… ②黄… ③郭… Ⅲ.①电工技术-高等职业教育-教材 Ⅳ.①TM

中国版本图书馆 CIP 数据核字(2020)第 228682 号

责任编辑:满悦芝　丁文璇　　　　　　　文字编辑:袁　宁　陈小滔
责任校对:王鹏飞　　　　　　　　　　　装帧设计:张　辉

出版发行:化学工业出版社(北京市东城区青年湖南街 13 号　邮政编码 100011)
印　　装:三河市航远印刷有限公司
787mm×1092mm　1/16　印张 12¾　字数 310 千字　2025 年 2 月北京第 1 版第 8 次印刷

购书咨询:010-64518888　　　　　　　售后服务:010-64518899
网　　址:http://www.cip.com.cn
凡购买本书,如有缺损质量问题,本社销售中心负责调换。

定　　价:45.00 元　　　　　　　　　　　　　　　　版权所有　违者必究

辽宁省能源装备智能制造高水平特色专业群
建设成果系列教材编写人员

主　编：王　辉

副主编：段艳超　孙　伟　尤建祥

编　委：孙宏伟　李树波　魏孔鹏　张洪雷

　　　　张　慧　黄清学　张忠哲　高　建

　　　　李正任　陈　军　李金良　刘　馥

前言

　　本书按照"职业学校人才培养培训指导方案"中核心教学与训练项目的主要教学内容和教学要求,以职业岗位群体所需的电工技术理论为主线,结合企业实际需求编写形成,坚持以就业为导向,以培养具有"双证书"的一线操作人员为根本,紧密结合当前行业的实际,立足于培养技能型、应用型人才。本书内容在确保基础性和科学性的前提下,围绕专业课程的内容和教学要求进行选取。本书本着"突出技能,重在实践,淡化理论,够用实用"的指导思想,以学生为主体,降低了知识的理论难度,注重教学的科学性和灵活性,体现了高职院校工科类专业电工基础教学的基本特点,旨在通过电工基础知识和基本操作技能的培养和训练,激发学生的学习兴趣,开发学生的创造性思维,提高学生分析、解决复杂问题的能力。

　　全书分为6章,包括了直流电路、单相正弦交流电路、三相交流电路、电路的暂态分析、含耦合电感电路、电气控制基础等。本书由盘锦职业技术学院王辉、黄清学、郭庆霞担任主编,金鑫、徐秀贤、陈金阳任副主编,丛榆坤、王敏参加了教材的编写工作。

　　在编写过程中,参考了有关资料和文献,在此向相关的作者表示衷心的感谢。鉴于编者水平有限,书中不妥之处在所难免,恳请广大读者批评指正。

编者

2020 年 12 月

目录

2 单相正弦交流电路

3 三相交流电路

4 电路的暂态分析

5 含耦合电感电路

6 电气控制基础

参考文献

1　直流电路

【项目描述】　直流电路是实际应用电路的基础，通过直流电路知识的学习，掌握电路分析的基本方法、原理，进而能将其应用到解决实际电路的问题中。本项目主要介绍电路与电路模型的概念，电路的基本物理量，电压、电流参考方向的概念，电阻元件及电源元件，基尔霍夫定律及电位的分析与计算。

1.1　电路及基本物理量

1.1.1　电路的组成及作用

1.1.1.1　电路简介

如图 1-1(a) 所示，通过开关用导线将干电池和小灯泡连接起来，就组成了一个最简单的电路。图 1-1(b) 是用电气符号描述该电路的电路原理图。对电路的描述有时也可采用方框图，如图 1-2 所示。方框图主要用于说明一个复杂电路系统中各部分电路的功能及相互之间的关系，不描述细节。

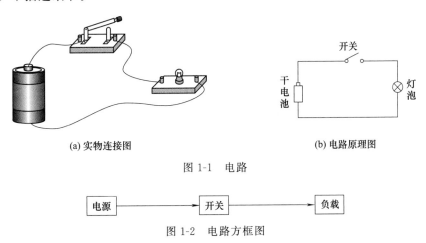

(a) 实物连接图　　　　　　　　　　　　(b) 电路原理图

图 1-1　电路

图 1-2　电路方框图

电路是由若干电气设备或元器件按一定方式用导线连接而成的电流通路。通常由电源、负载及中间环节三部分组成。

电路一般由以下四部分组成：电源是为电路提供电能的设备，如干电池、蓄电池、发电机等；负载又称为用电器，其作用是将电能转变为其他形式的能，如电灯、扬声器、电动机等；导线起连接电路和输送电能的作用；控制装置的主要作用是控制电路的通断，如开关、继电器等。有些电路中还装有保护装置，以保证电路的安全运行，如熔断器、热继电器等。

电路最基本的作用包括两方面：一是进行电能的传输和转换，如照明电路、动力电路等；二是进行信息的传输和处理，如测量电路、扩音机电路、计算机电路等。

电路在工作时有三种工作状态，分别是通路、断路、短路。

（1）通路（有载工作状态）

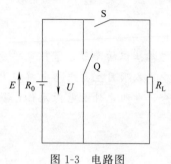

图 1-3　电路图

如图 1-3 所示，当开关 S 闭合时，电源与负载接成闭合回路，电路便处于通路状态。在实际电路中，负载都是并联的，用 R_L 代表等效负载电阻。该电路中的用电器是由用户控制的，而且是经常变动的。当并联的用电器增多时，等效电阻 R_L 就会减小，而电源电动势 E 通常为一恒定值，且内阻 R_0 很小，电源端电压 U 变化很小，则电源输出的电流和功率将随之增大，这时称为电路的负载增大。当并联的用电器减少时，等效负载电阻 R_L 增大，电源输出的电流和功率将随之减小，这种情况称为负载减小。

可见，所谓负载增大或负载减小，是指增大或减小负载电流，而不是增大或减小电阻值。电路中的负载是变动的，所以，电源端电压的大小也随之改变。根据负载大小，电路在通路时又分为三种工作状态：当电气设备的电流等于额定电流时，称为满载工作状态；当电气设备的电流小于额定电流时，称为轻载工作状态；当电气设备的电流大于额定电流时，称为过载工作状态。

（2）断路

所谓断路，就是电源与负载没有构成闭合回路。在图 1-3 所示电路中，当 S、Q 断开时，电路即处于断路状态。断路状态的特征是：$R = \infty$，$I = 0$。

电源内阻消耗功率：$P_E = 0$。

负载消耗功率：$P_L = 0$。

路端电压：$U_0 = E$。

此种情况，也称为电源的空载，$R = \infty$，$I = 0$。

（3）短路

所谓短路，就是电源未经负载而直接由导线接通成闭合回路，如图 1-3 所示，开关 Q 闭合。短路的特征是：$R = 0$，$U = 0$，$P_L = 0$。I_S 见式（1-1）。

$$I_S = \frac{E}{R_0} \tag{1-1}$$

电源内阻消耗功率

$$P_E = I_S^2 R_0 \tag{1-2}$$

因为电源内阻 R_0 一般都很小，所以短路电流 I_S 总是很大。如果电源短路事故未迅速排除，很大的短路电流将会烧毁电源、导线及电气设备，所以，电源短路是一种严重事故。为了防止发生短路事故，损坏电源，常在电路中串接熔断器。熔断器中装有保险丝。保险丝是由低熔点的铅锡合金丝或铅锡合金片做成的。一旦短路，串联在电路中的保险丝将因发热而熔断，从而保护电源免于烧坏。

1.1.1.2 理想元件与电路模型

实际使用的电路都是由一些电工设备（如各种电源、电动机）和电阻器、电容器、线圈以及晶体管等电子元器件组成，人们使用这些电工设备和电子元件的目的是利用它们的某种电磁性质。例如使用电阻器是利用它对电流呈现阻力的性质，与此同时电阻器将电能转换成热能从而损耗掉，这种性质称为电阻性。除此之外，电流通过电阻器还会产生磁场，具有电感性；产生电场，具有电容性。当电流流过其他电工设备和电子元件时，所发生的电磁现象与此大体相同，都是十分复杂的。如果把所有这些电磁特性全都考虑进去，会使电路的分析与计算变得非常烦琐，甚至难以进行。但是实际电工设备和电子元件所表现出的多种电磁特性在强弱程度上是十分不同的，如电阻器、白炽灯、电炉等，它们的电磁性能主要是电阻性，其电感性和电容性十分微弱，在一定频率范围内可以忽略。而电容器的主要电磁性能是建立电场，储存电能，突出表现为电容性。线圈的主要电磁特性是能建立磁场，储存磁场能，突出表现为电感性。为此可以在一定条件下，忽略实际电工设备和电子元件的一些次要性质，只保留它的一个主要性质，并用一个足以反映该主要性质的模型来表示，这种模型就称为理想元件。每种理想元件只具有一种电磁性质，如理想化电阻元件只具有电阻性，理想化电感元件只具有电感性，理想化电容元件只具有电容性。几种常用的理想化电路元件的图形符号和文字符号如图1-4所示。

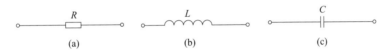

图 1-4 理想化电路元件的图形符号和文字符号

一些电工设备或电子元器件只需用一种理想化电路元件模型来表示，而某些电工设备或电子元器件则需用几种理想化电路元件模型的组合来表示。如干电池这样的直流电源，既有一定的电动势，又有一定的内阻，可以用电压源与电阻元件的串联组合来表示。

用电阻、电感、电容等理想化电路元件近似模拟实际电路中的每个电工设备或电子元件，再根据这些器件的连接方式，用理想导线连接起来，这种由理想化电路元件构成的电路就是实际电路的电路模型。图1-5所示就是手电筒电路的电路模型图。这里电压源 U_S 和电阻元件 R_0 的串联组合表示电池，电阻 R_L 表示灯泡，导线电阻忽略不计。本书中未作特殊说明时，研究的电路均为电路模型。

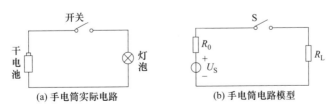

图 1-5 手电筒电路的电路模型

1.1.1.3 电路的基本物理量

电流和电压是表示电路状态及对电路进行定量分析的基本物理量。本节主要介绍电流和电压的基本概念、参考方向以及电位、电功率的概念。

（1）电流

带电粒子有规则地定向运动形成电流。电流的大小用电流强度（简称电流）来表示。电流强度在数值上等于单位时间内通过导体某一横截面的电荷量，用符号 i 表示。则

$$i = \frac{\mathrm{d}Q}{\mathrm{d}t} \tag{1-3}$$

式中，$\mathrm{d}Q$ 为时间 $\mathrm{d}t$ 内通过导体某一横截面的电荷量。

大小和方向都不随时间变化的电流称为恒定电流，简称直流电流，采用大写字母 I 表示，则

$$I = \frac{Q}{t} \tag{1-4}$$

式中，Q 为时间 t 内通过导体某一横截面的电荷量。

在国际单位制中，电流的单位是安培（简称安），用符号 A 来表示。当电流很小时，常用单位为毫安（mA）或微安（μA）；当电流很大时，常用单位为千安（kA）。它们之间的换算关系为：$1\text{A} = 10^3 \text{mA}$，$1\text{A} = 10^6 \mu\text{A}$，$1\text{kA} = 10^3 \text{A}$。

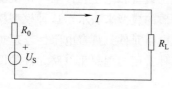

图 1-6　简单电路图

电流不但有大小，而且有方向，正电荷的运动方向规定为电流的实际方向。在简单电路中，电流的实际方向很容易确定。例如在图 1-6 所示的电路中，电流的实际方向由电源的正极流出，经过电阻流向电源负极。但是在复杂电路中，一段电路中电流的实际方向很难预先确定；另外交流电路中电流的方向还在不断地随时间而改变，很难标出其实际方向。为了分析与计算电路的需要，引入了电流参考方向的概念。参考方向又称假定正方向，简称正方向，参考方向一旦设定，在电路分析计算过程中就不能再改动。

在一段电路中，任意选择一个方向作为电流的方向，这个方向就是电流的参考方向，又称为电流的正方向。电流参考方向一般用实线箭头表示，既可以画在线上，也可以画在线外。当所选定的参考方向与实际方向相同时，电流为正值；当所选定的参考方向与实际方向相反时，电流为负值，如图 1-7 所示。电流的数值有正有负，它是一个代数量，其正负可以反映电流的实际方向与参考方向的关系。

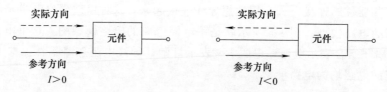

图 1-7　电流的参考方向与实际方向

（2）电压

电压是衡量电场力推动正电荷运动，对电荷做功能力的物理量。电路中 a、b 两点之间的电压在数值上等于电场力把单位正电荷从 a 点移到 b 点所做的功。若电场力移动的电荷量是 $\mathrm{d}Q$，所做的功是 $\mathrm{d}W$，则 a、b 两点之间的电压为

$$U_{ab} = \frac{\mathrm{d}W}{\mathrm{d}Q} \tag{1-5}$$

大小和方向都不随时间变化的电压称为恒定电压，简称直流电压，采用大写字母 U 表示，则 a、b 两点之间的直流电压为

$$U_{ab} = \frac{W}{Q} \tag{1-6}$$

在国际单位制中，电压的单位是伏特（V），常用的单位是千伏（kV）、毫伏（mV）、微伏（μV）。它们之间的换算关系为：$1\text{kV}=10^3\text{V}$，$1\text{V}=10^3\text{mV}$，$1\text{V}=10^6\mu\text{V}$。

电压的方向有三种表示方法，如图 1-8 所示。图 1-8（a）用箭头的指向表示，箭头由高电位端指向低电位端；图 1-8（b）则用"＋""－"标号分别表示高电位端和低电位端；图 1-8（c）用双下标来表示，如 U_{ab} 表示 a、b 两点间的电压的方向是从 a 指向 b 的。以上三种表示方法其意义是相同的，只需任选一种标出即可。

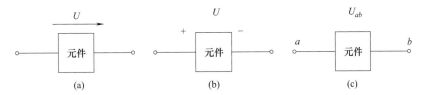

图 1-8　电压方向的三种表示方法

电压的实际方向从高电位点指向低电位点。但在分析、计算电路时，往往难以预先知道一段电路两端电压的实际方向，因此电压也要选取参考方向。当电压的参考方向与实际方向相同时，电压为正值；当电压的参考方向与实际方向相反时，电压为负值。电压的值有正有负，它也是一个代数量，其正负表示电压的实际方向与参考方向的关系。

在电路分析中，对一个元件，既要对电流选取参考方向，又要对元件两端的电压选取参考方向，二者相互独立，可以任意选取。但为了分析方便，常常选同一元件的电流参考方向和电压参考方向一致，即电流由电压的"＋"极性端流向"－"极性端，像这种

图 1-9　关联与非关联参考方向

电流参考方向和电压参考方向相一致，称为关联参考方向，如图 1-9（a）所示。如果电流参考方向和电压参考方向不一致，则称为非关联参考方向，如图 1-9（b）所示。

（3）电位

在电气设备的调试和检修中，常要测量各点的电位，在分析电子电路时，通常要用电位的概念来讨论问题。在电路中任选一点 o 作为参考点，则该电路中 a 点到参考点 o 的电压就叫作 a 点的电位，也就是电场力把单位正电荷从 a 点移到参考点 o 点所做的功。

电位的符号用字母 V 加单下标的方法来表示，如 V_a、V_b 分别表示 a 点和 b 点的电位。显然，电路中任意两点之间的电位差就是该两点之间的电压，即 $U_{ab}=V_a-V_b$。电位的单位与电压相同，也是伏特。

电位是有相对性的。因此，计算电路中各点电位时，必须先选定电路中某一点作为电位参考点，它的电位称为参考电位，并设参考电位为零。其他各点的电位，比参考点电位高的电位为正，比参考点电位低的为负。参考点在电路中通常用接地符号"⊥"表示。在工程上，有些机器的机壳接地，就把机壳作为电位参考点。

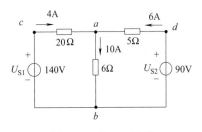

图 1-10　例 1-1 附图

【例 1-1】　在图 1-10 中，若分别以 a、b 点为参考点，求 a、b、c、d 各点电位和任意两点之间的电压。

解 ① 以 a 点为参考点时，有 $V_a=0$，则

$$V_b=U_{ba}=-10\times6=-60(\text{V})$$

$$V_c=U_{ca}=4\times20=80(\text{V})$$

$$V_d=U_{da}=5\times6=30(\text{V})$$

② 以 b 点为参考点时，有 $V_b=0$，则

$$V_a=U_{ab}=10\times6=60(\text{V})$$

$$V_c=U_{cb}=U_{S1}=140(\text{V})$$

$$V_d=U_{db}=U_{S2}=90(\text{V})$$

③ 两点间的电压则为

$$U_{ab}=10\times6=60(\text{V})$$

$$U_{ca}=4\times20=80(\text{V})$$

$$U_{da}=5\times6=30(\text{V})$$

$$U_{cb}=U_{S1}=140(\text{V})$$

$$U_{db}=U_{S2}=90(\text{V})$$

由以上讨论结果可见：电路中各点电位值的大小是相对的，随参考点的改变而改变；而两点间的电压值与参考点的选取无关，是绝对的。

（4）电功率

在电路分析中常用到另一个物理量——电功率。当电场力推动正电荷在电路中运动时，电场力做功，电路吸收能量。单位时间内电场力所做的功称为电功率，简称功率，用符号 P 表示。

设在 $\mathrm{d}t$ 时间内，电场力将正电荷 $\mathrm{d}Q$ 由 a 点移到 b 点，且由 a 点到 b 点的电压降为 U，则在移动过程中电场力所做的功为

$$\mathrm{d}W=U\mathrm{d}Q=UI\mathrm{d}t \tag{1-7}$$

因此，单位时间内电场力所做的功，即电功率为

$$P=\frac{\mathrm{d}W}{\mathrm{d}t}=UI \tag{1-8}$$

式（1-8）表示在电压和电流关联参考方向下，电路吸收的功率。若计算出 $P>0$，则表示电路实际为吸收功率；若计算出 $P<0$，则表示电路实际为发出功率。

通常，在电压和电流非关联参考方向下，电路吸收的功率为

$$P=-UI \tag{1-9}$$

这样规定后，若 $P>0$，仍表示电路吸收功率；$P<0$，表示电路发出功率。

在国际单位制中，功率的单位是瓦特，简称瓦（W），工程上常用的功率单位还有兆瓦（MW）、千瓦（kW）和毫瓦（mW）等，它们的换算关系为：$1\text{MW}=10^6\text{W}$，$1\text{kW}=10^3\text{W}$，$1\text{W}=10^3\text{mW}$。

当已知设备的功率为 P 时，则在时间 t 内消耗的电能为

$$W=Pt \tag{1-10}$$

电能等于电场力所做的功，当功率 P 的单位是瓦时，能量的单位是焦耳（J），它等于功率是 1W 的用电设备在 1s 内消耗的电能。工程上或生活中还常用千瓦时（kW·h）作为电能的单位，1kW·h 又称为 1 度电。

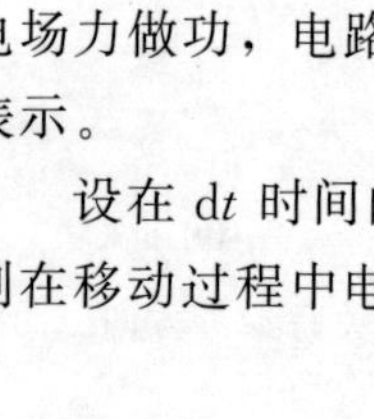

图 1-11　例 1-2 附图　　**【例 1-2】** 如图 1-11 所示电路中，已知元件 A 的 $U=-5\text{V}$，$I=2\text{A}$；

元件 B 的 $U=3V$，$I=-5A$，求元件 A、B 吸收的功率各为多少？

 解 元件 A，电压、电流为关联参考方向，故吸收的功率为

$$P_A = UI = -5 \times 2 = -10(W)$$

元件 A 吸收的功率为 $-10W$，$P_A < 0$，表明元件 A 实际为发出功率。

元件 B，电压、电流为非关联参考方向，故吸收的功率为

$$P_B = -UI = -3 \times (-5) = 15(W)$$

$P_B > 0$，表明元件 B 实际为吸收功率。

1.1.2　电阻的串联、并联与混联

1.1.2.1　电阻的串联

 有一种装饰小彩灯，它是将许多灯泡依次连接在电路里，要亮所有灯泡一起亮，但只要其中有一只灯泡熄灭，灯泡就全部熄灭。像这样把多个元件逐个顺次连接起来，就组成了串联电路。三个电阻串联的电路如图 1-12 所示。

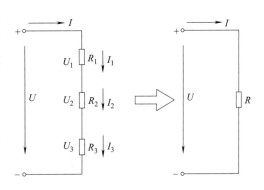

(a) 三个电阻串联电路　　(b) 等效电路

图 1-12　电阻的串联

 （1）电阻串联电路的特点

 ① 电阻串联时流过每个电阻的电流都相等，即

$$I = I_1 = I_2 = I_3$$

 ② 电阻串联电路中，电路两端的总电压等于各个电阻两端电压之和，即

$$U = U_1 + U_2 + U_3$$

 ③ 电阻串联电路的总电阻（等效电阻）等于各个电阻之和，即

$$R = R_1 + R_2 + R_3$$

 ④ 电阻串联电路中各电阻上电压的分配与电阻的阻值成正比，即

$$\frac{U_n}{U} = \frac{IR_n}{IR} = \frac{R_n}{R}$$

$$U_n = \frac{R_n}{R}U \tag{1-11}$$

上式称为分压公式，其中 $\dfrac{R_n}{R}$ 为分压比。两个电阻串联电路的分压公式为

$$U_1 = \frac{R_1}{R_1+R_2}U, \quad U_2 = \frac{R_2}{R_1+R_2}U \tag{1-12}$$

 ⑤ 电阻串联电路中消耗的总功率等于各电阻消耗功率之和，即

$$P = P_1 + P_2 + P_3$$

 （2）电阻串联电路的应用

 ① 采用几只电阻器串联来获得阻值较大的电阻器。

 ② 构成分压器。

 【例 1-3】　图 1-13 所示为电阻分压器，已知电路两端电压 $U=120V$，$R_1=10\Omega$，$R_2=20\Omega$，$R_3=30\Omega$。试求当开关分别在 1、2、3 位置时输出电压 U_0 的大小。

解 根据分压公式，当开关分别在1、2、3位置时，输出电压 U_{01}、U_{02}、U_{03} 的大小分别是

$$U_{01}=\frac{R_1}{R_1+R_2+R_3}U=\frac{10}{10+20+30}\times120=20(\mathrm{V})$$

$$U_{02}=\frac{R_1+R_2}{R_1+R_2+R_3}U=\frac{10+20}{10+20+30}\times120=60(\mathrm{V})$$

$$U_{03}=U=120(\mathrm{V})$$

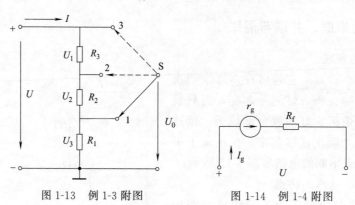

图 1-13　例 1-3 附图　　　　图 1-14　例 1-4 附图

【**例 1-4**】 现有一表头，满度电流 I_g 是 $100\mu\mathrm{A}$（即表头允许通过的最大电流是 $100\mu\mathrm{A}$），表头等效电阻 r_g 为 $1\mathrm{k\Omega}$。若把它改装成量程为 15V 的电压表，如图 1-14 所示，问：应在表头上串联多大的分压电阻 R_f？

解 因为分压电阻 R_f 与表头电阻 r_g 串联，所以流过分压电阻的电流与表头电流相等。故有

$$I_g=\frac{U_f}{R_f}=\frac{U-I_gr_g}{R_f}$$

$$R_f=\frac{U-I_gr_g}{I_g}=\frac{15-100\times10^{-6}\times10^3}{100\times10^{-6}}=149(\mathrm{k\Omega})$$

1.1.2.2　电阻的并联

在电路中，将两个或两个以上的电阻，并列连接在相同两点之间的连接方式叫做电阻并联。三个电阻并联电路如图 1-15 所示。

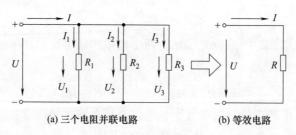

(a) 三个电阻并联电路　　　　(b) 等效电路

图 1-15　电阻的并联

（1）电阻并联电路特点

① 电阻并联时电路两端总电压与各电阻两端电压相等，即

$$U=U_1=U_2=U_3$$

② 电阻并联电路中的总电流等于流过各电阻电流之和，即

$$I = I_1 + I_2 + I_3$$

③ 电阻并联电路总电阻（即等效电阻）的倒数等于各电阻倒数之和，即

$$\frac{1}{R} = \frac{1}{R_1} + \frac{1}{R_2} + \frac{1}{R_3}$$

当两个电阻并联时，总电阻为

$$R = \frac{R_1 R_2}{R_1 + R_2}$$

④ 电阻并联电路中，各电阻分配的电流与其阻值成反比，即阻值越大的电阻所分配的电流越小，反之电流越大。两个电阻并联时的分流公式为

$$I_1 = \frac{R_2}{R_1 + R_2} I, \quad I_2 = \frac{R_1}{R_1 + R_2} I \tag{1-13}$$

⑤ 电阻并联电路中各电阻消耗的功率与其阻值成反比，即

$$P_n = \frac{U^2}{R_n}$$

电路消耗的总功率等于相并联各电阻消耗功率之和，即

$$P = UI = \frac{U^2}{R_1} + \frac{U^2}{R_2} + \cdots + \frac{U^2}{R_n} \tag{1-14}$$

一般负载都是并联使用的。负载并联使用时，它们处于同一电压之下，任何一个负载的工作情况基本上不受其他负载的影响。并联的负载电阻愈大（负载增加），则总电阻愈小，电路中总电流和总功率也愈大。

（2）电阻并联电路的应用

① 采用几只电阻器并联来获得较小阻值的电阻器。

② 用并联电阻的方法来扩大电流表的量程。

【例 1-5】 图 1-16 所示电路中，已知电路中电流 $I = 3\text{A}$，$R_1 = 30\Omega$，$R_2 = 60\Omega$。试求总电阻及流过每个电阻的电流。

解 两个电阻并联的总电阻为

$$R = \frac{R_1 R_2}{R_1 + R_2} = \frac{30 \times 60}{30 + 60} = 20(\Omega)$$

利用分流公式

$$I_1 = \frac{R_2}{R_1 + R_2} I = \frac{60}{90} \times 3 = 2(\text{A})$$

$$I_2 = \frac{R_1}{R_1 + R_2} I = \frac{30}{90} \times 3 = 1(\text{A})$$

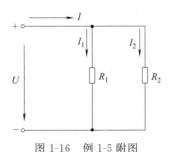

图 1-16 例 1-5 附图　　　　图 1-17 例 1-6 附图

【例 1-6】 现有一表头，满度电流 I_g 是 $100\mu A$（即表头允许通过的最大电流是 $100\mu A$），表头等效电阻是 $1k\Omega$。若把它改装成量程为 $10mA$ 的电流表，如图 1-17 所示，问：应在表头上并联多大的分流电阻 R_f?

解 因为分流电阻与表头并联，所以分流电阻两端电压与表头两端电压相等，即

$$U_g = I_g r_g = (I - I_g) R_f$$

$$R_f = \frac{I_g}{I - I_g} r_g = \frac{100 \times 10^{-3}}{10 - 100 \times 10^{-3}} \times 10^3 = 10.1(\Omega)$$

1.1.2.3 电阻的混联

既有电阻串联又有电阻并联的电路，叫做电阻混联电路，如图 1-18 所示。在图 1-18(a) 中，电阻 R_1、R_2 串联后与 R_3 并联，三只电阻器混联后，等效电阻为

$$R = \frac{(R_1 + R_2) R_3}{R_1 + R_2 + R_3} = \frac{(2+4) \times 3}{2+4+3} = 2(\Omega)$$

在图 1-18(b) 中，由于连接关系复杂一些，可采用画等效电路的方法，把电路改画成容易判别串、并联关系的电路，然后进行计算。

图 1-18(b) 的等效电路如图 1-18(c) 所示，其等效电阻为

$$R_{134} = R_1 + \frac{R_3 R_4}{R_3 + R_4} = 2 + \frac{3 \times 4}{4+4} = 6(\Omega)$$

$$R = R_{ab} = \frac{R_2 R_{134}}{R_2 + R_{134}} = \frac{6 \times 6}{6+6} = \frac{6}{2} = 3(\Omega)$$

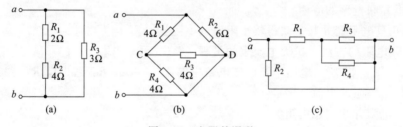

图 1-18 电阻的混联

1.2 电路元件

电路元件是组成电路模型的最小单元，电路元件本身就是一个最简单的电路模型。在电路中电路元件的特性是由其电压、电流关系来表征的，通常称为伏安特性。

1.2.1 电阻元件

电阻器是具有一定电阻值的元器件，在电路中用于控制电流、电压和控制放大了的信号等，电阻元件是从实际电阻器中抽象出来的理想化模型，是代表电路中消耗电能这一物理现象的理想二端元件。电灯泡、电炉、电烙铁等这类实际电阻器，当忽略其电感等作用时，可将它们抽象为仅消耗电能的电阻元件。电阻器由电阻材料制成，如线绕电阻、碳膜电阻、金属膜电阻等。电阻元件简称电阻，它是一种对电流呈现阻碍作用的耗能元件。

电阻元件按其伏安特性曲线是否为通过原点的直线，可分为线性电阻元件和非线性电阻

元件，按其特性曲线是否随时间变化，又分为时变电阻和非时变电阻元件。

通常所说的电阻元件，习惯上指的是线性非时变电阻元件，又简称电阻，用符号 R 表示。

由欧姆定律可知：电阻元件两端的电压与流过它的电流成正比，在电压与电流关联参考方向下可写成

$$U = RI \tag{1-15}$$

电阻元件的伏安特性，可以用电流为横坐标、电压为纵坐标的直角坐标平面上的曲线来表示，称为电阻元件的伏安特性曲线。如果伏安特性曲线是一条过原点的直线，如图 1-19 所示，这样的电阻元件称为线性电阻元件，线性电阻元件在电路图中用图 1-20 所示的图形符号表示。其伏安特性曲线的斜率即为电阻的阻值。电阻的单位是欧姆（Ω），常用的单位还有千欧（kΩ）和兆欧（MΩ），它们之间的换算关系为：$1k\Omega = 10^3 \Omega$，$1M\Omega = 10^6 \Omega$。

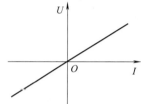

图 1-19　线性电阻元件的伏安特性曲线

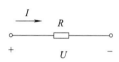

图 1-20　线性电阻元件的图形符号

严格地说，实际电路器件的电阻都是非线性的，如常用的白炽灯，只有在一定的工作范围内，才能把白炽灯近视看成线性电阻，而超过此范围，就成了非线性电阻。

式（1-15）是在电压、电流取关联参考方向时的欧姆定律形式，如果电压和电流为非关联参考方向，则应改为

$$U = -RI \tag{1-16}$$

电阻的倒数叫作电导，用符号 G 来表示，即

$$G = \frac{1}{R} \tag{1-17}$$

当电压 U 的单位为伏特（V），电流 I 的单位为安培（A）时，电阻的单位是欧姆（Ω），电导的单位是西门子，简称西（S）。电导也是表征电阻元件特性的参数，它反映的是电阻元件的导电能力。欧姆定律可写为

$$I = GU \quad （U、I 为关联参考方向）$$
$$I = -GU \quad （U、I 为非关联参考方向）$$

电阻是耗能元件，在电压与电流关联参考方向下，任何时刻元件吸收的功率为

$$P = UI = RI^2 = \frac{U^2}{R} = GU^2 \tag{1-18}$$

【例 1-7】　额定功率是 40W，额定电压为 220V 的灯泡，其额定电流和电阻值是多少？

解　由

$$P = UI = \frac{U^2}{R}$$

得

$$I = \frac{P}{U} = \frac{40W}{220V} = 0.18A$$

$$R = \frac{U^2}{P} = \frac{220^2}{40} = 1210(\Omega)$$

1.2.2 电容元件

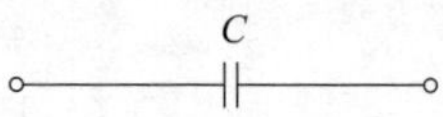

图 1-21　电容元件的
电路符号

实际电容器是由两片金属极板中间充满电介质（如空气、云母、绝缘纸、塑料薄膜、陶瓷等）构成的。在电路中多用来滤波、隔直、交流耦合、交流旁路及与电感元件组成振荡回路等。电容器又名储电器，在电路图中用字母"C"表示，电路图中常用电容元件的符号如图 1-21 所示。

电容元件是从实际电容器中抽象出来的理想化模型，是代表电路中储存电能这一物理现象的理想二端元件。当忽略实际电容器的漏电电阻和引线电感时，可将它们抽象为仅具有储存电场能量的电容元件。

对于电容元件来说，其极板间的电压 U 越大，极板上储存的电荷 Q 也越多，把 Q 与 U 的比值称为电容元件的电容量（简称电容），用符号 C 表示，即

$$C = \frac{Q}{U} \tag{1-19}$$

电容的国际单位为法拉，简称法（F），实际的电容很小，常用的电容单位有微法（μF）、皮法（pF），它们之间的换算关系为：$1F = 10^6 \mu F$，$1F = 10^{12} pF$。

在选用电容器时，除了选择合适的电容量外，还需注意实际工作电压与电容器的额定电压是否相等。如果实际工作电压过高，介质就会被击穿，电容器就会损坏。

如果电容元件的电压、电流取关联参考方向，如图 1-22 所示，则根据电流的定义及式(1-19)，可得出电容元件的电压、电流关系为

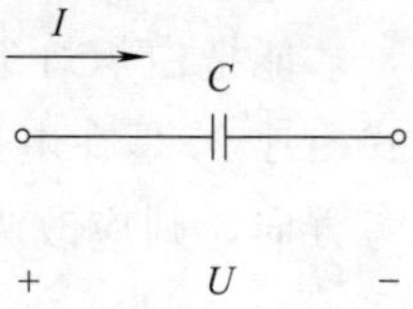

图 1-22　电容元件的电压、
电流关联参考方向

$$I = \frac{\mathrm{d}Q}{\mathrm{d}t} = C\frac{\mathrm{d}U}{\mathrm{d}t} \tag{1-20}$$

从式中很清楚地看到，只有当电容元件两端的电压发生变化时，才有电流通过。电压变化越快，电流越大。当电压不变（直流电压）时，电流为零。所以电容元件有隔直通交的作用。

从式中还可以看到，电容元件两端的电压不能跃变，这是电容元件的一个重要性质。如果电压跃变，则要产生无穷大的电流，对实际电容器来说，这当然是不可能的。

电容是储能元件，它吸收的能量可用下面公式来计算

$$W_C(t) = \frac{1}{2}CU^2(t) \tag{1-21}$$

该式表明，电容元件在某时刻储存的电场能量只与该时刻电容元件的端电压有关。当电压增加时，电容元件从电源吸收能量，储存在电场中的能量增加，这个过程称为电容的充电过程。当电压减小时，电容元件向外释放电场能量，这个过程称为电容的放电过程。电容在充放电过程中并不消耗能量。因此，电容元件是一种储能元件。

在选用电容器时，除了选择合适的电容量外，还需注意实际工作电压与电容器的额定电压是否相等。如果实际工作电压过高，介质就会被击穿，电容器就会损坏。

1.2.3　电感元件

任何导体当有电流通过时，在导体周围就会产生磁场。如果电流发生变化，磁场也随着变化，而磁场的变化又引起感应电动势的产生。这种感应电动势是由导体本身的电流变化引起的，称为自感。

自感电动势的方向，可由楞次定律确定。即当线圈中的电流增大时，自感电动势的方向和线圈中的电流方向相反，以阻止电流的增大；当线圈中的电流减小时，自感电动势的方向和线圈中的电流方向相同，以阻止电流的减小。总之当线圈中的电流发生变化时，自感电动势总是阻止电流的变化。

自感电动势的大小，一方面取决于导体中电流变化的快慢，另一方面还与线圈的形状、尺寸、线圈匝数以及线圈中介质情况有关。

电感元件的图形符号如图 1-23 所示。当电压、电流为关联参考方向时，线性电感元件的特性方程为

图 1-23　电感元件图形符号

$$U = L\frac{\mathrm{d}I}{\mathrm{d}t} \qquad (1\text{-}22)$$

它表明电感元件端钮间的电压与它的电流对时间的变化率成正比。L 称为电感，是表征电感元件特性的参数。当 U 的单位为伏特（V），I 的单位为安培（A）时，L 的单位为亨利，简称亨（H）。习惯上我们常把电感元件简称为电感，所以"电感"这个名词，既表示电路元件，又表示元件的参数。

若电压、电流为非关联参考方向，则电感元件的特性方程为

$$U = -L\frac{\mathrm{d}I}{\mathrm{d}t} \qquad (1\text{-}23)$$

从式中很清楚地看到，只有当电感元件中的电流发生变化时，元件两端才有电压。电流变化越快，电压越高。当电流不变（直流电流）时，电压为零，这时电感元件相当于短路。

从式中还可以看到，电感元件中的电流不能跃变，这是电感元件的一个重要性质。如果电流跃变，则要产生无穷大的电压，对实际电感线圈来说，这当然是不可能的。

在 U、I 关联参考方向下，线性电感元件吸收的功率为

$$P = UI = LI\frac{\mathrm{d}I}{\mathrm{d}t} \qquad (1\text{-}24)$$

在 t 时刻，电感元件储存的磁场能量为

$$W_L(t) = \frac{1}{2}LI^2(t) \qquad (1\text{-}25)$$

该式表明，电感元件在某时刻储存的磁场能量只与该时刻电感元件的电流有关。当电流增加时，电感元件从电源吸收能量，储存在磁场中的能量增加；当电流减小时，电感元件向外释放磁场能量。电感元件并不消耗能量，因此，电感元件也是一种储能元件。

在选用电感线圈时，除了选择合适的电感量外，还需注意实际的工作电流不能超过其额定电流。否则，电流过大会使线圈发热而被烧毁。

1.3 电路的基本定律

1.3.1 欧姆定律

德国物理学家欧姆，用实验的方法研究了电阻两端电流与电压的关系，得出结论：流过电阻 R 的电流，与电阻两端的电压成正比，与电阻 R 成反比，这个结论叫做欧姆定律。如图 1-24(a) 所示，电流、电压取关联参考方向，欧姆定律用公式表示为

$$I = \frac{U}{R} \tag{1-26}$$

或

$$U = IR \tag{1-27}$$

电流、电压取非关联参考方向时，欧姆定律表示为

$$I = -\frac{U}{R} \tag{1-28}$$

或

$$U = -IR \tag{1-29}$$

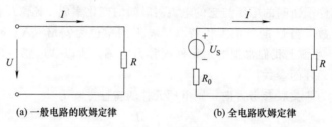

(a) 一般电路的欧姆定律   (b) 全电路欧姆定律

图 1-24　欧姆定律

对于含有电源的全电路来说，如图 1-24(b) 所示，电路中的电流为

$$I = \frac{U_S}{R_0 + R} \tag{1-30}$$

式(1-30) 是全电路欧姆定律的数学表达式。它说明，在全电路中，电流与电源的电动势成正比，与电路的其他所有电阻之和成反比。

1.3.2 基尔霍夫定律

基尔霍夫定律包括基尔霍夫电流定律和基尔霍夫电压定律，是分析与计算电路的基本定律，适用于各种线性及非线性电路的分析运算。它仅取决于电路中各元件的连接方式，而与各元件本身的物理特性无关。在叙述基尔霍夫定律之前，先定义几个术语。

① 支路：电路中任意两个节点之间的电路称为支路。图 1-25 中有 3 条支路。*aeb* 支路不含有电源，称为无源支路。*acb*、*adb* 支路含有电源，称为有源支路。

② 节点：电路中三条或三条以上支路的连接点称为节点。图 1-25 中有 *a*、*b* 两个节点。

③ 回路：电路中任意一闭合路径称为回路。图 1-25 中有 *adbca*、*acbea*、*adbea* 三个回路。

④ 网孔：内部不包含任何支路的回路称为网孔，也称单孔回路。如图 1-25 中 *adbca*、*acbea* 这两个回路是网孔，其余的回路都不是网孔。

1.3.2.1 基尔霍夫电流定律

基尔霍夫电流定律（KCL），又称基尔霍夫第一定律。它是描述电路中与节点相连的各支路电流间相互关系的定律。它的内容是：对于电路中的任何一个节点，在任何瞬间，流入节点的电流之和等于流出节点的电流之和，即

$$\sum I_入 = \sum I_出 \qquad (1-31)$$

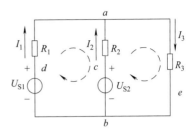

图 1-25 支路、节点、回路和网孔

显然在图 1-25 所示电路中，对节点 a 可写出

$$I_1 + I_2 = I_3$$

这个定律也可用另一种叙述方式：对于电路中的任意节点，在任意时刻，通过电路中任一节点的电流的代数和为零。即

$$\sum I = 0 \qquad (1-32)$$

若规定流入（出）节点电流为正，流出（入）节点电流为负，在图 1-25 所示电路中，对节点 a 可写出

$$I_1 + I_2 - I_3 = 0$$

KCL 通常用于节点，但也可以将其推广应用于包围部分电路的任一假设的闭合面（即广义节点）。即在任一瞬间，流入闭合面的电流等于流出闭合面的电流。在图 1-26 所示电路中，虚线为一闭合面，有

$$I_a + I_b + I_c = 0$$

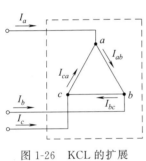

图 1-26 KCL 的扩展

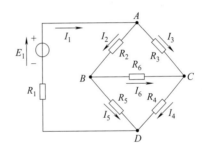

图 1-27 例 1-8 附图

【例 1-8】 在图 1-27 所示电路中，已知 $I_1 = 25\text{mA}$，$I_3 = 16\text{mA}$，$I_4 = 12\text{mA}$。求：I_2、I_5、I_6 的值。

解 对节点 A 有

$$I_1 - I_2 - I_3 = 0$$

所以 $I_2 = I_1 - I_3 = (25 - 16)\text{mA} = 9\text{mA}$，其实际方向与图中参考方向相同。

对节点 C 有

$$I_3 + I_6 - I_4 = 0$$

所以 $I_6 = I_4 - I_3 = (12 - 16)\text{mA} = -4\text{mA}$，负号表示电流的实际方向与图中参考方向相反。

对节点 B 有

$$I_2 - I_5 - I_6 = 0$$

所以 $I_5 = I_2 - I_6 = [9 - (-4)]\text{mA} = 13\text{mA}$，其实际方向与图中参考方向相同。

1.3.2.2 基尔霍夫电压定律

基尔霍夫电压定律（KVL），又称基尔霍夫第二定律，它反映了电路任一回路中各段电压

间相互制约的关系。它的具体内容是：在任何瞬间，对于电路中的任意回路，沿任意规定的（顺时针或逆时针）方向绕行一周，各部分电压的代数和等于零，即

$$\sum U = 0 \tag{1-33}$$

式中，电压 U 的参考方向与绕行方向一致，则该电压前取正号，相反取负号。

在图 1-28 所示的回路中，若以顺时针方向为绕行方向，对回路列 KVL 方程为

$$-U_1 + U_3 - U_4 + U_2 = 0$$

即

$$U_3 - U_4 + U_2 - U_1 = 0$$

图 1-28 所示电路是由电源和电阻构成的，将其物理量代入上式可改写为

$$I_1 R_1 - I_2 R_2 + U_{S2} - U_{S1} = 0$$

或

$$U_{S1} - U_{S2} = I_1 R_1 - I_2 R_2$$

即

$$\sum U_S = \sum IR \tag{1-34}$$

式 (1-34) 是 KVL 方程在电阻电路中的表达形式。具体定义是：在任意瞬间，沿任一回路绕行一周，回路中电源电动势的代数和等于各个电阻上电压的代数和。其中正负号的确定原则是：凡电动势的正方向与所选绕行方向一致则取正号，相反则取负号；当电流的参考方向与绕行方向相同时，电阻上的电压取正号，否则取负号。

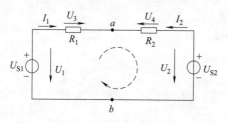

图 1-28　KVL 应用回路

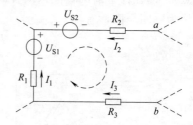

图 1-29　KVL 的扩展

基尔霍夫电压定律不仅适用于闭合回路，也可以应用于不闭合的电路中。在图 1-29 中，a、b 两点间没有元件连接，可假想 a、b 间由某元件连接，元件两端的电压为 U_{ab}，可用 U_{ab} 作为回路电压的一部分列基尔霍夫电压定律方程，有

$$U_{ab} + I_3 R_3 + I_1 R_1 - I_2 R_2 = U_{S1} - U_{S2}$$

基尔霍夫定律适用于各种电路，既适用于直流电路，也适合于交流电路。而且不论元件是线性还是非线性，这两个公式都成立。

1. 3. 3　支路电流法

在由多个电源及电阻组成的结构复杂的电路中，凡不能用电阻的串、并联等效变换化简的电路，一般称为复杂电路。计算复杂电路的方法很多，其中支路电流法是最基本的方法。

支路电流法是以支路电流为未知量，根据基尔霍夫两条定律，分别对节点和回路列出与未知数数目相等的独立方程，从而解出各未知量的方法。应用支路电流法的解题步骤如下。

① 在给定电路中，找出节点数 n 和支路数 m，标出各支路电流的参考方向和回路的绕行方向。参考方向可以任意选定，如与实际方向相反，求得的电流将为负值。

② 根据基尔霍夫电流定律列出 $(n-1)$ 个独立的节点电流方程。

③ 根据基尔霍夫电压定律列出 $[m-(n-1)]$ 个独立的回路电压方程，为保证每个方

程为独立方程，通常可选网孔列出电压方程。

④ 联立方程求解，求出各支路电流。

注意：支路电流法是电路分析中最基本的方法之一，但当支路数较多时，所需方程的个数较多，求解不甚方便。

【例 1-9】 在图 1-30 所示的电路中，已知 $U_{S1}=15V$，$U_{S2}=30V$，$R_1=3\Omega$，$R_2=6\Omega$，$R_3=3\Omega$。试求各支路的电流。

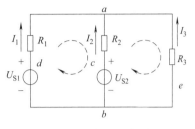

图 1-30 例 1-9 附图

解 ① 该电路有 2 个节点 a 和 b，3 条支路 aeb、acb 和 adb，2 个网孔 $acbda$、$acbea$。支路电流的参考方向和回路的绕行方向如图中所示。

② 根据 KCL，列出 $(n-1)=2-1=1$ 个独立的节点电流方程，即

对节点 a $\qquad\qquad\qquad I_1+I_2+I_3=0$

根据 KVL，列出 $[m-(n-1)]=[3-(2-1)]=2$ 个独立的回路电压方程，即

对网孔 $acbda$ $\qquad\qquad R_1I_1-R_2I_2=U_{S1}-U_{S2}$

对网孔 $acbea$ $\qquad\qquad R_2I_2-R_3I_3=U_{S2}$

③ 将已知条件代入，有

$$I_1+I_2+I_3=0$$
$$3I_1-6I_2=15-30$$
$$6I_2-3I_3=30$$

联立上述方程求解，得

$$I_1=1A \quad （实际方向与参考方向相同）$$
$$I_2=3A \quad （实际方向与参考方向相同）$$
$$I_3=-4A \quad （实际方向与参考方向相反）$$

1.3.4 叠加定理

叠加定理是线性电路的一个基本定理，它体现了线性网络的基本性质。在网络理论中占重要的地位，是分析线性电路的基础，而且线性电路中的许多定理可以由叠加定理导出。

叠加定理的内容为：对于线性电路，当电路中有两个或两个以上的独立源作用时，任何一条支路的电流（或电压），等于电路中每个独立源分别单独作用时，在该支路所产生的电流（或电压）的代数和。

一个独立源单独作用意味着其他独立源不作用。即不作用的电压源的输出电压为零，电压源视为短路；不作用的电流源的输出电流为零，电流源视为开路。但它们的内阻都必须保留。

应用叠加定理进行电路分析时，应注意下列几点。

① 叠加定理只能用来计算线性电路的电流和电压，不适用于功率的计算。对非线性电路，叠加定理不适用。

② 化为几个单电源电路进行计算时，所谓电压源不作用，就是在该电压源处用短路代替；电流源不作用，就是在该电流源处用开路代替；所有电阻不变。

③ 最后叠加时，各独立电源单独作用时所取电流（或电压）参考方向与原电路图中所

标参考方向一致时取正号，反之取负号。

【**例 1-10**】 用叠加定理求图 1-31(a) 电路中的电压 U。

解 根据叠加定理，图 1-31(a) 中的电压可以看成图 1-31(b)、(c) 中响应的叠加。图 1-31(b) 为电压源单独作用的电路，图 1-31(c) 为电流源单独作用的电路。

在图 1-31(b)中
$$U' = -\frac{2}{2+3} \times 20 = -8(V)$$

在图 1-31(c)中
$$U'' = \frac{3}{2+3} \times 5 \times 2 = 6(V)$$

进行叠加，得
$$U = U' + U'' = -8 + 6 = -2(V)$$

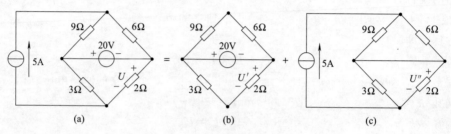

图 1-31　例 1-10 附图

1.3.5　戴维南定理

在求解复杂电路时，有时只需求某一支路的电流和电压。这时如用支路电流法或别的方法求解，必然会引出一些不需要的电流、电压来，就比较烦琐。对于这类情况，用戴维南定理可以使计算过程简单。

如果只需求解复杂电路中的某一支路电流时，可将这个支路从整个电路中划出，而把其余部分电路看作是一个有源二端网络。所谓有源二端网络，就是含有电源，两个引出端的电路。有源二端网络可以是简单的或任意复杂的电路。这样原来的复杂电路就由有源二端网络和待求支路两部分组成。

戴维南定理指出：任何一个线性有源二端网络，不管其结构如何复杂，都可以用一个等效电压源代替，等效电压源的电动势 U_S 等于有源二端网络的开路电压 U_0，等效电压源的内阻 R_0 等于有源二端网络中所有电源均除去（理想电压源短路，理想电流源开路）后所得到的无源二端网络的等效电阻。

这样一来，一个复杂的电路就变换成了一个等效电压源 U_S 及内阻 R_0 和待求支路相串联的简单电路，如图 1-32 所示。则流过待求支路中的电流 I 便可用欧姆定律方便地求出

$$I = \frac{U_S}{R + R_0}$$

式中，R 为任意负载的阻值。

应用戴维南定理求解电流的步骤如下：

① 将复杂电路分解为待求支路和有源二端网络两部分；

② 把待求支路从电路中移去，其他部分看成一个有源二端网络；

③ 求出有源二端网络的开路电压 U_0 及等效电阻 R_0；

④ 把有源二端网络的等效电路与所求的支路连接起来，计算待求支路电流。

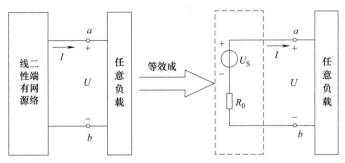

图 1-32　戴维南定理示意图

【例 1-11】　应用戴维南定理求图 1-33(a) 电路中电阻 R_L 上的电流 I。

解　将图 1-33(a) 中 $R_\mathrm{L}=4\Omega$ 的支路断开，得到图 1-33(b) 所示的电路，该电路是含独立源的二端网络，这个网络的开路电压为 U_oc。图 1-33(b) 中的电流为

$$I'=\frac{24+12}{6+3}=4(\mathrm{A})$$

开路电压为　　　　　　　$U_\mathrm{oc}=2\times10+24-3\times4=32(\mathrm{V})$

如图 1-33(c)，二端网络所有独立源作用为零的等效电阻为

$$R_0=2+\frac{3\times6}{3+6}=4(\Omega)$$

画出戴维南等效电路，如图 1-33(d) 所示，可求 R_L 的电流为

$$I=\frac{32}{4+4}=4(\mathrm{A})$$

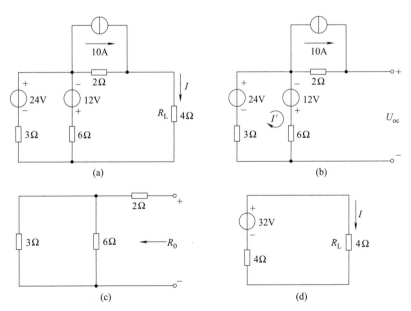

图 1-33　例 1-11 附图

1.4 常用电工工具和电工仪表的使用

1.4.1 常用电工工具的使用

电工工具是电气操作的基本工具，电气操作人员必须掌握电工常用工具的结构、性能和正确使用方法。

1.4.1.1 电烙铁的使用

（1）电烙铁的结构与分类

电烙铁由发热组件、烙铁头、手柄、接线柱四部分组成。发热组件是电烙铁的能量转换部分，俗称烙铁心；烙铁头是存储、传递能量的部分，烙铁头一般是用紫铜制成的；电烙铁的手柄一般用木料或胶木制成，如果设计不良，手柄的温升过高会影响操作；接线柱是发热组件同电源线的连接处（必须注意：一般电烙铁都有三个接线柱，其中一个是接金属外壳的，接线时应该用三芯线外壳接保护零线）。

根据用途、结构的不同，电烙铁有以下几种分类方式：按加热方式分类，有直热式和感应式；按烙铁的发热能力分类，有20W，30W，……，500W；从功能上分，有单用式、两用式和调温式。此外，还有特别适于野外维修使用的低压直流电烙铁和气体燃烧式烙铁。最常用的是单一焊接使用的直热式电烙铁。

电烙铁直接用220V交流电源加热，电源线和外壳之间应是绝缘的，电源线和外壳之间的电阻应大于200MΩ。电子爱好者通常使用30W、35W、40W、45W、50W的烙铁。功率较大的电烙铁，其电热丝电阻较小。

（2）电烙铁的使用方法

① 新电烙铁的使用方法。

新买的烙铁（可用调温烙铁），头部基本上都镀了层合金，买回来插上电，直接用焊锡丝就能给烙铁头上锡。不要用砂纸磨，镀层磨没了就不能上锡了。工业生产中都是使用调温烙铁，烙铁头是经镀银处理的，因此这种烙铁头千万不能锉或用砂纸打磨，否则就会损坏。质量好的电烙铁的烙铁头表面会有一层金属镀层，这层金属镀层是为了防止氧化，一般来说有了这层金属镀层后，烙铁头是不会被氧化的，虽然烙铁头上的锡会被氧化，但是并不会氧化到烙铁头。用松香熔一下烙铁头，然后用焊丝涂在头上，每次焊完要保持上面有锡。在加热至烙铁头快变色时，将焊丝（含助焊剂）熔化在烙铁头上，如果是锡条那就先在助焊剂中清洗一下烙铁头，然后上锡。使用中应观察烙铁头的温度情况，如果发现烙铁头上的锡变黄，则把电源关掉或在助焊剂中降温一下；锡变成暗红色时，说明温度太高，必须断电降温。

② 电烙铁焊接方法。

a. 烙铁头及元件预处理。用小铁片清理（不要用力摩擦）电烙铁头部脏东西，立即到松香里面点一下，作用是不让高温的铜头快速氧化，然后用焊锡丝涂下，成为光亮的带满锡的样子。一些不好焊接的表面，上不了锡时，先用小刀刮掉元件外面的保护层及氧化物，在刮好的部位涂上松香，涂好松香的部位就容易上锡了。焊接时，一定要做到焊点饱满和光亮，以免接触不好。

b. 预焊。焊接前，要对要焊接的线和点作预上锡处理，就是将要锡焊的元器件引线或导电的焊接部位预先用焊锡润湿，也称为镀锡、上锡、搪锡等。

c.烙铁头先入后撤法。首先，烙铁头与工作台面夹角大约为45°，点入焊件（元器件），大约1s后，左手持焊锡丝，在元件对面也成45°点入，等待元件上的锡熔化后，先把锡丝撤离，约1s后，再将烙铁头移开。烙铁头撤离要及时，撤离时的角度和方向与焊点形成有一定关系。撤烙铁头时轻轻旋转一下，可保持焊点适当的焊料（图1-34）。

右手拿烙铁、左手拿锡丝，都是45°

图1-34 电烙铁的手持方法

d.焊接温度的控制。视熟练度调整烙铁头温度，温度高焊接速度快，如果焊点出现灰暗或锡成珠子滚动，说明温度太高，把助焊剂蒸发掉了。电子厂流水线快焊、手工焊一般喜欢高温快焊。

如果烙铁头上不了锡，只需在浸水的海绵上将被氧化的锡擦掉。因为烙铁头被氧化后，就不容易上锡了。烙铁头上应该保证时常有锡，尤其在不用的时候，不然锡被氧化完就不好上锡了。

线路板有焊点虚焊时，用上好饱满焊锡的烙铁头在焊点上补焊就可以了。补焊时先用松香涂焊点，补焊好后须查看，最好用无水酒精清理松香痕迹，保持线路板的清洁。电烙铁温度很高，小心烫伤，线路板焊接时一定要注意导线不能和别的焊点连接，防止发生短路。

e.焊件要牢固。在焊锡凝固之前不要使焊件移动或振动，特别是当使用镊子夹住焊件时一定要等焊锡凝固再移去镊子。焊锡凝固过程是结晶过程，在结晶期间受到外力（焊件移动）会改变结晶条件，导致晶体粗大，造成"冷焊"。

f.焊锡桥。焊锡桥就是靠烙铁上保留少量焊锡作为加热时烙铁头与焊件之间传热的桥梁。由于金属液的导热效率远高于空气，从而使焊件很快被加热到焊接温度。作为焊锡桥的锡保留量不可过多。

g.质量差的焊点外观现象。焊点表面无光泽，呈豆渣状；焊点内部结构疏松，容易有气隙和裂隙，造成焊点强度降低，导电性能差。

因此，在焊锡凝固前，一定要保持焊件静止，实际操作时可以用各种适宜的方法将焊件固定，或使用可靠的夹持措施。

h.旧电烙铁快速高效复活处理方法。由于高温下锡对铜有极强的侵蚀性，导致烙铁头很快被腐蚀氧化，但是，建议不要用锉刀修正。手握电烙铁手柄，把氧化了的烙铁头浸入盛有酒精的容器中，经1~2min取出，氧化物就彻底地除掉了，烙铁头焕然一新。这是因为氧化铜和酒精加热后，产生了化学反应，又还原了铜，对电烙铁头起到了保护作用。

③ 使用永久上锡的智能烙铁。

永久上锡的智能烙铁，采用智能触控技术，能自动识别使用者的使用状态，使用时3s快速升温，然后自动恒温焊接，确保烙铁头不因高温氧化。不使用时，烙铁自动休眠，低温恒温保证烙铁不被高温烧坏。

1.4.1.2 低压验电器

低压验电器又称为电笔，是检测电气设备、电路是否带电的一种常用工具。普通低压验电器的电压测量范围为60~500V，高于500V的电压则不能用普通低压验电器来测量。低压验电器的结构如图 1-35 所示。

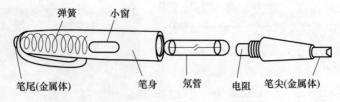

弹簧　　小窗

笔尾(金属体)　　笔身　氖管　　电阻　笔尖(金属体)

图 1-35　低压验电器的结构

使用低压验电器时要注意下列几个方面。

① 使用低压验电器之前，首先要检查其内部有无安全电阻、是否有损坏、有无进水或受潮，并在带电体上检查其是否可以正常发光，检查合格后方可使用。

② 测量时手指握住低压验电器笔身，食指触及笔身尾部金属体，低压验电器的小窗口应该朝向自己的眼睛，以便于观察（图 1-36）。

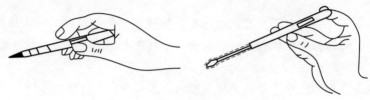

图 1-36　低压验电器的手持方法

③ 在较强的光线下或阳光下测试带电体时，应采取适当避光措施，以防观察不到氖管是否发亮，造成误判。

④ 低压验电器可用来区分相线和零线，接触时氖管发亮的是相线（火线），不亮的是零线。它也可用来判断电压的高低，氖管越暗，则表明电压越低；氖管越亮，则表明电压越高。

⑤ 当用低压验电器触及电机、变压器等电气设备外壳时，如果氖管发亮，则说明该设备相线有漏电现象。

⑥ 用低压验电器测量三相三线制电路时，如果两根很亮而另一根不亮，说明这一相有接地现象。在三相四线制电路中，发生单相接地现象时，用低压验电器测量中性线，氖管也会发亮。

⑦ 用低压验电器测量直流电路时，把低压验电器连接在直流电的正负极之间，氖管里两个电极只有一个发亮，氖管发亮的一端为直流电的负极。

⑧ 低压验电器笔尖与螺钉旋具形状相似，但其承受的转矩很小，因此，应尽量避免用其安装或拆卸电气设备，以防受损。

1.4.1.3　高压验电器

高压验电器又称高压测电器，其结构如图 1-37 所示。

使用高压验电器时要注意下列几个方面。

① 高压验电器在使用前应经过检查，确定其绝缘完好，氖管发光正常，与被测设备电压等级相适应。

② 进行测量时，应使高压验电器逐渐靠近被测物体，直至氖管发亮，然后立即撤回。

③ 使用高压验电器时，必须在气候条件良好的情况下进行，在雪、雨、雾等湿度较大

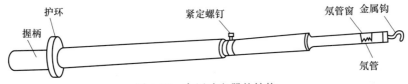

图 1-37　高压验电器的结构

的情况下不宜使用，以防发生危险。

④ 使用高压验电器时，必须戴上符合要求的绝缘手套，而且必须有人监护，测量时要防止发生相间或对地短路事故。

⑤ 进行测量时，人体与带电体应保持足够的安全距离，10kV 高压的安全距离为 0.7m 以上。高压验电器应每半年做一次预防性试验。

1.4.1.4　剥线钳及钢丝钳的使用

（1）剥线钳

剥线钳主要用于剥、削直径在 6mm 以下的塑料或橡胶绝缘导线的绝缘层，由钳头和手柄两部分组成，它的钳口工作部分有 0.5～3mm 的多个不同孔径的切口，以便剥、削不同规格的芯线绝缘层。剥线时，为了不损伤线芯，线头应放在大于线芯的切口上剥、削。剥线钳外形如图 1-38（a）所示。

（2）钢丝钳

钢丝钳主要用于剪切、绞弯、夹持金属导线，也可用于紧固螺母、切断钢丝。其外形如图 1-38（b）所示。

其中，钳口用于绞弯和钳夹线头或其他金属、非金属物体，齿口用于旋动螺钉螺母，刀口用于切断电线、起拔铁钉、剥削导线绝缘层等。

钢丝钳规格较多，电工常用的有 150mm、175mm 和 200mm 三种。电工用钢丝钳柄部加有耐压 500V 以上的塑料绝缘套。使用钢丝钳时应该注意以下几个方面：

① 在使用电工钢丝钳以前，首先应该检查绝缘手柄的绝缘是否完好，如果绝缘破损，进行带电作业时会发生触电事故；

② 用钢丝钳剪切带电导线时，既不能用刀口同时切断相线和零线，也不能同时切断两根相线，而且，两根导线的断点应保持一定距离，以免发生短路事故；

③ 不得把钢丝钳当作锤子敲打使用，也不能在剪切导线或金属丝时，用锤或其他工具敲击钳头部分；

④ 钳轴要经常加油，以防生锈。

属于钢丝钳类的常用工具还有尖嘴钳、断线钳等。

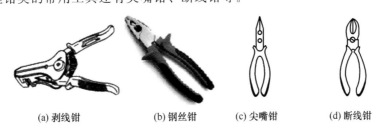

（a）剥线钳　　　　（b）钢丝钳　　　　（c）尖嘴钳　　　　（d）断线钳

图 1-38　常用的几种钳

尖嘴钳：头部尖细，适于在狭小空间操作。主要用于切断较小的导线、金属丝，夹持小螺钉、垫圈，并可将导线端头弯曲成形，如图 1-38(c) 所示。

断线钳：又名斜口钳、扁嘴钳，用于剪断较粗的电线或其他金属丝，其柄部带有绝缘管套，如图 1-38(d) 所示。

1.4.2 电工仪表的使用

1.4.2.1 万用表的使用

万用表又叫多用表、三用表、复用表，是一种多功能、多量程的测量仪表，一般万用表可测量直流电流、直流电压、交流电压、电阻和音频电平等，有的还可以测电容量、电感量、功率、晶体管共发射极直流放大系数 HFE 等。

（1）万用表的结构（500 型）

万用表由表头、测量电路及转换开关三个主要部分组成。

① 表头。它是一只高灵敏度的磁电式直流电流表，万用表的主要性能指标基本上取决于表头的性能。表头的灵敏度是指表头指针满刻度偏转时流过表头的直流电流值，这个值越小，表头的灵敏度越高。测电压时的内阻越大，其性能就越好。表头上有四条刻度线，它们的功能如下：第一条（从上到下）标有 R 或 Ω，指示的是电阻值，转换开关在欧姆挡时，即读此条刻度线；第二条标有 $\backsim$ 和 VA，指示的是交直流电压和直流电流值，当转换开关在交直流电压或直流电流挡，量程在除交流 10V 以外的其他位置时，即读此条刻度线；第三条标有 10V，指示的是 10V 的交流电压值，当转换开关在交直流电压挡，量程在交流 10V 时，即读此条刻度线；第四条标有 dB，指示的是音频电平。

② 测量电路。测量电路是用来把各种被测量转换到适合表头测量的微小直流电流的电路，它由电阻、半导体元件及电池组成。

它能将各种不同的被测量（如电流、电压、电阻等）、不同的量程，经过一系列的处理（如整流、分流、分压等），统一变成一定量限的微小直流电流送入表头进行测量。

③ 转换开关。其作用是选择各种不同的测量线路，以满足不同种类和不同量程的测量要求。转换开关一般有两个，分别标有不同的挡位和量程。

（2）符号含义

① $\backsim$ 表示交直流。

② V－2.5kV、4000Ω/V 表示对于交流电压及 2.5kV 的直流电压挡，其灵敏度为 4000Ω/V。

③ A－V－Ω 表示可测量电流、电压及电阻。

④ 45－65－1000Hz 表示使用频率范围为 1000Hz 以下，标准工频范围为 45～65Hz。

⑤ 2000Ω/V DC 表示直流挡的灵敏度为 2000Ω/V。

（3）万用表的使用

① 熟悉表盘上各符号的意义及各个旋钮和选择开关的主要作用。

② 进行机械调零。

③ 根据被测量的种类及大小，选择转换开关的挡位及量程，找出对应的刻度线。

④ 选择表笔插孔的位置。

⑤ 测量电压：测量电压（或电流）时要选择好量程，如果用小量程去测量大电压，则会有烧表的危险；如果用大量程去测量小电压，那么指针偏转太小，无法读数。量程的选择

应尽量使指针偏转到满刻度的 2/3 左右。如果事先不清楚被测电压的大小时，应先选择最高量程挡，然后逐渐减小到合适的量程。

a. 交流电压的测量：将万用表的一个转换开关置于交直流电压挡，另一个转换开关置于交流电压的合适量程上，万用表两表笔和被测电路或负载并联即可。

b. 直流电压的测量：将万用表的一个转换开关置于交直流电压挡，另一个转换开关置于直流电压的合适量程上，且"＋"表笔（红表笔）接到高电位处，"－"表笔（黑表笔）接到低电位处，即让电流从"＋"表笔流入，从"－"表笔流出。若表笔接反，表头指针会反方向偏转，容易撞弯指针。

⑥ 测量电流：测量直流电流时，将万用表的一个转换开关置于直流电流挡，另一个转换开关置于 $50\mu A$ 到 500mA 的合适量程上，电流的量程选择和读数方法与电压一样。测量时必须先断开电路，然后按照电流从"＋"到"－"的方向，将万用表串联到被测电路中，即电流从红表笔流入，从黑表笔流出。如果误将万用表与负载并联，则因表头的内阻很小，会造成短路烧毁仪表。其读数方法如下

$$实际值＝指示值×量程/满偏$$

⑦ 测量电阻：用万用表测量电阻时，应按下列方法操作。

a. 选择合适的倍率挡。万用表欧姆挡的刻度线是不均匀的，所以倍率挡的选择应使指针停留在刻度线较稀的部分为宜，且指针越接近刻度尺的中间，读数越准确。一般情况下，应使指针指在刻度尺的 1/3～2/3 处。

b. 欧姆调零。测量电阻之前，应将 2 个表笔短接，同时调节"欧姆（电气）调零旋钮"，使指针刚好指在欧姆刻度线右边的零位。如果指针不能调到零位，说明电池电压不足或仪表内部有问题。并且每换一次倍率挡，都要再次进行欧姆调零，以保证测量准确。

c. 读数。表头的读数乘以倍率，就是所测电阻的电阻值。

⑧ 注意事项：

a. 在测电流、电压时，不能带电换量程。

b. 选择量程时，要先选大的，后选小的，尽量使被测值接近量程。

c. 测电阻时，不能带电测量，因为测量电阻时，万用表由内部电池供电，如果带电测量则相当于接入一个额外的电源，可能损坏表头。

d. 用毕，应使转换开关在交流电压最大挡位或空挡上。

（4）数字万用表

现在，数字式测量仪表已成为主流，有取代模拟式仪表的趋势。与模拟式仪表相比，数字式仪表灵敏度高，准确度高，显示清晰，过载能力强，便于携带，使用更简单。

下面以 VC9802 型数字万用表为例，简单介绍其使用方法和注意事项。

① 使用方法：

a. 使用前，应认真阅读有关的使用说明书，熟悉电源开关、量程开关、插孔、特殊插口的作用。

b. 将电源开关置于 ON 位置。

c. 交直流电压的测量：根据需要将量程开关拨至 DC V（直流）或 AC V（交流）的合适量程，红表笔插入 V/Ω 孔，黑表笔插入 COM 孔，并将表笔与被测电路并联，即显示读数。

d. 交直流电流的测量：将量程开关拨至 DC A（直流）或 AC A（交流）的合适量程，

红表笔插入 mA 孔（＜200mA 时）或 10A 孔（＞200mA 时），黑表笔插入 COM 孔，并将万用表串联在被测电路中即可。测量直流电流时，数字万用表能自动显示极性。

e. 电阻的测量：将量程开关拨至 Ω 的合适量程，红表笔插入 V/Ω 孔，黑表笔插入 COM 孔。如果被测电阻值超出所选择量程的最大值，万用表将显示"1"，这时应选择更高的量程。测量电阻时，红表笔为正极，黑表笔为负极，这与指针式万用表正好相反。因此，测量晶体管、电解电容器等有极性的元器件时，必须注意表笔的极性。

② 使用注意事项：

a. 如果无法预先估计被测电压或电流的大小，则应先拨至最高量程挡测量一次，再视情况逐渐把量程减小到合适位置。测量完毕，应将量程开关拨到最高电压挡，并关闭电源。

b. 满量程时，仪表仅在最高位显示数字"1"，其它位均消失，这时应选择更高的量程。

c. 测量电压时，应将数字万用表与被测电路并联。测电流时应与被测电路串联，测直流量时不必考虑正、负极性。

d. 当误用交流电压挡去测量直流电压，或者误用直流电压挡去测量交流电压时，显示屏将显示"000"，或低位上的数字出现跳动。

e. 禁止在测量高电压（220V 以上）或大电流（0.5A 以上）时换量程，以防止产生电弧，烧毁开关触点。

f. 当显示"—""BATT"或"LOW.BAT"时，表示电池电压低于工作电压。

1.4.2.2 钳形电流表的使用

钳形电流表是什么？顾名思义它的形状像钳子，功能跟万用表类似，是电工常用的工具之一。钳形表是钳形电流表的简称，是一种不需要断开电路就能直接测量电路的交流电流的便携式测量仪表，因其外形上有一个钳形的活动开口所以称为钳形电流表。一般的钳形表均不能测量 1kV 或以上的交直流电压，建议不要测量高于此电压的参数，以免造成人身触电事故。

钳形表在使用时首先要求两根电源线能分开，并股线无法测试。钳形表上一般都有三个插孔：

① VΩ 是测量电压电阻的插孔，一般插入红表笔。

② COM 是各个挡位公共测试孔，一般插入黑表笔。

③ 部分钳形表还带有一个闪电符号的孔，那是检测火线的孔，即把红表笔插入该孔，黑表笔不与表相接，拨动转盘到闪电符号挡位，用红表笔就可以测量带电体了。

根据被测电路的电压等级正确选择钳形电流表，被测电路的电压等级应与钳形表的额定电压等级相匹配，不能用低电压的钳形表测高电压线路电流，钳形电流表如图 1-39 所示。

在使用前要认真检查钳形电流表的外观情况，一定要检查表的绝缘性能是否良好，外壳有无损坏，手柄应清洁干净。若指针设在零位，应进行机械调零。钳形表的钳口应紧密接合，若指针抖晃，可重新开闭一次钳口，如抖晃仍然存在，应仔细检查，注意清除钳口杂物

图 1-39 钳形电流表

污垢，然后进行测量。由于钳形表要接触被测线路，所以钳形电流表不能测量裸导体电流。用高压钳形电流表测量时，应由两人操作，测量时应戴绝缘手套，站在绝缘垫上，不能触及其他设备，以防短路或接地。

使用时，将量程开关转到合适的电流位置。手持表体，用拇指按住开关，便可打开钳口，将被测导线引入铁心中央。然后，放松开关，铁心就自动闭合，被测导线的电流就在铁心中产生交变磁力线，表上反映出电流数值，可直接读数。

1.4.2.3　仪表使用注意事项

① 在使用数字式万用表之前要仔细阅读使用说明书，以熟悉电源开关功能及量限转换开关、输入插孔、专用插口以及各种功能键、旋钮、附件的作用。此外，还应了解万用表的极限参数，出现过载显示、极性显示、低电压显示及其他标志符显示和报警的特征，掌握小数点位置的变化规律。测量前，应仔细检查表笔有无裂痕，引线的绝缘层有无破损，表笔的位置是否插对，以确保操作人员的安全。

② 每次测量前，应再次核对一下测量项目及量限开关是否拨对位置，输入插孔（或专用插口）是否选对。

③ 刚测量时仪表会出现跳数现象，应等显示值稳定后再读数。

④ 尽管数字式万用表内部有比较完善的保护电路，但仍要尽量避免出现操作上的误动作，例如用电流挡去测电压，用电阻挡去测电压或电流，用电容挡去测带电的电容器等，以免损坏仪表。

⑤ 倘若仅最高位显示数字"1"，其他位均消隐，证明仪表已发生过载，应选择更高的量限。

⑥ 禁止在测量 100V 以上电压或 0.5A 以上电流时拨动量限开关，以免产生电弧，将转换开关的触点烧毁。

⑦ 在输入插孔旁边注明危险标记的数字，代表该插孔输入电压或电流的极限值。一旦超出后有可能损坏仪表，甚至危及操作者的安全。

⑧ 钳形电流表不得测量高压线路的电流，被测线路的电压不能超过钳形表所规定的电压等级（一般不超过 500V），以防绝缘击穿，人身触电。

⑨ 测量应估计被测电流的大小，选择适当的量程，不可用小量程挡位去测量大电流。

⑩ 测量前要注意把量程开关拨到相应的交流电流挡位，不能使用电压挡和电阻挡去测量电流，不要用电阻挡和电流挡去测量电压。否则，如果不慎，会烧毁仪表。

⑪ 每次测量只能钳入一根导线。测量时应将被测导线置于钳口的中央，以提高测量的准确度。最好用手端平表身，尽可能不让导线靠在钳口和表身上。

⑫ 测量结束后必须将量程开关旋到最大电压量程挡位置，然后再关电源开关，以保证下次安全使用。

1.5　直流电路实训

1.5.1　电路元件伏安特性的测绘

1.5.1.1　实验目的

① 学会识别常用电路元件的方法。

② 掌握线性电阻、非线性元件伏安特性的测试方法。

③ 熟悉实验台上直流电工仪表和设备的使用方法。

1.5.1.2 原理说明

电路元件的特性一般可用该元件上的端电压 U 与通过该元件的电流 I 之间的函数关系 $I=f(U)$ 来表示，即用 I-U 平面上的一条曲线来表征，这条曲线称为该元件的伏安特性曲线。电阻元件是电路中最常见的元件，有线性电阻和非线性电阻之分。实际电路中很少是仅由电源和线性电阻构成的"电平移动"电路，而非线性器件却常常有着广泛的使用，例如非线性元件二极管具有单向导电性，可以把交流信号变换成直流量，在电路中起着整流作用。

万用表的欧姆挡只能在某一特定的 U 和 I 下测出对应的电阻值，因而不能测出非线性电阻的伏安特性。一般是用含源电路"在线"状态下测量元件的端电压和对应的电流值，进而由公式 $R=U/I$ 求出电阻值。

① 线性电阻器的伏安特性符合欧姆定律 $U=RI$，其阻值不随电压或电流值的变化而变化，伏安特性曲线是一条通过坐标原点的直线，如图 1-40(a) 所示，该直线的斜率等于该电阻器的电阻值。

② 白炽灯可以视为一种电阻元件，其灯丝电阻随着温度的升高而增大。一般灯泡的"冷电阻"与"热电阻"的阻值可以相差几倍至十几倍。通过白炽灯的电流越大，其温度越高，阻值也越大，即对一组变化的电压值和对应的电流值，所得 U/I 不是一个常数，所以它的伏安特性是非线性的，如图 1-40(b) 所示。

③ 半导体二极管也是一种非线性电阻元件，其伏安特性如图 1-40(c) 所示。二极管的电阻值随电压或电流的大小、方向的改变而改变。它的正向压降很小（一般锗管为 0.2～0.3V，硅管为 0.5～0.7V），正向电流随正向压降的升高而急剧上升，而反向电压从零一直增加到十几至几十伏时，其反向电流增加很小，可粗略地视为零。发光二极管正向电压在 0.5～2.5V 时，正向电流有很大变化。可见二极管具有单向导电性，但反向电压加得过高，超过管子的极限值，则会导致管子击穿损坏。

④ 稳压二极管是一种特殊的半导体二极管，其正向特性与普通二极管类似，但其反向特性较特殊，如图 1-40(d) 所示。给稳压二极管加反向电压时，其反向电流几乎为零，但当电压增加到某一数值时，电流将突然增加，以后它的端电压将维持恒定，不再随外加反向电压的升高而增大，这便是稳压二极管的反向稳压特性。实际电路中，可以利用不同稳压值的稳压管来实现稳压。

注意：流过普通二极管或稳压二极管的电流不能超过管子的极限值，否则管子会被烧坏。

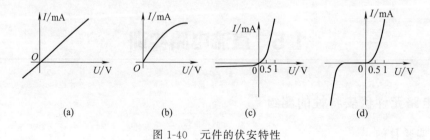

图 1-40　元件的伏安特性

1.5.1.3 实验设备

实验设备见表 1-1。

表 1-1 实验设备

序号	名称	型号与规格	数量	备注
1	可调直流稳压电源	0~30V	1	—
2	万用表	FM-47 或其他	1	自备
3	直流数字毫安表	0~500mA	1	—
4	直流数字电压表	0~200V	1	—
5	二极管	1N4007	1	ER100405
6	稳压管	2CW51	1	ER100405
7	白炽灯	12V,0.1A	1	ER100405
8	线性电阻器	200Ω,1kΩ/8W	1	ER100405

1.5.1.4 实验内容

（1）测定线性电阻器的伏安特性

按图 1-41 接线，调节稳压电源的输出电压 U，从 0V 开始缓慢地增加，一直到 10V，记下相应的电压表和电流表的读数 U_R、I（表 1-2）。

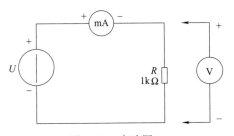

图 1-41 实验图 1

表 1-2 电压表和电流表读数 1

U_R/V	0	2	4	6	8	10
I/mA						

（2）测定非线性白炽灯泡的伏安特性

将图 1-41 中的 R 换成一只 12V、0.1A 的灯泡，重复步骤（1）。U_L 为灯泡的端电压（表 1-3）。

表 1-3 电压表和电流表读数 2

U_L/V	5.1	5.5	6	7	8	9	10
I/mA							

（3）测定半导体二极管的伏安特性

按图 1-42 接线，R 为限流电阻器。测二极管的正向特性时，其正向电流不得超过 35mA，二极管 D 的正向施压 U_{D+} 可在 0~0.75V 取值。在 0.50~0.70V 应多取几个测量点。测反向特性时，只需将图 1-42 中的二极管 D 反接，且其反向施压 U_{D-} 可达 30V（表 1-4、表 1-5）。

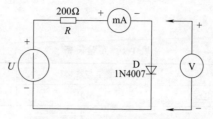

图 1-42　实验图 2

表 1-4　正向特性实验数据 1

U_{D+}/V	0.10	0.30	0.50	0.55	0.60	0.65	0.70
I/mA							

表 1-5　反向特性实验数据 1

U_{D-}/V	0	−5	−10	−15	−20	−25	−30
I/mA							

（4）测定稳压二极管的伏安特性

① 正向特性实验：将图 1-42 中的二极管换成稳压二极管 2CW51，重复实验内容（3）中的正向测量。U_{Z+} 为 2CW51 的正向施压（表 1-6）。

表 1-6　正向特性实验数据 2

U_{Z+}/V	0.10	0.30	0.50	0.55	0.60	0.65	0.70
I/mA							

② 反向特性实验：将图 1-42 中的 R 换成 1kΩ，2CW51 反接，测量 2CW51 的反向特性。稳压电源的输出电压 U_0 从 0 到 20V，测量 2CW51 二端的电压 U_{Z-} 及电流 I，由 U_{Z-} 可看出其稳压特性（表 1-7）。

表 1-7　反向特性实验数据 2

U_0/V	0	5	10	15	20
U_{Z-}/V					
I/mA					

1.5.1.5　实验注意事项

① 测二极管正向特性时，稳压电源输出应由小至大逐渐增加，应时刻注意电流表读数不得超过 35mA。

② 进行不同实验时，应先估算电压和电流值，合理选择仪表的量程，勿使仪表超量程，仪表的极性亦不可接错。

1.5.1.6　思考题

① 线性电阻与非线性电阻的概念是什么？电阻器与二极管的伏安特性有何区别？

② 稳压二极管与普通二极管有何区别？其用途如何？

③ 在图 1-42 中，设 $U=2V$，$U_{D+}=0.7V$，则毫安表读数为多少？

1.5.1.7　实验报告

① 根据各实验数据，分别在方格纸上绘制出光滑的伏安特性曲线（其中普通二极管和稳压二极管的正、反向特性均要求画在同一张图中，正、反向电压可取为不同的比例尺）。

② 根据实验结果，总结、归纳被测各元件的特性。

③ 必要的误差分析。

1.5.2　电位、电压的测定及电路电位图的绘制

1.5.2.1　实验目的

① 学会测量电路中各点电位和电压的方法，理解电位的相对性和电压的绝对性。

② 学会电路电位图的测量绘制方法。

③ 掌握直流稳压电源、直流电压表的使用方法。

1.5.2.2　原理说明

在一个确定的闭合电路中，各点电位的高低视所选的电位参考点的不同而变，但任意两点间的电位差（即电压）则是绝对的，它不因参考点的变动而改变。

电位图是一种平面坐标一、四两象限内的折线图。其纵坐标为电位值，横坐标为各被测点。要制作某一电路的电位图，应先以一定的顺序对电路中各被测点编号。以图 1-43 的电路为例，如图中的 $A \sim F$，并在坐标横轴上按顺序、均匀间隔标上 A、B、C、D、E、F、A。再根据测得的各点电位值，在各点所在的垂直线上描点。用直线依次连接相邻两个电位点，即得该电路的电位图。

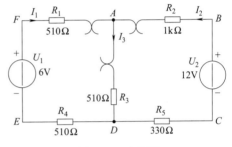

图 1-43　电路图

在电位图中，任意两个被测点的纵坐标值之差即为该两点之间的电压值。

在电路中，电位参考点可任意选定。对于不同的参考点，所绘出的电位图形是不同的，但其各点电位变化的规律却是一样的。

1.5.2.3　实验设备

实验设备见表 1-8。

表 1-8　实验设备

序号	名称	型号与规格	数量	备注
1	直流可调稳压电源	0～30V	二路	—
2	万用表	—	1	自备
3	直流数字电压表	0～200V	1	—
4	电位、电压测定实验电路板	—	1	ER100403

1.5.2.4　实验内容

利用 ER100403 实验挂箱上的"基尔霍夫定律/叠加原理"线路，按图 1-43 接线。

① 分别将两路直流稳压电源接入电路，令 $U_1 = 6V$，$U_2 = 12V$（先调准输出电压值，再接入实验线路中）。

② 以图 1-43 中的 A 点作为电位的参考点，分别测量 B、C、D、E、F 各点的电位值 V 及相邻两点之间的电压值 U_{AB}、U_{BC}、U_{CD}、U_{DE}、U_{EF} 及 U_{FA}，数据列于表 1-9 中。

③ 以 D 点作为参考点，重复实验内容②的测量，测得数据列于表 1-9 中。

表 1-9　实验数据

电位参考点	V 与 U	V_A	V_B	V_C	V_D	V_E	V_F	U_{AB}	U_{BC}	U_{CD}	U_{DE}	U_{EF}	U_{FA}
A	计算值	—	—	—	—	—	—						
	测量值												
	相对误差	—	—	—	—	—	—						
D	计算值												
	测量值												
	相对误差	—	—	—	—	—	—						

1.5.2.5　实验注意事项

① 本实验线路板系多个实验通用，本次实验中不使用电流插头。ER100403 上的 K_3 应拨向 330Ω 侧，三个故障按键均不得按下。

② 测量电位时，用指针式万用表的直流电压挡或用数字式直流电压表测量时，用负表棒（黑色）接参考电位点，用正表棒（红色）接被测各点。若指针正向偏转或数显表显示正值，则表明该点电位为正（即高于参考点电位）；若指针反向偏转或数显表显示负值，此时应调换万用表的表棒，然后读出数值，此时在电位值之前应加一负号（表明该点电位低于参考点电位）。数显表也可不调换表棒，直接读出负值。

1.5.2.6　思考题

若以 F 点为参考电位点，实验测得各点的电位值；现令 E 点作为参考电位点，试问此时各点的电位值应有何变化？

1.5.2.7　实验报告

① 根据实验数据，绘制两个电位图形，并对照观察各对应两点间的电压情况。两个电位图的参考点不同，但各点的相对顺序应一致，以便对照。

② 完成数据表格中的计算，对误差作必要的分析。

③ 总结电位相对性和电压绝对性的结论。

1.5.3　基尔霍夫定律的验证

1.5.3.1　实验目的

① 验证基尔霍夫定律的正确性，加深对基尔霍夫定律的理解。

② 学会用电流插头、插座测量各支路电流。

1.5.3.2　原理说明

基尔霍夫定律是电路的基本定律。测量某电路的各支路电流及每个元件两端的电压，应能分别满足基尔霍夫电流定律和电压定律。即对电路中的任一个节点而言，应有 $\sum I = 0$；对任何一个闭合回路而言，应有 $\sum U = 0$。

运用上述定律时必须注意各支路或闭合回路中电流的正方向，此方向可预先任意设定。

1.5.3.3　实验设备

实验设备见表 1-10。

表 1-10　实验设备

序号	名称	型号与规格	数量	备注
1	直流可调稳压电源	0～30V	二路	—
2	万用表	—	1	自备
3	直流数字电压表	0～200V	1	—
4	直流数字毫安表	0～500mA	1	—
5	叠加原理实验电路板	—	1	ER100403

1.5.3.4　实验内容

实验线路与图 1-43 相同，用 ER100403 挂箱的"基尔霍夫定律/叠加原理"线路。

① 实验前先任意设定三条支路和三个闭合回路的电流正方向。图 1-43 中的 I_1、I_2、I_3 的方向已设定。三个闭合回路的电流正方向可设为 $ADEFA$、$BADCB$ 和 $FBCEF$。

② 分别将两路直流稳压电源接入电路，令 $U_1=6\text{V}$，$U_2=12\text{V}$。

③ 熟悉电流插头的结构，将电流插头的两端接至数字毫安表的"＋""－"两端。

④ 将电流插头分别插入三条支路的三个电流插座中，读出并记录电流值。

⑤ 用直流数字电压表分别测量两路电源及电阻元件上的电压值，并记录（表 1-11）。

表 1-11　数据记录

被测量	I_1/mA	I_2/mA	I_3/mA	U_1/V	U_2/V	U_{FA}/V	U_{AB}/V	U_{AD}/V	U_{CD}/V	U_{DE}/V
计算值										
测量值										
相对误差										

1.5.3.5　实验注意事项

① 同 1.5.2.5 节的注意事项①，但需用到电流插座。

② 所有需要测量的电压值，均以电压表测量的读数为准。U_1、U_2 也需测量，不应取电源本身的显示值。

③ 防止稳压电源两个输出端碰线短路。

④ 用指针式电压表或电流表测量电压或电流时，如果仪表指针反偏，则必须调换仪表极性，重新测量。指针正偏时，可读出电压或电流值。若用数显电压表或电流表测量，则可直接读出电压或电流值。但应注意：所读出的电压或电流值的正、负号应根据设定的电流参考方向来判断。

1.5.3.6　思考题

① 根据图 1-43 的电路参数，计算出待测的电流 I_1、I_2、I_3 和各电阻上的电压值，记入表中，以便实验测量时，可正确地选定毫安表和电压表的量程。

② 实验中，若用指针式万用表直流毫安挡测各支路电流，在什么情况下可能出现指针反偏？应如何处理？在记录数据时应注意什么？若用直流数字式毫安表进行测量，会有什么显示呢？

1.5.3.7　实验报告

① 根据实验数据，选定节点 A，验证 KCL 的正确性。

② 根据实验数据，选定实验电路中的任一个闭合回路，验证 KVL 的正确性。

③ 将支路和闭合回路的电流方向重新设定，重复①②两项验证。

④ 误差原因分析。

1.5.4 叠加原理的验证

1.5.4.1 实验目的

验证线性电路叠加原理的正确性，加深对线性电路的叠加性和齐次性的认识和理解。

1.5.4.2 原理说明

叠加原理指出：在有多个独立源共同作用下的线性电路中，通过每一个元件的电流或其两端的电压，可以看成是由每一个独立源单独作用时在该元件上所产生的电流或电压的代数和。

线性电路的齐次性是指当激励信号（某独立源的值）增加 K 倍（或减小到原来的 $1/K$）时，电路的响应（即在电路中各电阻元件上所建立的电流和电压值）也将增加 K 倍（或减小到原来的 $1/K$）。

1.5.4.3 实验设备

实验设备见表 1-12。

表 1-12 实验设备

序号	名称	型号与规格	数量	备注
1	直流可调稳压电源	0~30V	二路	—
2	万用表	—	1	自备
3	直流数字电压表	0~200V	1	
4	直流数字毫安表	0~500mA	1	
5	叠加原理实验电路板	—	1	ER100403

1.5.4.4 实验内容

实验线路如图 1-44 所示，用 ER100403 挂箱的 "基尔霍夫定律/叠加原理" 线路。

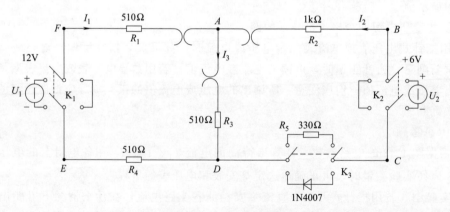

图 1-44 实验线路图

① 将两路稳压电源的输出分别调节为 12V 和 6V，接入 U_1 和 U_2 处。

② 令 U_1 电源单独作用（将开关 K_1 投向 U_1 侧，开关 K_2 投向短路侧）。用直流数字电压表和毫安表（接电流插头）测量各支路电流及各电阻元件两端的电压，数据记入表 1-13。

③ 令 U_2 电源单独作用（将开关 K_1 投向短路侧，开关 K_2 投向 U_2 侧），重复实验步骤②的测量并记录，数据记入表 1-13。

④ 令 U_1 和 U_2 共同作用（开关 K_1 和 K_2 分别投向 U_1 和 U_2 侧），重复上述的测量并记录，数据记入表 1-13。

⑤ 将 U_2 的数值调至 +12V，重复上述第③项的测量并记录，数据记入表 1-13。

表 1-13 数据记录 1

实验内容	U_1/V	U_2/V	I_1/mA	I_2/mA	I_3/mA	U_{AB}/V	U_{CD}/V	U_{AD}/V	U_{DE}/V	U_{FA}/V
U_1 单独作用										
U_2 单独作用										
U_1、U_2 共同作用										
$2U_2$ 单独作用										

⑥ 将 R_5（330Ω）换成二极管 1N4007（即将开关 K_3 投向二极管 1N4007 侧），重复①～⑤的测量过程，数据记入表 1-14。

⑦ 任意按下某个故障设置按键，重复实验内容④的测量并记录，再根据测量结果判断出故障的性质。

表 1-14 数据记录 2

实验内容	U_1/V	U_2/V	I_1/mA	I_2/mA	I_3/mA	U_{AB}/V	U_{CD}/V	U_{AD}/V	U_{DE}/V	U_{FA}/V
U_1 单独作用										
U_2 单独作用										
U_1、U_2 共同作用										
$2U_2$ 单独作用										

1.5.4.5 实验注意事项

① 用电流插头测量各支路电流时，或者用电压表测量电压降时，应注意仪表的极性，正确判断测得值的"+""−"号后，记入数据表格。

② 注意仪表量程的及时更换。

1.5.4.6 思考题

① 在叠加原理实验中，要令 U_1、U_2 分别单独作用，应如何操作？可否直接将不作用的电源（U_1 或 U_2）短接置零？

② 实验电路中，若有一个电阻器改为二极管，试问叠加原理的叠加性与齐次性还成立吗？为什么？

1.5.4.7 实验报告

① 根据实验数据表格，进行分析、比较，归纳、总结实验结论，即验证线性电路的叠加性与齐次性。

② 各电阻器所消耗的功率能否用叠加原理计算得出？试用上述实验数据，进行计算并作结论。

1.5.5 戴维南定理验证——有源二端网络等效参数的测定

1.5.5.1 实验目的

① 验证戴维南定理的正确性，加深对该定理的理解。

② 掌握测量有源二端网络等效参数的一般方法。

1.5.5.2 原理说明

① 任何一个线性有源网络，如果仅研究其中一条支路的电压和电流，则可将电路的其余部分看作是一个有源二端网络（或称为含源一端口网络）。

戴维南定理指出：任何一个线性有源网络，总可以用一个电压源与一个电阻的串联来等效代替，此电压源的电动势 U_S 等于这个有源二端网络的开路电压 U_{OC}，其等效内阻 R_0 等于该网络中所有独立源均置零（理想电压源视为短接，理想电流源视为开路）时的等效电阻。

U_{OC}（U_S）和 R_0 称为有源二端网络的等效参数。

② 有源二端网络等效参数的测量方法。

a. 开路电压、短路电流法测 R_0。在有源二端网络输出端开路时，用电压表直接测其输出端的开路电压 U_{OC}，然后再将其输出端短路，用电流表测其短路电流 I_{SC}，则等效内阻为

$$R_0 = \frac{U_{OC}}{I_{SC}}$$

如果二端网络的内阻很小，若将其输出端口短路，则易损坏其内部元件，因此不宜用此法。

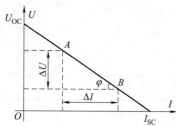

图 1-45 有源二端网络的外特性曲线

b. 伏安法测 R_0。用电压表、电流表测出有源二端网络的外特性曲线，如图 1-45 所示。根据外特性曲线求出斜率 $\tan\varphi$，则内阻为

$$R_0 = \tan\varphi = \Delta U / \Delta I = \frac{U_{OC}}{I_{SC}}$$

也可以先测量开路电压 U_{OC}，再测量电流为额定值 I_N 时的输出端电压值 U_N，则内阻为 $R_0 = \dfrac{V_{OC} - U_N}{I_N}$。

c. 半电压法测 R_0。如图 1-46 所示，当负载电压为被测网络开路电压的一半时，负载电阻（由电阻箱的读数确定）即为被测有源二端网络的等效内阻值。

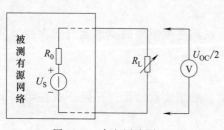

图 1-46 半电压法测 R_0

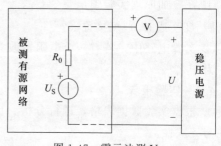

图 1-47 零示法测 U_{OC}

d. 零示法测 U_{OC}。在测量具有高内阻有源二端网络的开路电压时，用电压表直接测量会造成较大的误差。为了消除电压表内阻的影响，往往采用零示测量法，如图 1-47 所示。

零示法测量原理是用一低内阻的稳压电源与被测有源二端网络进行比较,当稳压电源的输出电压与有源二端网络的开路电压相等时,电压表的读数将为"0"。然后将电路断开,测量此时稳压电源的输出电压,即为被测有源二端网络的开路电压。

1.5.5.3 实验设备

实验设备见表1-15。

表1-15 实验设备

序号	名称	型号与规格	数量	备注
1	可调直流稳压电源	$0\sim30\text{V}$	1	—
2	可调直流恒流源	$0\sim200\text{mA}$	1	—
3	直流数字电压表	$0\sim200\text{V}$	1	—
4	直流数字毫安表	$0\sim500\text{mA}$	1	—
5	万用表	—	1	自备
6	可调电阻箱	$0\sim99999.9\Omega$	1	ER100405
7	电位器	$1\text{k}\Omega/2\text{W}$	1	ER100405
8	戴维南定理实验电路板	—	1	ER100403

1.5.5.4 实验内容

被测有源二端网络及戴维南等效电路如图1-48。

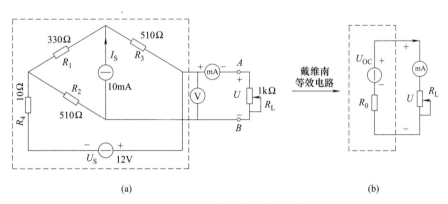

(a)   (b)

图1-48 被测有源二端网络及戴维南等效电路

① 用开路电压、短路电流法测定戴维南等效。电路的 U_{OC}、R_0。按图1-48(a)接入稳压电源 $U_S=12\text{V}$ 和恒流源 $I_S=10\text{mA}$,不接入 R_L。测出 U_{OC} 和 I_{SC},并计算出 R_0 填入表1-16(测 U_{OC} 时,不接入毫安表)。

表1-16 数据记录1

U_{OC}/V	I_{SC}/mA	$R_0=(U_{OC}/I_{SC})/\Omega$

② 负载实验。按图1-48(a)接入 R_L。改变 R_L 阻值,测量有源二端网络的外特性曲线(表1-17)。

表 1-17　数据记录 2

R_L/Ω	100	200	300	400	500	600	700	800	900
U/V									
I/mA									

③ 验证戴维南定理。从电阻箱上取得按步骤①所得的等效电阻 R_0 的值，然后令其与直流稳压电源（调到步骤①时所测得的开路电压 U_{OC} 的值）相串联，如图 1-48(b) 所示，仿照步骤②测其外特性，对戴维南定理进行验证（表 1-18）。

表 1-18　数据记录 3

R_L/Ω	100	200	300	400	500	600	700	800	900
U/V									
I/mA									

④ 有源二端网络等效电阻（又称入端电阻）的直接测量法，见图 1-48(a)。将被测有源网络内的所有独立源置零（去掉电流源 I_S 和电压源 U_S，并在原电压源所接的两点用一根短路导线相连），然后用伏安法或者直接用万用表的欧姆挡去测定负载 R_L 开路时 A、B 两点间的电阻，此即为被测网络的等效内阻 R_0，或称网络的入端电阻 R_i。

⑤ 用半电压法和零示法测量被测网络的等效内阻 R_0 及其开路电压 U_{OC}。线路及数据表格自拟。

1.5.5.5　实验注意事项

① 测量时应注意电流表量程的更换。

② 步骤⑤中，电压源置零时不可将稳压电源短接。

③ 用万用表直接测 R_0 时，网络内的独立源必须先置零，以免损坏万用表。其次，欧姆挡必须经调零后再进行测量。

④用零示法测量 U_{OC} 时，应先将稳压电源的输出调至接近于 U_{OC}，再按图 1-47 测量。

⑤ 改接线路时，要关掉电源。

1.5.5.6　思考题

① 在求戴维南等效电路时，做短路实验，测 I_{SC} 的条件是什么？在本实验中可否直接做负载短路实验？请在实验前对线路 1-48(a) 预先做好计算，以便调整实验线路及测量时可准确地选取电表的量程。

② 说明测有源二端网络开路电压及等效内阻的几种方法，并比较其优缺点。

1.5.5.7　实验报告

① 根据实验内容②③④，分别绘出曲线，验证戴维南定理的正确性，并分析产生误差的原因。

② 根据实验内容①⑤的几种方法测得的 U_{OC}、R_0 与预习时电路计算的结果作比较，能得出什么结论？

习　　题

（1）填空题

① 电路一般由_____、_____、_____三部分组成。

② 电路的三种状态是_____、_____、_____。

③ 电路最基本的作用：一是_____，二是_____。

④ 电路中_____叫做支路；电路中_____都叫做回路，内部不包含任何支路的回路称为_____。

⑤ 基尔霍夫电流定律指出：流过电路任一节点_____为零，其数学表达式为_____；基尔霍夫电压定律指出：从电路的任一点出发绕任意回路一周回到该点时，_____为零，其数学表达式为_____。

⑥ 两个电阻 R_1、R_2 串联，$R_1 : R_2 = 2 : 5$，流过电流时，其对应的电压之比为 $U_1 : U_2 =$ _____，对应的功率之比为 $P_1 : P_2 =$ _____。

（2）选择题

① 电路中任意两点的定位差值称为（　　）。

　　A. 电动势　　　　　B. 电压　　　　　C. 电位

② 已知从 A 点到 B 点的电流是 $-2A$，A、B 间的电阻为 5Ω，则 BA 之间的电压 U_{AB} 为（　　）。

　　A. 10V　　　　　　B. $-10V$　　　　　C. 7V　　　　　　D. $-7V$

③ 电源的三种状态不允许出现的是（　　）。

　　A. 开路状态　　　B. 短路状态　　　C. 有载状态　　　D. 不存在

④ 下列说法中正确的是（　　）。

　　A. 负载的额定电压值一定等于实际电压值

　　B. 负载的额定电压值不一定等于实际电压值

　　C. 负载的额定电压值一定大于实际电压值

　　D. 负载的额定电压值一定小于实际电压值

⑤ 习惯上规定电流的实际方向为（　　）。

　　A. 负电荷运动方向　　　　　　　B. 正电荷运动方向

　　C. 带电粒子运动方向　　　　　　D. 带负电粒子运动方向

⑥ 用万用表测得 A、B 两点之间电压为 $-2V$，则电压的实际方向为（　　）。

　　A. 从 A 点指向 B 点　　　　　　B. 从 B 点指向 A 点

　　C. 不能确定

（3）判断题

① 电路中参考点改变，各点的电位也将改变。　　　　　　　　　　　（　　）

② 电路中任意两点电位的差值称为电压。　　　　　　　　　　　　　（　　）

③ 在开路状态下，开路电流为零，电源端电压也为零。　　　　　　　（　　）

④ 每一条支路中的元件，仅是一只电阻或一个电源。　　　　　　　　（　　）

⑤ 电路中任一回路都可以称为网孔。　　　　　　　　　　　　　　　（　　）

⑥ 电路中任意一个节点上，流入节点的电流之和，一定等于流出该节点的电流之和。

（　　）

(4) 计算题

① 试求如图 1-49 所示电路中的等效电阻 R_{ab}。

② 在图 1-50 所示电路中，求 R_2 的阻值及流过它的电流。

③ 如图 1-51 所示，已知电源电动势 $E_1 = 6V$，$E_2 = 1V$，电源内阻不计，电阻 $R_1 = 1\Omega$，$R_2 = 2\Omega$，$R_3 = 3\Omega$。求流过各电阻的电流。

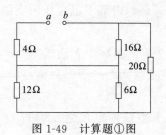

图 1-49　计算题①图

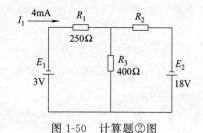

图 1-50　计算题②图

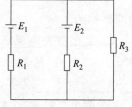

图 1-51　计算题③图

2　单相正弦交流电路

【项目描述】　手电筒和白炽灯都是用来照明的,它们的构成电路分别如图 2-1 和图 2-2 所示。区别在于手电筒电路是我们以前学过的熟悉的直流电路,而白炽灯电路是生活生产中常用的交流电路。交流电的应用非常广泛,如工业上常用的电机、电磁阀等,家庭中常用的电视、电脑、照明灯、冰箱、空调等,也都是以交流电为电源的;还有一些电器如手机、电动车等虽然是由直流电源供电,但它们的充电器都是将 220V 交流电转换为所需要的直流电后进行充电的。因此会正确、方便地表达正弦交流电量,计算和测量电路的电压、电流、功率,是电气人员应具备的基本知识与技能。

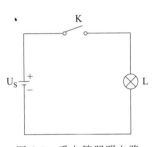

图 2-1　手电筒照明电路

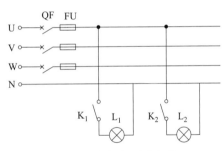

图 2-2　白炽灯照明电路

2.1　正弦量的基本概念

2.1.1　正弦交流电的产生

　　交流电可以由交流发电机提供,也可由振荡器产生。交流发电机主要用于提供电能,振荡器主要用于产生各种交流信号。图 2-3(a) 是最简单的交流发电机示意图,标有 N、S 的为两个静止磁极。磁极间放置一个可以绕轴旋转的铁心,铁心上绕有线圈 a、b、b'、a',线圈两端分别与两个铜质滑环相连。滑环固定在转轴上,并与转轴绝缘。每个滑环上安放一个静止的电刷,用来将线圈中感应出来的正弦交变电动势与外电路相连。

　　由铁心、线圈、滑环等所组成的转动部分叫电枢。电枢被原动机拖动以角速度 ω 匀速旋转时,线圈的两条边因切割磁力线而产生感应电动势。由于线圈对称布置在铁心表面上,所以任一瞬间,线圈两边导体中的感应电动势总是大小相等而方向相反,总的感应电动势等

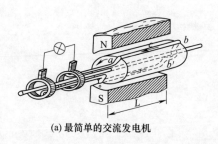
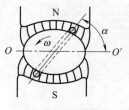

(a) 最简单的交流发电机　　　　　(b) 磁感应强度分布图

图 2-3　交流发电机

于每边导体感应电动势的两倍。

　　设线圈每边导体处于磁场中的长度为 l，导体所在处磁感应强度为 B，铁心表面任一点的速度为 v，则线圈的感应电动势为 $e = 2Blve$。

　　磁感应强度 B 在 $O—O'$ 平面（即磁极的分界面，称中性面）处为零，在磁极中心处最大（$B = B_m$），沿着铁心的表面按正弦规律分布，如图 2-3（b）所示。若用 α 表示线圈表面与中性面的夹角，则该点的磁感应强度为 $B = B_m \sin\alpha$，所以线圈的感应电动势为 $e = 2lvB_m \sin\alpha = E_m \sin\alpha$。

　　上式中 E_m 为感应电动势的最大值。若假定计时开始时，绕组所在位置与中性面的夹角为 φ，以角速度 ω 逆时针匀速旋转，经时间 t 后，它们之间的夹角则变为 $\alpha = \omega t + \varphi$，因此，上式又可写为 $e = E_m \sin(\omega t + \varphi)$。

2.1.2　正弦量和交流电

　　直流电和交流电的最大区别在于直流电的方向不随时间发生变化，而交流电的方向却要发生改变。直流电又分为两种：一种是大小和方向都不发生改变，这种直流电称为稳恒直流；另一种是方向不变但是大小要发生改变，这种为脉动直流。实际应用的交流电大小和方向通常都是成周期性变化的，其变化规律有的符合锯齿波形，有的符合正弦波形，有的为方波。我们在生活生产中使用的交流电大都符合正弦规律变化，因此称为正弦交流电。正弦交流电可用正弦函数来表示。其瞬时值表达式，也称解析式，为

$$u(t) = U_m \sin(\omega t + \varphi_u)$$
$$i(t) = I_m \sin(\omega t + \varphi_i)$$

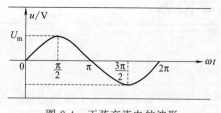

图 2-4　正弦交流电的波形

　　式中，$u(t)$、$i(t)$ 为正弦量的瞬时值，U_m、I_m 为正弦量的最大值；ω 为正弦量的角频率；φ_u、φ_i 为正弦量的初相位。最大值、角频率、初相位这三个量称为正弦量的三要素。正弦交流电的波形见图 2-4。

　　与直流电相比，正弦交流电的应用更为广泛，其主要优点如下。

　　① 交流电压易于改变。在电力系统中，应用变压器可以方便地改变电压，高压输电可以减小线路上的损耗，降低电压可以满足不同用电设备的电压等级，因此交流电便于远距离传输、分配和使用。

　　② 交流电机比直流电机结构简单，且工作可靠、造价低廉、便于维护。

　　③ 正弦交流电可以用正弦函数来表示，而正弦函数是最简单的周期函数，分析计算容

易，并且规律性较强，因此也是分析非正弦周期电路的基础。

④ 在一些应用直流电的场合，如工业上的电解和电镀等，也可利用整流设备，将交流电转化为直流电。

2.1.3 正弦交流电的周期、频率和角频率

交流电每重复变化一次所用的时间称为周期，用符号 T 表示，单位为秒（s）。图 2-5 所示交流电的周期为 T。

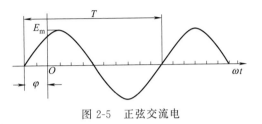

图 2-5 正弦交流电

频率是指交流电在单位时间内变化的次数，用符号 f 表示，单位为赫兹（Hz）。显然周期 T 与频率 f 之间为倒数的关系。我国动力和照明用电频率均为 50Hz，通常也称为工频。有些国家，如美国和日本采用 60Hz。

角频率是指交流电在单位时间内变化的弧度数，用符号 ω 表示，单位为弧度每秒（rad/s）。由于正弦交流电一个周期变化了 360°，也就是 2π 弧度，所以周期、频率、角频率三者的关系为

$$\omega = 2\pi f = 2\pi/T$$

ω 的引入，把按时间变化的正弦函数转换为按角度变化的正弦函数，因此通常又把 ωt 称为电角度。T、f、ω 这三个量都是用来表示正弦量变化快慢的物理量。

【例 2-1】已知一正弦交流电流，其最大值为 22A，频率为 50Hz，初相位为 30°。试写出该电流的瞬时值表达式，并求出当 t 为 0.02s 时的瞬时值。

解 最大值 $I_m = 22A$，频率 $f = 50Hz$，角频率 $\omega = 2\pi f \approx 314\mathrm{rad/s}$，初相位 $\varphi_i = 30°$，则电流的瞬时值表达式为

$$i(t) = I_m \sin(\omega t + \varphi_i) \approx 22\sin(314t + 30°)(\mathrm{A})$$

当 $t = 0.002s$ 时，代入式子，瞬时值 $i(t) = 20.11A$。

2.1.4 正弦交流电的最大值和有效值

正弦交流电波形最高点在纵轴的投影，即波峰值称为最大值。最大值又称峰值、幅值、振幅值。最大值用符号加下标 m 表示，如电压最大值表示为 U_m，电流最大值表示为 I_m。

由于交流电的大小随时间变化，因此在研究交流电的功率时，用瞬时值和最大值都不够方便，通常都采用有效值。有效值是从电流的热效应等效的角度来定义的。当一交流电 i 与一直流电 I 分别通过同一电阻 R 时，如果在相同的时间内产生的热量相等，那么就把直流电 I 叫做这一交流电 i 的有效值。有效值用大写字母表示，如 I、E、U。用电工仪表测出的交流电值及通常所说的交流负载的额定值都是指有效值。

有两个相同的电阻 R，分别通以交流电 i 和直流电 I，在相同的时间 T 内产生的热量分别为

$$Q_I = I^2 Rt, \quad Q_i = \int_0^T i^2 \mathrm{d}t$$

如果 $Q_I = Q_i$，则有

$$\int_0^T i^2 \mathrm{d}t = I^2 RT$$

$$I = \sqrt{\frac{1}{T}\int_0^T i^2 \mathrm{d}t}$$

令 $\varphi_i = 0$，代入 $i = I_\mathrm{m}\sin\omega t$ 则有

$$I = \sqrt{\frac{1}{T}\int_0^T i^2 \,\mathrm{d}t} = \sqrt{\frac{1}{T}\int_0^T I_\mathrm{m}^2 \sin^2 \omega t \,\mathrm{d}t} = \frac{I_\mathrm{m}}{\sqrt{2}}$$

即正弦量的最大值跟有效值的关系为 $I_\mathrm{m} = \sqrt{2}\,I \approx 1.414I$，同理可得 $U_\mathrm{m} = \sqrt{2}\,U \approx 1.414U$。

2.1.5　同频率正弦量的相位差

正弦量在任意时刻的电角度称为相位角，也称相位或相角，也就是正弦量瞬时值表达式中的 $(\omega t + \varphi_0)$，它反映了正弦量随时间变化的进程。对应 $t=0$ 时的相位 φ_0 为初相位，也称为初相角或初相。它是波形图中 $\omega t = 0$ 的点与波形的零值点之间的角度。初相位可以为正，也可以为负。当波形零值点在时间起点的左边时，则初相位为正；当波形零值点在时间起点的右边时，则初相位为负；当两者重合时，则初相位为零。初相位通常用不大于 $180°$ 的角来表示。

两个同频率正弦量的相位差用符号 φ 表示，即

$$\varphi = (\omega t + \varphi_1) - (\omega t + \varphi_2) = \varphi_1 - \varphi_2$$

因此相位差即为两个同频率正弦量的初相位之差，并且是一常数，与计时起点无关。规定 φ 的取值在 $-180° \sim 180°$。两个同频率正弦量的相位差有下面几种情况，以 $i = I_\mathrm{m}\sin(\omega t + \varphi_i)$ 和 $u = U_\mathrm{m}\sin(\omega t + \varphi_u)$ 两个同频率正弦量为例进行说明。

① $\varphi > 0°$，说明电流 i 的相位超前电压 u 的相位一个角度 φ，也就是说电流 i 要比电压 u 先达到最大值或零值。此种情况可简称电流 i 超前电压 u，或称电压 u 滞后电流 i。

② $\varphi < 0°$，此时电流 i 滞后电压 u，或称电压 u 超前电流 i。

③ $\varphi = 0°$，此时电流 i 与电压 u 同相，也即电流 i 与电压 u 的初相位相等，两个正弦量同时达到零值或最大值。

④ $\varphi = 180°$，此时电流 i 与电压 u 反相，也即电流 i 达到最大值的同时，电压 u 达到负的最大值，它们的初相位相差 $180°$。

⑤ $\varphi = 90°$，则称电流 i 与电压 u 正交。

上述几种情况如图 2-6 所示。

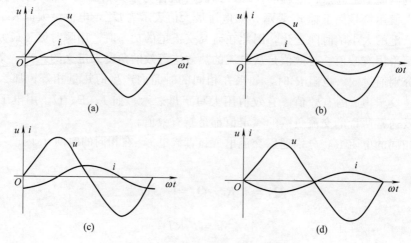

图 2-6　同频率两正弦量的相位差

当研究多个同频率正弦量的关系时，通常为了方便，选其中某一个正弦量作为参考正弦量，设它的初相位为 0，其他正弦量的初相位即为该正弦量与参考正弦量的相位差。

综上所述，最大值反映了正弦量的变化范围，角频率反映了正弦量的变化快慢，初相位反映了正弦量的起始状态。因此最大值、角频率、初相位被称为正弦交流电的三要素。

2.2　正弦交流电的表示方法

通过前面的学习知道，一个正弦量可以用解析式来表示，解析式中包含了正弦量的三要素，是正弦量最基本的表示方法，表示了正弦量的变化规律。除此之外还可采用波形图、相量图、相量复数等表示方法。波形图表示方法能形象、直观地描述出各正弦量的变化规律。但是波形图表示法和解析式表示法都有一个共同的缺点，就是都不能方便地进行运算。但是相量图表示法和相量复数表示法却能很好地解决这一问题。可以将正弦量用相量表示，按复数的运算规律进行运算，最后再将运算结果表示成正弦量。

2.2.1　波形图表示方法

正弦量波形图表示方法如图 2-7。

利用示波器、计算机或手绘（描点法）都可以得到正弦量的波形图。波形图能直观地描绘出对应正弦量中的各个物理量。当对两个正弦量进行加法运算时，要画出它们的波形，然后利用波形图逐点相加。

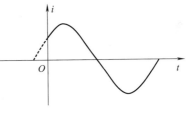

图 2-7　正弦量波形图

2.2.2　相量图表示方法

正弦信号的三要素可以由复平面内长为幅值以角速度 ω 旋转的矢量来表示，如正弦电压 $u(t) = U_m \sin(\omega t + \varphi_u)$ 即可用图2-8这一旋转矢量来表示。此矢量长度对应电压有效值 U_m；以角速度 ω 在复平面内旋转时，任意时刻该矢量在纵轴上的投影刚好等于其对应正弦量在该时刻的瞬时值；相量与实轴的夹角为对应正弦量的初相位。

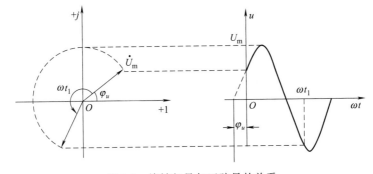

图 2-8　旋转矢量与正弦量的关系

应用相量图分析正弦问题时，由于这些正弦量的频率相同（即矢量的旋转速度相同），因而它们之间的相对位置在任何瞬间均不会改变。所以在分析时，只需将它们当作不动量来处理，这样不会影响分析的结果。

相量图的表示方法如下。

① 确定参考方向。通常以直角坐标系 X 轴正方向为参考方向。

② 作一有向线段，其长度代表正弦量的有效值，其与参考方向的夹角为正弦量的初相位。当初相位为正时，则用从参考方向开始逆时针旋转得出的角度来表示；当初相位为负时，则用从参考方向开始顺时针旋转得出的角度来表示。

通常用 $\dot{U}$、$\dot{I}$ 符号来表示相量。

2.2.3 相量复数表示方法

用画相量图的方法可以清楚地表示各正弦量间的相互关系，也可通过作相量图求得所需结果，但在实际应用时由于作图精度的限制，特别是分析复杂电路时还是比较困难的。而相量的数学表达——复数表示法才是分析正弦交流电路的一般方法。

2.2.3.1 复数的表达形式

一个复数由实部和虚部组成，其表示形式有代数形式、三角函数形式、指数形式、极坐标形式。

设 A 为一复数，其实部和虚部分别用 a 和 b 表示，则 $A = a + jb$。式中 j 是虚部的单位，此式为复数的代数形式。复数还可以用如图 2-9(a) 所示的矢量表示。其中 $|A|$ 表示复数 A 的大小，称为复数的模；φ 是矢量的方向角，称为复数的幅角。

$$|A| = \sqrt{a^2 + b^2}$$

$$\varphi = \tan^{-1} \frac{b}{a}$$

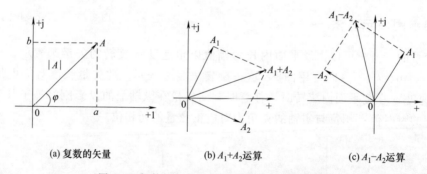

(a) 复数的矢量　　　　(b) $A_1 + A_2$ 运算　　　　(c) $A_1 - A_2$ 运算

图 2-9　复数的矢量表示及复数代数和的图解法

由图 2-9(a) 可知

$$a = |A| \cos\varphi$$
$$b = |A| \cos\varphi$$

所以有

$$A = a + jb = r\cos\varphi + jr\sin\varphi$$

此式为复数的三角形式。根据欧拉公式

$$\cos\varphi + j\sin\varphi = e^{j\varphi}$$

则复数 A 可写作

$$A = re^{j\varphi}$$

这就是复数的指数形式，通常将 $e^{j\varphi}$ 记作 $\angle\varphi$，这样上式可写成

$$A = r \angle \varphi$$

该式为复数 A 的极坐标形式。

一个复数的幅角对应正弦量的初相位,复数的模对应正弦量的最大值或有效值,则该正弦量就可用此复数来表示。用复数表示的正弦量称作相量。需要说明的是只有在电路及电工类书籍中这样表达。用复数表示的其他量不能叫相量。

综上所述,一个正弦量的复数可以有四种表示形式,这四种表示形式可以相互变换。

2.2.3.2　复数的四则运算

设有两复数分别为

$$A_1 = a_1 + jb_1 = r_1 e^{j\varphi_1} = r_1 \angle \varphi_1$$
$$A_2 = r_2 e^{j\varphi_2} = r_2 \angle \varphi_2$$

(1) 复数的加减运算

复数的加减运算应用代数形式较为方便。利用代数式将复数的实部和虚部分别相加减就可以了,即

$$A_1 \pm A_2 = (a_1 \pm a_2) + j(b_1 \pm b_2) = r_1 e^{j\varphi_1} \pm r_2 e^{j\varphi_2} = r_1 \angle \varphi_1 \pm r_2 \angle \varphi_2$$

(2) 复数的乘除运算

复数的乘除运算利用极坐标形式或指数形式比较方便。将其模相乘除,而幅角相加减

$$A_1 A_2 = (a_1 + jb_1)(a_2 + jb_2) = r_1 r_2 e^{j(\varphi_1 + \varphi_2)} = r_1 r_2 \angle (\varphi_1 + \varphi_2)$$

$$\frac{A_1}{A_2} = \frac{a_1 + jb_1}{a_2 + jb_2} = \frac{r_1}{r_2} e^{j(\varphi_1 - \varphi_2)} = \frac{r_1}{r_2} \angle (\varphi_1 - \varphi_2)$$

综上所述,借助于正弦量的复数表示,再结合相量图,几个同频率正弦量可以一步求得其最大值、初相位,最后再将其写成正弦形式,也就是取虚部、乘以 $\sqrt{2}$、加上旋转因子 ωt。

【例 2-2】　将下面两个复数转换为极坐标形式:

① $A = 3 - j4$;②$B = -3 + j4$。

解　① 根据实部为正,虚部为负,可判断其幅角在第四象限。

复数 A 的模为 $\qquad |A| = \sqrt{3^2 + (-4)^2} = 5$

幅角为 $\qquad \varphi_A = \tan^{-1} \dfrac{-4}{3}$

则

$$A = 5 \angle -53.1°$$

② 根据实部为负,虚部为正,可判断其幅角应在第二象限。

复数 A 的模为 $\qquad |B| = \sqrt{(-3)^2 + 4^2} = 5$

幅角为 $\qquad \varphi_B = \tan^{-1} \dfrac{4}{-3} = 126.9°$

所以 $\qquad B = 5 \angle -126.9°$

【例 2-3】　已知 $A_1 = 3 + j4$,$A_2 = 4 - j3$,求 $A_1 + A_2$,$A_1 - A_2$。

解　$A_1 + A_2 = (3 + j4) + (4 - j3) = (3 + 4) + j(4 - 3) = 7 + j$

$A_1 - A_2 = (3 + j4) - (4 - j3) = (3 - 4) + j[4 - (-3)] = -1 + 7j$

如果用图解法,如图 2-9 (b)、(c) 所示。

2.3 电路基本定律的相量形式

正弦量的解析式虽能表示正弦量的三要素，但在正弦电路的分析与计算中比较烦琐，需要寻求一种使正弦量运算更加简便的方法。下面介绍的正弦量的相量表示方法将使正弦交流电路的分析计算得到简化。

2.3.1 单一参数的正弦交流电路

电阻、电感、电容是电路组成的基本元件，任何一个实际的电路元件，都有这三种基本电路参数都有。然而在一定条件作用下，某一频率的正弦交流电作用时，某一参数的作用最为突出，其他参数作用被弱化，甚至可以忽略不计。所谓单一参数是指忽略其他两种参数的理想化元件，分析与计算电路元件在交流电路中的电流、电压关系，能量转换与功率问题。此外，还应注意直流电路和交流电路分析中基本元件的特点，在交流电路中出现的一些现象，与直流电路中的现象不完全相同。例如：电容接入直流电路时，电容被充电，充电结束后，电路处在断路状态，而在交流电路中，由于电压是交变的，电容时而充电时而放电，电路中出现了交变电流，使电路处在导通状态；电感线圈在直流电路中相当于导线，而在交流电路中由于电流是交变的，线圈中有自感电动势产生；只有电阻在直流电路与交流电路中都起着限制电流的作用。在各种实际应用的电路中，都可以使用单一参数电路元件组合而成的电路模型来建模，因此，这也是必须掌握单一参数电路元件交流特性的重要意义所在。

2.3.1.1 纯电阻电路

交流电路中如果只有线性电阻，则可以称为纯电阻电路。例如，日常生活中的电烙铁、电炉、白炽灯等，其电阻参数作用突出，其他两个参数可以忽略不计，可以认为是纯电阻性负载。在正弦交流电路中，电阻元件的电压和电流都随时间变化，但在任一瞬间线性电阻元件的电压、电流关系仍然遵循欧姆定律，如图 2-10 所示。

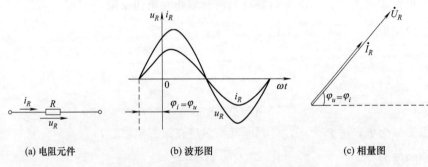

(a) 电阻元件　　　　　　　(b) 波形图　　　　　　　(c) 相量图

图 2-10　电阻元件及其波形图、相量图

设电阻 R 两端交流电压为 $u_R = U_{Rm}\sin(\omega t + \varphi_u)$，电阻元件的电压与电流为关联参考方向，则 R 中电流的瞬时值为

$$i_R = \frac{u}{R} = \frac{U_{Rm}}{R}\sin(\omega t + \varphi_u) = I_{Rm}\sin(\omega t + \varphi_i) \tag{2-1}$$

图 2-10(b)、(c) 所示为电阻元件的电压和电流的波形图及相量图，观察分析后可见，在正弦电压作用下，电阻中通过的电流是一个相同频率的正弦电流，而且与电阻两端电压同相位，即 $\varphi_u = \varphi_i$。

式(2-1) 的相量形式为

$$\dot{I}_R = I_R \angle \varphi_i = \frac{U_R}{R} \angle \varphi_u = \frac{\dot{U}_R}{R} \tag{2-2}$$

由上述关系式可得

$$I_{Rm} = \frac{U_{Rm}}{R}, \quad I_R = \frac{U_{Rm}}{\sqrt{2}R} = \frac{U_R}{R} \tag{2-3}$$

式(2-3) 表明,正弦交流电阻电路中电压和电流的瞬时值、最大值、有效值以及电压相量和电流相量之间的关系均遵循欧姆定律。下面来讨论一下纯电阻电路的功率问题。

瞬时功率 p 为任一瞬间,电阻上的电压和电流的瞬时值的乘积,即

$$\begin{aligned} p &= u_R i_R = U_{Rm} I_{Rm} \sin(\omega t + \varphi_u) \cdot I_{Rm} \sin(\omega t + \varphi_i) \\ &= U_{Rm} I_{Rm} \sin^2(\omega t + \varphi_u) \\ &= U_R I_R [1 - \cos 2(\omega t + \varphi_i)] \end{aligned} \tag{2-4}$$

式(2-4) 表明,电阻的瞬时功率 p 始终为正值,电阻始终消耗电能。由于瞬时功率是随时间变化的,为便于计算,通常取瞬时功率在一个周期内的平均功率来表示交流电的功率大小,也称为有功功率,用 P 表示,单位为瓦特(W)。

平均功率 P 为

$$P = \frac{1}{T}\int_0^T p\,\mathrm{d}t = \frac{1}{T}\int_0^t U_R I_R \sin^2 \omega t\,\mathrm{d}t = \frac{U_{Rm} I_{Rm}}{2}$$

$$P = \frac{U_{Rm} I_{Rm}}{2} = U_R I_R = I_R^2 R$$

这表明,平均功率等于电压、电流有效值的乘积。

【例 2-4】 已知通过电阻 $R = 100\Omega$ 的电流 $i = 2.2\sqrt{2}\sin(314t + 30°)$ A,试写出该电阻两端的电压瞬时值表达式,并写出电压相量。

解 电压的有效值为

$$U = 2.2 \times 100 = 220(\text{V})$$

因为电阻两端的电压与电流同相位,故电压的瞬时值表达式为

$$u = 220\sqrt{2}\sin(314t + 30°)$$

电压相量为

$$\dot{U} = 220\angle 30°(\text{V})$$

【例 2-5】 已知电阻 $R = 440\Omega$,将其接在电压 $U = 220\text{V}$ 的交流电路上,试求电流 I 和功率 P。

解 电流为

$$I = \frac{U}{R} = \frac{220}{440} = 0.5(\text{A})$$

功率为

$$P = UI = 220 \times 0.5 = 110(\text{W})$$

2.3.1.2 纯电感电路

当线圈的电阻小到可以忽略不计时,就可以近似为一个纯电感,例如日光灯镇流器中的线圈、电子技术中的扼流线圈等。当电感元件中通过交流电流时,产生的磁场也会随电流发生变化,在电感元件两端产生变化的电压。图 2-11(b)、(c)所示为电感元件的电压和电流的波形图及相量图,观察分析后可见,电感元件正弦量电压 u_L 超前电流 i_L 为 90°,或电流 i_L 滞后电压 u_L 为 90°。

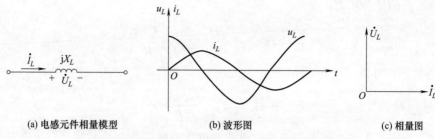

| (a) 电感元件相量模型 | (b) 波形图 | (c) 相量图 |

图 2-11　电感元件及其波形图、相量图

设电感 L 中流过的电流为 $i_L=I_{Lm}\sin(\omega t+\varphi_i)$，电感元件电压 u_L 和 i_L 为关联参考方向，则电压瞬时值 u_L 为

$$u_L=L\frac{\mathrm{d}i_L}{\mathrm{d}t}=\sqrt{2}\,\omega LI_L\cos(\omega t+\varphi_i)=\sqrt{2}\,\omega LI_L\sin\left(\omega t+\varphi_i+\frac{\pi}{2}\right)=\sqrt{2}\,U_L\sin(\omega t+\varphi_u)$$

$$(2\text{-}5)$$

式中，$U_L=\omega LI_L$，$\varphi_u=\varphi_i+\dfrac{\pi}{2}$。

式(2-5)的相量形式为

$$\dot{U}_L=\dot{U}_L\angle\varphi_u=X_LI_L\angle\left(\varphi_i+\frac{\pi}{2}\right)=\mathrm{j}X_LL_L\angle\varphi_i$$

即

$$\dot{U}_L=\mathrm{j}\omega L\dot{I}_L=\mathrm{j}X_L\dot{I}_L$$

可见，电感元件的电压、电流相量之间的关系遵循欧姆定律。由上述关系式可得

$$U_{Lm}=\omega LI_{Lm},\ U_L=\omega LI_L,\ X_L=\omega L=2\pi fL$$

式中，X_L 称感抗，单位是 Ω。与电阻相似，感抗在交流电路中也起阻碍电流的作用。这种阻碍作用与频率有关。即感抗与频率成正比，当 L 一定时，频率越高，意味着电流的交变速度越快，自感效应对电流的阻碍作用就越大。在直流电路中，由于频率 $f=0$，其感抗也等于零，可视为短路。也就是说，电感元件在电路中具有通直流（$f=0$），阻碍高频交流的作用，正是由于这种"通直流、阻交流，通低频、阻高频"的频率特性的存在，电感元件在交流电路中具有广泛应用和重要的地位。下面我们来讨论一下纯电感电路的功率问题。

瞬时功率 p 为任一瞬间，电感上的电压和电流的瞬时值的乘积，即

$$\begin{aligned}p&=u_Li_L=U_{Lm}\sin(\omega t+\varphi_i+90°)\cdot I_{Lm}\sin(\omega t+\varphi_i)\\&=U_{Lm}I_{Lm}\sin(\omega t+\varphi_i)\cos(\omega t+\varphi_i)\\&=\frac{1}{2}U_{Lm}I_{Lm}\sin2(\omega t+\varphi_i)=U_LI_L\sin2(\omega t+\varphi_i)\end{aligned}$$

观察图 2-11(b) 易见：第 1、3 个 $T/4$ 期间，瞬时功率 $p>0$，表示电感线圈从电源处吸收能量；在第 2、4 个 $T/4$ 期间，瞬时功率 $p<0$，表示电感线圈释放出磁能量送回电源。在电流 i_L 的一个周期内，电感与电源进行两次能量交换，交换功率的平均值为零，即纯电感电路的平均功率为零，表明纯电感线圈在电路中不消耗有功功率，它是一种储存电能的元件。

平均功率 P 为
$$P = \frac{1}{T}\int_0^T p \, \mathrm{d}t = 0$$

为了表达这种电磁互换的最大速率或规模,将瞬时功率的幅值定义为无功功率,用 Q 表示,无功功率的单位是乏(Var),即
$$Q_L = U_L I_L = I^2 X_L$$

【例 2-6】 一个线圈电阻很小,可略去不计,电感 $L = 35\mathrm{mH}$,该线圈在 $50\mathrm{Hz}$ 的交流电路中的感抗为多少?若接在 $U = 220\mathrm{V}$、$f = 50\mathrm{Hz}$ 的交流电路中,电流 I、有功功率 P、无功功率 Q 又是多少?

解 ① $f = 50\mathrm{Hz}$ 时,有
$$X_L = 2\pi f L = 2\pi \times 50 \times 35 \times 10^{-3} = 11(\Omega)$$

② 当 $U = 220\mathrm{V}$,$f = 50\mathrm{Hz}$ 时:

电流
$$I = \frac{U}{X_L} = \frac{220}{11} = 20(\mathrm{A})$$

有功功率
$$P = 0\mathrm{W}$$

无功功率
$$Q = UI = 220 \times 20 = 4400(\mathrm{Var})$$

2.3.1.3 纯电容电路

电容元件是重要的储能元件,由前面所学可知,直流电路中电容元件相当于断路,因为电容器的两个极板被绝缘介质隔开了。当电容元件接到交流电源时,实际上自由电荷也没有通过两极间的绝缘介质,只是两极板间的电压在变化:当电压升高时,电荷向电容器的极板上聚集,形成充电电流;当电压降低时,电荷离开极板,形成放电电流。就这样,充、放电过程也不断进行,形成了纯电容电路中的电流。图 2-12(b)、(c) 所示为电容元件的电压和电流的波形图及相量图,观察分析后可见,电容元件正弦量电流 i_C 超前电压 u_C 为 $90°$,或电压 u_C 滞后电流 i_C 为 $90°$。

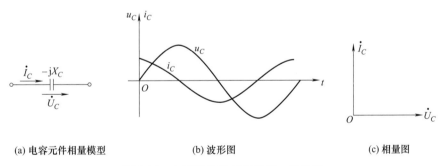

(a) 电容元件相量模型　　　　(b) 波形图　　　　(c) 相量图

图 2-12　电容元件及其波形图、相量图

设电容元件 C 两端加上电压 $u_C = U_{Cm}\sin(\omega t + \varphi_u)$,电容元件电压 u_C 和 i_C 为关联参考方向,则电流瞬时值 i_C 为
$$i_C = C\frac{\mathrm{d}u_C}{\mathrm{d}t} = \sqrt{2}\,CU_C\cos(\omega t + \varphi_u) = \sqrt{2}\,\omega CU_C\sin\left(\omega t + \varphi_u + \frac{\pi}{2}\right)$$
$$= \sqrt{2}\,I_C\sin(\omega t + \varphi_i)$$

式中,$I_C = \omega CU_C$,$\varphi_i = \varphi_u + \dfrac{\pi}{2}$。上式的相量形式为

$$\dot{I}_C = I_C \angle \varphi_i = \frac{U_C}{X_C} \angle \left(\varphi_u + \frac{\pi}{2} \right) = \frac{U_C}{-jX_C} \angle \varphi_u$$

即
$$\dot{I}_C = j\omega L \dot{U}_C = \frac{\dot{U}_C}{-jX_C}$$

可见，电容元件的电压、电流相量之间的关系遵循欧姆定律。由上述关系式可得

$$I_{Cm} = \omega C U_{Cm}, \ I_C = \omega C U_C, \ X_C = \frac{1}{\omega C} = \frac{1}{2\pi f C}$$

式中，X_C 称容抗，单位是 Ω。容抗在交流电路中也起阻碍电流的作用。这种阻碍作用与频率有关。容抗与频率 f 和 C 成反比。当 C 一定时，电流的频率越高，容抗越小；频率越低，容抗越大。所以，在直流电路中 $f=0$，容抗则为 ∞，电容可视为断路。正是由于电容元件这种"通交流、隔直流，通高频、阻低频"的频率特性的存在，电容元件在交流电路中具有广泛应用和重要的地位。下面我们来讨论一下纯容感电路的功率问题。

瞬时功率 p 为任一瞬间，电容上的电压和电流的瞬时值的乘积，即

$$\begin{aligned}
p &= u_C i_C = U_{Cm} \sin(\omega t + \varphi_u) \cdot I_{Cm} \sin(\omega t + \varphi_u + 90°) \\
&= U_{Cm} I_{Cm} \sin(\omega t + \varphi_u) \cos(\omega t + \varphi_u) \\
&= \frac{1}{2} U_{Cm} I_{Cm} \sin 2(\omega t + \varphi_u) \\
&= U_C I_C \sin 2(\omega t + \varphi_u)
\end{aligned}$$

纯电容的瞬时功率 p 与纯电感电路分析方法相同，观察波形图 2-12（b）易见：p 值为正，表示电容器充电，电容器把从电源中吸取的能量储存在电容中；p 值为负，表示电容器放电，电容器把储存的能量送回电源。电容器从电源中吸收的能量等于它送回电源的能量。电容元件的平均功率 P 为零，说明电容元件是储能元件，不消耗电能，仅与电源进行能量交换，平均功率 P 为

$$P = \frac{1}{T} \int_0^T p \, dt = 0$$

与电感类似，为了表示电源能量与电场能量交换的最大速率或规模，将瞬时功率的幅值定义为无功功率，用 Q 表示，即

$$Q_C = U_C I_C = I^2 X_C = \frac{U_C^2}{X_C} = \omega C U_C^2$$

【例 2-7】 把一个电容器接到 $u = 220\sqrt{2} \sin(314t - 60°)$ 的电源上，电容器电容 $C = 40\mu F$。试求：①电容器的容抗；②电流的有效值；③电流的瞬时值表达式；④电流、电压的相量图；⑤电路的无功功率。

解 由 $u = 220\sqrt{2} \sin(314t - 60°)$ 得 $U_m = 220\sqrt{2} \text{V}$，$\omega = 314 \text{rad/s}$，$\varphi_u = -60°$。

① 电容的容抗为
$$X_C = \frac{1}{\omega C} = \frac{1}{314 \times 40 \times 10^{-6}} = 80(\Omega)$$

② 电压的有效值为
$$U = \frac{U_m}{\sqrt{2}} = \frac{220\sqrt{2}}{\sqrt{2}} = 220(\text{V})$$

则电流的有效值为
$$I = \frac{U}{X_C} = \frac{220}{80} = 2.75(\text{A})$$

③ 在纯电容电路中，电流超前电压 90°，即 $\varphi_i = \varphi_u + 90° = -60° + 90° = 30°$，则电流瞬

时值表达式为

$$i = 2.75\sqrt{2}\sin(314t + 30°)$$

④ 电流、电压相量图略。

⑤ 无功功率 $Q_C = U_C I = 220 \times 2.75 = 605(\text{Var})$

2.3.2 基尔霍夫定律的相量形式

基尔霍夫电流定律既适用于直流电路，也适合于交流电路，而且不论元件是线性还是非线性都成立，下面介绍基尔霍夫电流定律的相量表示形式。

2.3.2.1 基尔霍夫电流定律的相量形式

基尔霍夫定律的实质是电流的连续性原理。在交流电路中，任一瞬间电流总是连续的，因此，基尔霍夫定律也适用于交流电路的任意一个瞬间，与元件的性质无关。即在正弦电流电路中，任一瞬间，流过任何一个节点（或闭合面）的各支路电流瞬时值的代数和为零，即

$$\sum i = 0$$

正弦电流电路中，各电压都是与激励同频率的正弦量，将这些正弦量用相量表示，即得

$$\sum \dot{I} = 0$$

电流前的正负号是由其参考方向决定的，电流方向为流出节点取正号，流入节点取负号。

2.3.2.2 基尔霍夫电压定律的相量形式

基尔霍夫电压定律，又称基尔霍夫第二定律，它反映了电路任一回路中各段电压间相互制约的关系，同样适用于交流电流的任何一个瞬间，即在任何瞬间，对于电路中的任意回路，沿任意规定的（顺时针或逆时针）方向绕行一周，各部分电压瞬时值的代数和等于零，即

$$\sum u = 0$$

正弦电流电路中，各电压都是与激励同频率的正弦量，将这些正弦量用相量表示，即得

$$\sum \dot{U} = 0$$

式中电压的参考方向与绕行方向一致，则该电压前取正号，相反取负号。

【例2-8】 已知电流表 A_1、A_2、A_3 均为10A，电路如图2-13所示,求电路中电流表 A 的读数。

解 设端电压 $\dot{U} = U \angle 0°V$。

① 选定电流的参考方向，如图2-13(a) 所示，则

$$\dot{I}_1 = 10 \angle 0°(\text{A}) \quad （与电压同相）$$

$$\dot{I}_2 = 10 \angle -90°(\text{A}) \quad （滞后于电压90°）$$

由 KCL 得

$$\dot{I} = \dot{I}_1 + \dot{I}_2 = 10 \angle 0° + 10 \angle -90° = 10 - 10\text{j} = 10\sqrt{2} \angle -45°(\text{A})$$

电流表的读数为 $10\sqrt{2}$ A。注意：这与直流电路是不同的，总电流并不是20A。

② 选定电流的参考方向，如图2-13(b) 所示，则

$$\dot{I}_1 = 10 \angle 0°(\text{A})$$

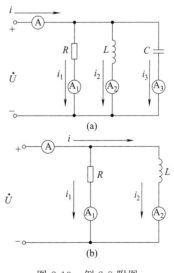

图2-13 例2-8附图

$$\dot{I}_2 = 10\angle{-90°}(A)$$

$$\dot{I}_3 = 10\angle{90°}(A) \quad (\text{超前于电压}90°)$$

由 KCL 得

$$\dot{I} = \dot{I}_1 + \dot{I}_2 + \dot{I}_3 = 10\angle{0°} + 10\angle{-90°} + 10\angle{90°} = 10(A)$$

电流表的读数为 10A。

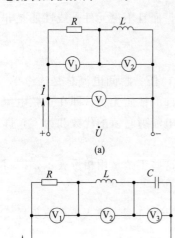

图 2-14　例 2-9 附图

【例 2-9】　图 2-14 所示电路中，电压表 V_1、V_2、V_3 的读数都是 50V，试分别求各电路中的电压表的读数。

解　设电流为参考相量，即 $\dot{I} = I\angle{0°}$。

① 选定 i、u_1、u_2、u 的参考方向，如图 2-14（a）所示，则

$$\dot{U} = 50\angle{0°}(V) \quad (\text{与电流同相})$$

$$\dot{U}_2 = 50\angle{90°}(V) \quad (\text{超前于电流}90°)$$

由 KCL 得

$$\dot{U} = \dot{U}_1 + \dot{U}_2 = 50\angle{0°} + 50\angle{90°} = 50 + 50j = 50\sqrt{2}\angle{45°}(V)$$

所以电压表的读数为 $50\sqrt{2}$ V。

② 选定 i、u_1、u_2、u_3 的参考方向，如图 2-14（b）所示，则

$$\dot{U}_1 = 50\angle{0°}(V)，\dot{U}_2 = 50\angle{90°}(V)$$

$$\dot{U}_3 = 50\angle{-90°}(V)(\text{滞后于电流}90°)$$

由 KVL 得

$$\dot{U} = \dot{U}_1 + \dot{U}_2 + \dot{U}_3 = 50\angle{0°} + 50\angle{-90°} = 50(A)$$

电压表的读数为 50V。

2.3.3　知识拓展——网孔电流法的相量形式

前面对简单的正弦交流电路进行了分析，在一些复杂的正弦交流电路中，如果构成电路的电阻、电感、电容元件都是线性的，电路中正弦电源都是同频率的，那么电路中各部分电压和电流是同频率的正弦量，可用相量法进行交流电路计算和分析。具体做法是：将电路中的无源元件用复阻抗或复导纳表示，正弦量用相量形式表示，那么之前讨论直流电路时所采用的各种网络分析方法、原理、定理都基于完全线性正弦交流电路。在讨论网孔电流法的相量形式之前，先介绍一下复阻抗的概念。

在无源二端口网络中，在电压、电流关联参考方向下，端口电压的相量与端口电流的相量的比值称为该二端口网络的复阻抗

$$Z = \frac{\dot{U}}{\dot{I}} = \frac{U\angle{\varphi_u}}{I\angle{\varphi_i}} = \frac{U}{I}(\varphi_u - \varphi_i) = |Z|\angle{\varphi}$$

$$|Z| = \frac{U}{I}，\quad \varphi = \varphi_u - \varphi_i \tag{2-6}$$

式(2-6)中，复阻抗的模 $|Z|$ 是它的端电压与电流有效值之比，称为电路的阻抗。复阻抗的幅角 φ 是电压与电流的相位角，称为电路的阻抗角。此外，复阻抗只取决于元件的参数和交流电的频率，与电压电流无关，亦可得

$$Z = R + \mathrm{j}(X_L - X_C) = R + \mathrm{j}X = |Z| \angle \varphi \tag{2-7}$$

式中，Z 为电路的复阻抗；$X = X_L - X_C$，为电路的电抗，单位为 Ω（欧姆）。

由式(2-7)可得复阻抗的模 $|Z|$ 和幅角 φ 为

$$|Z| = \sqrt{R^2 + (X_L - X_C)^2} = \sqrt{R^2 + X^2} \tag{2-8}$$

$$\varphi = \arctan \frac{X_L - X_C}{R} = \arctan \frac{X}{R}$$

式(2-8)表明，电路的 $|Z|$、R、X 可以组成一个三角形，称为阻抗三角形，如图 2-15 所示。复阻抗 Z 综合反映了电压与电流的大小及相位关系。电抗 X 值的正负体现了电路中电感与电容所起作用的大小，决定了电路的性质。

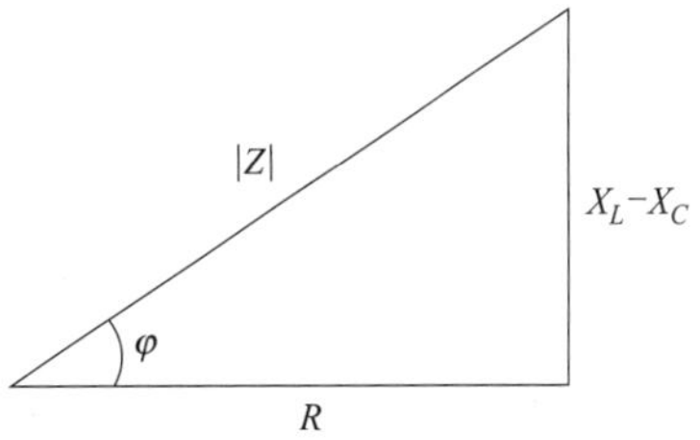

当 $X_L = X_C$ 时，$\varphi = 0$，总电压与电流同相，电路呈阻性，电路发生串联谐振。

图 2-15　阻抗三角形

当 $X_L > X_C$ 时，$0° < \varphi < 90°$，总电压超前于电流，电路呈感性（当 $\varphi = 90°$ 时，电流为纯感性）。

当 $X_L < X_C$ 时，$-90° < \varphi < 0°$，总电压滞后于电流，电路呈容性（当 $\varphi = -90°$ 时，电流为纯容性）。

下面讨论一下网孔电流法的相量形式。

如图 2-16 所示，若图中 $\dot{U}_{S1}$、$\dot{U}_{S2}$、R、X_L、X_C 均已知，求各支路电流。

选定网孔电流 $\dot{I}_{L1}$、$\dot{I}_{L2}$ 和各支路电流 $\dot{I}_1$、$\dot{I}_2$、$\dot{I}_3$ 的参考方向，如图 2-16 所示，各网孔绕行方向和本网孔电流参考方向一致，列网孔电流方程式为

$$Z_{11}\dot{I}_{L1} + Z_{12}\dot{I}_{L2} = U_{S11}$$

$$Z_{21}\dot{I}_{L1} + Z_{22}\dot{I}_{L2} = U_{S22}$$

其中

$$Z_{11} = R - \mathrm{j}X_C$$

$$Z_{12} = Z_{21} = -R$$

$$Z_{22} = R + \mathrm{j}X_L \dot{U}_{S11} = \dot{U}_{S1}$$

$$\dot{U}_{S22} = -\dot{U}_{S2}$$

列方程可求 $\dot{I}_{L1}$ 和 $\dot{I}_{L2}$，然后求出各支路电流为

$$\dot{I}_1 = \dot{I}_{L1}, \dot{I}_2 = \dot{I}_{L2}, \dot{I}_3 = \dot{I}_{L1} - \dot{I}_{L2}$$

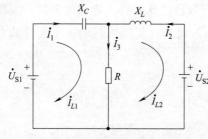

图 2-16　网孔电流法电路图

【例 2-10】 电路如图 2-16 所示，用网孔电流法求各支路电流。其中 $\dot{U}_{S1} = 100\angle 0°\text{V}$，$\dot{U}_{S2} = 100\angle 90°\text{V}$，$R = 5\Omega$，$X_L = 5\Omega$，$X_C = 2\Omega$。

解　选定各支路电流 $\dot{I}_1$、$\dot{I}_2$、$\dot{I}_3$ 和网孔电流 $\dot{I}_{L1}$、$\dot{I}_{L2}$ 的参考方向，如图 2-16 所示，选定绕行方向和网孔电流的参考方向一致。列出网孔方程为

$$(5-j2)\dot{I}_{L1} - 5\dot{I}_{L2} = -100\angle 90° \tag{1}$$

$$-5\dot{I}_{L1} + (5+j5)\dot{I}_{L2} = -100\angle 90° \tag{2}$$

由式（1）得

$$\dot{I}_{L2} = \frac{(5-j2)\dot{I}_{L1} - 100}{5}$$

代入式（2）得

$$-5\dot{I}_{L1} + \frac{(5+j5)[(5-j2)\dot{I}_{L1} - 100]}{5} = -j100$$

整理得

$$\dot{I}_{L1} = 15.38 - j23.1 = 27.8\angle -56.3°(\text{A})$$

$$\dot{I}_{L2} = -13.85 - j29.2 = 32.3\angle -115.4°(\text{A})$$

所以各支路电流为

$$\dot{I}_1 = \dot{I}_{L1} = 27.8\angle -56.3°\text{A}$$

$$\dot{I}_2 = \dot{I}_{L2} = 32.3\angle -115.4°\text{A}$$

$$\dot{I}_3 = \dot{I}_{L1} - \dot{I}_{L2} = 29.9\angle 11.9°\text{A}$$

2.4　正弦交流电路的功率

功率和能量在交流电路问题中具有重要的研究意义，下面讨论单一参数的正弦交流电路的功率计算问题。

2.4.1　瞬时功率

任一瞬间，元件上的电压和电流的瞬时值的乘积，称为瞬时功率，用小写字母 p 表示。设某无源二端口网络的电压和电流分别为

$$u = \sqrt{2}\sin(\omega t + \varphi_u)，i = \sqrt{2}U\sin(\omega t + \varphi_i)$$

取 u 和 i 为关联参考方向，则二端网络吸收的瞬时功率为

$$p = ui = \sqrt{2}U\sin(\omega t + \varphi_u)\cdot\sqrt{2}I\sin(\omega t + \varphi_i) = UI[\cos(\varphi_u - \varphi_i) - \cos(2\omega t + \varphi_u + \varphi_i)]$$

式中，U、I 分别为二端口网络电压和电流的有效值。可见，瞬时功率有恒定分量 $UI\cos(\varphi_u - \varphi_i)$ 和正弦分量 $UI\cos(2\omega t + \varphi_u + \varphi_i)$ 两部分，正弦量的频率是电源电压频率的两倍。

2.4.2 有功功率

由于瞬时功率是随时间变化的，但一般情况下也不需要对其进行计算和测量，为便于计算，常用平均功率来计算交流电路中的功率。将一个周期内瞬时功率的平均值定义为平均功率，也称为有功功率，单位为瓦（W），用字母 P 表示，即

$$P = \frac{1}{T} \int_0^T p \, \mathrm{d}t = \frac{1}{T} \int_0^T UI \left[\cos(\varphi_u - \varphi_i) - \cos(2\omega t + \varphi_u + \varphi_i) \right] \mathrm{d}t = UI \cos(\varphi_u - \varphi_i)$$

记相位差 $\varphi = \varphi_u - \varphi_i$，则

$$P = UI \cos\varphi = UI\lambda$$

对于无源二端口网络来说，φ 为网络等效负载的阻抗角，$\lambda = \cos\varphi$ 为无源二端口网络的功率因数。当 $\lambda > 0$ 时，说明该网络吸收有功功率；而当 $\lambda < 0$ 时，说明该网络释放有功功率。

显而易见，电路中含有 R、L、C 元件，由于电感、电容上平均功率为零（两种元件的功率因数 $\cos\varphi = 0$），说明了它们是储能元件，不消耗电能，只进行能量交换。因此，网络的有功功率 P 等于网络中阻性元件消耗的总功率，亦可得

$$P = \frac{1}{T} \int_0^T p \, \mathrm{d}t = \int \frac{1}{T} U_R I_R \sin^2 \omega t \, \mathrm{d}t = \frac{U_{Rm} I_{Rm}}{2}$$

或

$$P = \frac{U_{Rm} I_{Rm}}{2} = U_R I_R = I_R^2 R$$

【例 2-11】 R、L 串联电路中，已知 $f = 50\text{Hz}$，$R = 300\Omega$，电感 $L = 1.65\text{H}$，端电压的有效值 $U = 220\text{V}$，试求电路的功率因数和消耗的有功功率。

解 电路的阻抗

$$Z = R + \mathrm{j}\omega L = 300 + \mathrm{j}2\pi \times 50 \times 1.65 = 300 + \mathrm{j}518.1 = 598.7\angle 60°(\Omega)$$

由阻抗角 $\varphi = 60°$，得功率因数为

$$\cos\varphi = \cos 60° = 0.5$$

电路中电流有效值为

$$I = \frac{U}{|Z|} = \frac{220}{598.7} = 0.367(\text{A})$$

有功功率为

$$P = UI\cos\varphi = 220 \times 0.367 \times 0.5 = 40.4(\text{W})$$

2.4.3 无功功率

在实际工作中，电感、电容元件并不消耗能量，只是在电源和元件之间进行能量互换，将这种能量交换规模的大小称为无功功率 Q，即

$$Q = UI\sin\varphi$$

不难证明，对于电感性电路，阻抗角 $\varphi > 0°$，无功功率为正；而对于电容性电路，阻抗角 $\varphi > 0°$，无功功率为负。电路总无功功率等于所有电容、电感元件的无功功率代数之和。可见，电感和电容的无功功率会相互抵消，这也是功率因数校正技术的基础。

【例 2-12】 一个线圈电阻很小，可略去不计，电感 $L = 35\text{mH}$，求该线圈在 50Hz 的交流电路中的感抗为多少？若接在 $U = 220\text{V}$，$f = 50\text{Hz}$ 的交流电路中，电流 I、有功功率 P、

无功功率 Q 又是多少?

解 ① $f=50\text{Hz}$ 时

$$X_L=2\pi fL=2\pi\times50\times35\times10^{-3}\approx11(\Omega)$$

② 当 $U=220\text{V}$, $f=50\text{Hz}$ 时

电流为

$$I=\frac{U}{X_L}=\frac{220}{11}=20(\text{A})$$

有功功率为

$$P=0\text{W}$$

无功功率为

$$Q=UI=220\times20=4400(\text{Var})$$

2.4.4 视在功率和复功率

在实际工作中,通常是用额定电压和额定电流来设计和使用用电设备(如变压器、电动机等),用额定电压和电流的乘积来标示它的容量。因此,电路网络端额定电压的有效值与电流有效值的乘积称为电路的视在功率,用 S 表示,单位为 V·A(伏安),即

$$S=UI \tag{2-9}$$

这里需要注意的是:视在功率既不代表一般交流电路实际消耗的有功功率,也不代表交流电路的无功功率,它表示电源可能提供的,或负载可能获得的最大功率。额度视在功率在设备铭牌上通常称为额度容量或容量。也可以这样理解:由于电路网络中既存在电阻这样的耗能元件,又存在电感、电容这样的储能元件,外电路必须提供其正常工作所需的功率(有功功率),同时应有一部分能量被贮存在电感、电容等元件中。因此,在一般情况下,视在功率是大于平均功率的。如果按有功功率给电路网络提供电能,是无法保证该网络正常工作的。

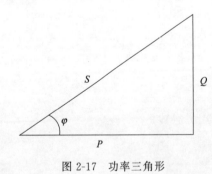

图 2-17 功率三角形

由于 $P=UI\cos\varphi$、$Q=UI\sin\varphi$ 及 $S=UI$,可得交流电路中的视在功率、有功功率和无功功率三者之间的关系为"功率三角形"(图 2-17),可得

$$S=UI=\sqrt{P^2+Q^2}$$

$$\cos\varphi=\frac{P}{S}$$

$$\tan\varphi=\frac{Q}{P}$$

同时,可以定义复功率 $\dot{S}$ 为

$$\dot{S}=P+\text{j}Q=S\angle\varphi=UI\angle(\varphi_u-\varphi_i)$$

可见,在正弦电流电路中,复功率是一个实部为有功功率、虚部为无功功率的复数量,是用相量法分析正弦电流电路时的一个辅助计算量。由上式得出,对于任意正弦交流电路,总的有功功率等于电路各部分有功功率之和,总的无功功率等于电路各部分无功功率之和,总的复功率等于电路各部分复功率之和,但总的视在功率并不等于电路各部分视在功率之和。

【例 2-13】 将电阻、电感和电容串联接在工频电源上，电路中电流有效值 $I=6A$，各元件电压分别是：$U_R=80V$，$U_L=240V$，$U_C=180V$。试求：① 电源电压有效值 U；② 电路参数 R、L 和 C；③ 电流与电压的相位差；④ 电路的有功功率 P、无功功率 Q 和视在功率 S。

解 ① 由电压三角形可求出电源电压

$$U=\sqrt{U_R^2+(U_L-U_C)}=\sqrt{80^2+(240-180)^2}=100(V)$$

② 电路中的电阻为

$$R=\frac{U_R}{I}=\frac{80}{6}\approx13.3(\Omega)$$

电路中的感抗为

$$X_L=\frac{U_L}{I}=\frac{240}{6}=40(\Omega)$$

线圈的电感为

$$L=\frac{X_L}{2\pi f}=\frac{40}{2\times3.14\times20}\approx0.13(H)$$

电路中的容抗为

$$X_C=\frac{U_C}{I}=\frac{180}{6}=30(\Omega)$$

③ 电流与电路端电压的相位差为

$$C=\frac{1}{2\pi fX_C}=\frac{1}{2\times3.14\times50\times30}\approx106(\mu F)$$

电路的感抗大于容抗，电路呈感性，电压超前电流 $36.9°$。

④ 电路的有功功率 P、无功功率 Q 和视在功率 S 分别为

$$P=U_RI=80\times6=480(W)$$
$$Q=(U_L-U_C)I=(240-180)\times6=360(Var)$$
$$S=UI=100\times6=600(V\cdot A)$$

2.4.5 功率因数的提高

在交流电路中，定义功率因数为 $\lambda=\cos\varphi$，其中 φ 为网络等效负载的阻抗角，是由负载中包含的电阻与电抗的相对大小决定，是反映交流电网络的一个重要技术指标，也是实际电力系统的一个重要的技术指标，其数值上等于有功功率与视在功率的比值。λ 是能够衡量网络中的电气设备效率高低的一个系数，数值越低，说明交流电路用于交变磁场转换的无功功率越大，从而降低了设备的利用率，增加了线路供电损失。当负载为纯电阻负载时，$\cos\varphi=1$；但在实际交流电路中，一般负载多为电感性负载（$0<\cos\varphi<1$）。例如企业中常用的交流电动机，就是一个感性负载，满载时功率因数为 $0.8\sim0.85$，而空载或轻载时功率因数会更低。

此外，功率因数 $\cos\varphi$ 也是实际电力系统的一个重要的技术指标，供电设备输出的功率中，一部分为有功功率，另一部分为无功功率。功率因数越高，电路的有功功率越大，电路中能量互换的规模也就越小，供电设备的能力就越得到充分发挥，从而提高了供电设备的能量利用率。功率因数过低，会使供电设备的利用率降低，输电线路上的功率损失与电压损失增加。交流电路中功率因数的高低是供电系统中密切关注的事情，为系统装设无功补偿设备，提高输电网络的功率因数，对企业的降损节电乃至国民经济的发展有着非常重要的意义。

【例 2-14】 某供电变压器额定电压 $U=220V$，额定电流 $I=100A$，视在功率 $S=22kV\cdot A$。

现变压器对一批功率为 $P=4\text{kW}$、$\cos\varphi=0.6$ 的电动机供电，问变压器能对几台电动机供电？若 $\cos\varphi$ 提高到 0.9，问变压器又能对几台电动机供电？

解 当 $\cos\varphi=0.6$ 时，每台电动机取用的电流为

$$I=\frac{P}{U\cos\varphi}=\frac{500\times10^3}{220\times0.6}\approx30\text{（A）}$$

因而可供电动机的台数为 $I_e/I=100/30\approx3.3$，即可给 3 台电动机供电。

若 $\cos\varphi=0.9$，每台电动机取用的电流为

$$I=\frac{P}{U\cos\varphi}=\frac{4\times10^3}{220\times0.9}\approx20\text{（A）}$$

则可供电动机的台数为 $I_e/I=100/20=5$（台）。

可见，当功率因数提高后，每台电动机取用的电流变小，变压器可供电的电动机台数增加，使变压器的容量得到充分的利用。

下面来讨论提高功率因数的两类常用方法。提高功率因数的首要任务是减小电源与负载间的无功互换规模，而不改变原负载的工作状态。一方面，在不进行任何人工补偿之前，首先从提高自然功率因数着手，能收到既节电又减少开支的效果。所谓"提高自然功率因数"方法，就是不添置任何补偿装置，采取措施来减少系统中无功功率的需要量。另一方面，是在感性负载端并联容性元件去补偿其无功功率，容性负载则需并联感性元件补偿之。一般工矿企业大多数为感性负载，所以，下面以感性负载并联电容元件为例，分析提高功率因数的过程，其电路图和相量图，如图 2-18 所示。

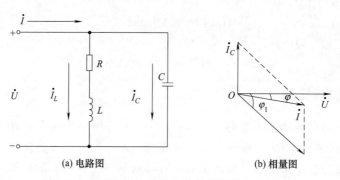

(a) 电路图　　　　(b) 相量图

图 2-18　电容器与电感性负载并联以提高功率因数

图 2-18(a) 给出了感性负载并联电容提高功率因数的电路图，以电压为参考相量作出的电路相量图如图 2-18(b) 所示。从相量图中可以看出，电感性负载未并联电容 C 时，阻抗角为 φ_1，即功率因数为 $\cos\varphi_1$。而 φ 为并联电容 C 后的阻抗角，显而易见 $\varphi<\varphi_1$，$\cos\varphi>\cos\varphi_1$，这样线路电流 I 减小，负载电流与负载的功率因数仍不变，而线路的功率因数总体得到了提高。进一步分析，若 C 值增大，I_C 也将增大，I 将进一步减小，但并不是 C 越大，I 越小。再增大 C，$\dot{I}$ 将领先于 $\dot{U}$，成为容性。实际上是由电容 C 补偿了一部分无功分量。亦即，有功功率 P 不变，无功功率 Q 减小，显然提高了电源的有功利用率。

用并联电容来提供功率因数，供电部门对用户负载的功率因数是有要求的，配电时也必须考虑这一因素，常在变配电室中安装大型电容器来统一进行功率补偿。一般应在 0.9 左右，而不是补偿更高，因为当功率因数补偿到接近于 1 时，所需电容量大，反而不经济。下面来讨论一下提高功率因数与需要并联电容的电容量间的关系，即把功率因数 $\cos\varphi_1$ 提高到

$\cos\varphi$ 所需并入电容器的电容量 C

$$I_C = I_1 \sin\varphi_1 - I\sin\varphi = \frac{P\sin\varphi_1}{U\cos\varphi_1} - \frac{P\sin\varphi}{U\cos\varphi} = \frac{P}{U}(\tan\varphi_1 - \tan\varphi)$$

又知

$$I_C = \frac{U}{X_C} = \omega CU$$

带入上式可得

$$C = \frac{P}{\omega U^2}(\tan\varphi_1 - \tan\varphi)$$

【例 2-15】 图 2-19 所示为一日光灯装置等效电路，已知 $P = 40\text{W}$，$U = 220\text{V}$，$f = 50\text{Hz}$，求：

①此日光灯的功率因数；②若要把功率因数提高到 0.9，需补偿的无功功率 Q_C 及电容量 C 各为多少？

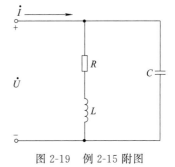

图 2-19 例 2-15 附图

解 ① 因为

$$P = UI\cos\varphi$$

所以

$$\cos\varphi = \frac{P}{UI} = \frac{40}{220 \times 0.4} = 0.455$$

② 由 $\cos\varphi_1 = 0.455$，得 $\varphi_1 = 63°$，$\tan\varphi_1 = 1.96$。

由 $\cos\varphi_2 = 0.9$，得 $\varphi_2 = 26°$，$\tan\varphi_2 = 0.487$。

利用公式可得

$$Q_C = 40 \times (1.96 - 0.487) = 58.9(\text{Var})$$

所以

$$C = \frac{Q_C}{\omega U^2} = \frac{58.9}{314 \times 220^2} = 3.88 \times 10^{-6}(\text{F}) = 3.88(\mu\text{F})$$

2.5 谐振电路

谐振现象在电子技术中应用较为广泛，要客观认识这种现象，并在实践中充分利用谐振的特点，同时又要预防它产生的危害。当电路中含有电感和电容元件时，在正弦电源作用下，一般电路的端电压和电流不是同相的，如果调整电路参数或电源频率使电路的端电压和电流同相，使电路的等效阻抗变为纯电阻，即让电路呈阻性，电路的这种工作状态称为谐振。下面来讨论由 R、L、C 组成的串联谐振电路和并联谐振电路。

2.5.1 串联谐振电路

串联谐振电路图及其相量图如图 2-20 所示，电路由 R、L、C 串联组成，可得该电路的复阻抗为

$$Z = R + \text{j}(X_L - X_C)$$

通过调节电路参数 L、C 或改变外加电压频率，使电路的端口电压 $\dot{U}$ 与电流 $\dot{I}$ 同相，即电路达到谐振条件时，必须满足

$$X_L - X_C = 0$$

$$\omega L - \frac{1}{\omega C} = 0 \tag{2-10}$$

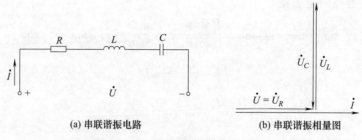

(a) 串联谐振电路　　　　　　　　　　(b) 串联谐振相量图

图 2-20　串联谐振电路及其相量图

满足式(2-10)时的角频率称为电路的谐振角频率，用 ω_0 表示，相应的谐振频率用 f_0 表示，则

$$\omega_0 = \frac{1}{\sqrt{LC}}$$

$$f_0 = \frac{1}{2\pi\sqrt{LC}}$$

当 L、C 固定时，可以改变电源频率达到谐振；而当电源频率一定时，通过改变元件参数使电路谐振的过程称为调谐。显而易见，电路谐振时，ω_0、f_0 仅取决于电路本身的参数 L 和 C，与电路中的电流、电压无关，所以 ω_0、f_0 被称为电路的固有角频率、固有频率。

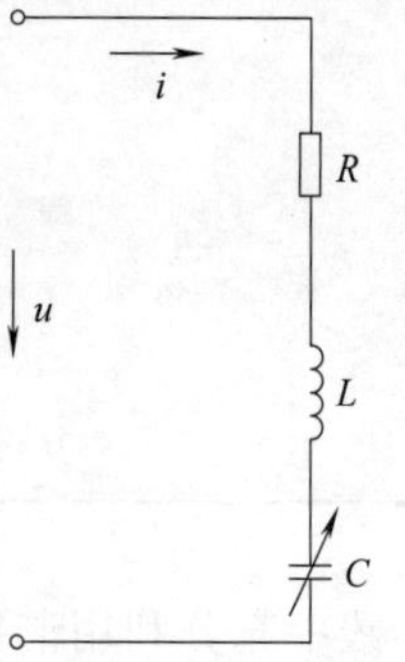

【例 2-16】　图 2-21 所示为 R、L、C 串联电路，已知 $R = 20\Omega$，$L = 300\mu H$，C 为可变电容，变化范围为 $12 \sim 290pF$。若外施信号源频率为 $800kHz$，则电容为何值才能使电路发生谐振？

解　由于

$$C = \frac{1}{(2\pi f)^2 L}$$

所以电容为

$$C = \frac{1}{(2\times\pi\times800\times10^3)^2\times300\times10^{-6}} = 132\,(pF)$$

图 2-21　例 2-16 附图

串联电路的谐振具有的特征可概括如下：

① 串联谐振时，电路的电抗 $X = 0$，电路复阻抗达到最小值，且等于电路中的电阻 R。

② 谐振时的电流将达到最大值 I_0，$I_0 = \dfrac{U}{R}$，且与电压同相位。

③ 电路谐振时的感抗和容抗在数值上相等，用字母 ρ 表示，称为特性阻抗。通常用谐振电路的特性阻抗与电路电阻的比值来表征谐振电路的性能，此值用字母 Q 表示，称为谐振电路的品质因数。故有

$$\rho = \omega_0 L = \frac{1}{\omega_0 L} = \sqrt{\frac{L}{C}}$$

$$Q = \frac{\rho}{R} = \frac{1}{R}\sqrt{\frac{L}{C}}$$

④ 谐振时由于 $X_L = X_C$，可得 $U_L = U_C$，且相位相反，互相抵消，故有

$$U_{L0} = \omega_0 L I_0 = \omega_0 L \frac{U}{R} = QU$$

$$U_{L0} = U_{C0} = QU$$

可见，电感、电容元件上的电压有效值为电源电压有效值的 Q 倍，Q 值一般在 $5\sim200$。因此，在串联谐振时，电感和电容元件的端电压往往高出电源电压许多倍，串联谐振又称为电压谐振。在电力系统中，应尽量避免谐振，因为当电压过高时，将有可能击穿线圈和电容，发生事故。在无线电工程中，通常用来选择频率。频率选择性的好坏用品质因数来衡量。当品质因数 Q 值越大时，频率选择性能越好。

【例 2-17】 已知 R、L、C 串联电路中，$R=20\Omega$，$L=300\mu H$，信号源频率调到 $800\mathrm{kHz}$ 时，回路中的电流达到最大，最大值为 $0.15\mathrm{mA}$，试求信号源电压 U_S、电容 C、回路的特性阻抗 ρ、品质因数 Q 及电感上的电压 U_{L0}。

解 根据谐振电路的基本特征，当回路的电流达到最大时，电路处于谐振状态。由于谐振时

$$C=\frac{1}{\omega^2 L}=\frac{1}{(2\pi f)^2 L}=\frac{1}{(2\pi\times800\times10^3)^2\times300\times10^{-6}}\approx132(\mu F)$$

$$U_S=U_R=I_0 R=0.15\times20=3(\mathrm{mF})$$

$$\rho=\sqrt{\frac{L}{C}}=\sqrt{\frac{300\times10^{-6}}{132\times10^{-12}}}\approx1508(\Omega)$$

$$Q=\frac{\rho}{R}=\frac{1508}{20}\approx75$$

则电感上的电压为

$$U_{L0}=QU_S=75\times3=225(\mathrm{mV})$$

2.5.2 并联谐振电路

并联谐振电路图及其相量图如图 2-22 所示，电路是由一个具有电阻的电感线圈和电容器并联组成，可得该电路的复导纳为

$$Y=\frac{1}{R+jX_L}+\frac{1}{-jX_C}=\frac{1}{R+j\omega L}+j\omega C=\frac{R}{R^2+(\omega L)^2}-j\frac{\omega L}{R^2+(\omega L)^2}+j\omega C$$

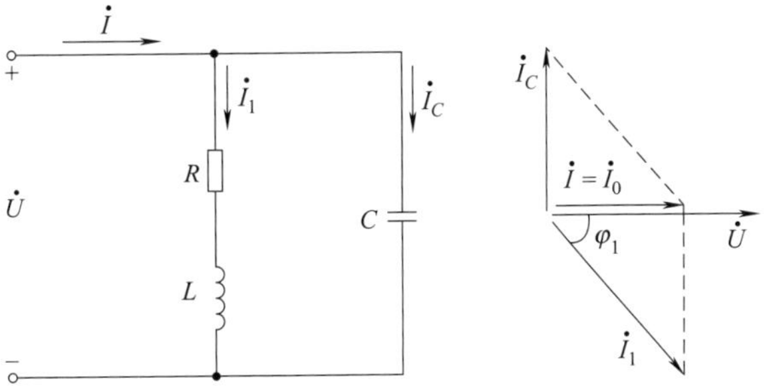

(a) 电路图   (b) 相量图

图 2-22 并联谐振电路图及其相量图

电路处于谐振状态时，使电路的端口电压 $\dot{U}$ 与电流 $\dot{I}$ 同相，复导纳 Y 的虚部为零，即

$$\omega C=\frac{\omega L}{R^2+(\omega L)^2}$$

可得

$$\omega_0 = \frac{1}{\sqrt{LC}}\sqrt{1-\frac{CR^2}{L}} = \frac{1}{\sqrt{LC}}\sqrt{1-\frac{R^2}{\rho^2}} = \frac{1}{\sqrt{LC}}\sqrt{1-\frac{1}{Q^2}}$$

当线圈的品质因数 Q 很高时，由于 $\omega L \gg R$，并联谐振角频率 ω_0 和频率 f_0 为

$$\omega_0 \approx \frac{1}{\sqrt{LC}}$$

$$f_0 \approx \frac{1}{2\pi\sqrt{LC}}$$

不难发现，这与串联谐振的谐振频率是相同的。并联电路的谐振具有的特征可概括如下。

① 并联谐振时，电路的电纳分量为零，导纳为最小值，阻抗为最大值，为纯阻性。

谐振时的导纳为
$$Y_0 = \frac{R}{R^2 + \omega_0^2 L^2}$$

谐振时的阻抗为
$$Z_0 = \frac{R^2 + \omega_0^2 L^2}{R} \approx \frac{(\omega_0 L)^2}{R} = Q\omega_0 L = Q\rho = \frac{\rho^2}{R}$$

② 并联谐振时的电流将达到最小值，且与电压同相位。

③ 在谐振情况下，电感支路与电容支路的电流近似相等，并为端口电流的 Q 倍。在图 2-22（b）中，因为端电压 U 为

$$\dot{U} = \dot{I}Z \approx \dot{I}Q\omega_0 L \approx \dot{I}Q\frac{1}{\omega_0 C}$$

可得电感支路的电流为
$$\dot{I}_{L0} = \frac{\dot{U}}{R + j\omega_0 L} \approx \frac{\dot{U}}{j\omega_0 L} = -jQ\dot{I}$$

电容支路的电流为
$$\dot{I}_{C0} = \frac{\dot{U}}{-\dfrac{1}{j\omega_0 C}} \approx j\omega_0 C\dot{U} = jQ\dot{I}$$

进而可得
$$I_{L0} = I_{C0} = QI$$

可见，在谐振情况下，电感支路与电容支路的电流近似相等，相位相反，均为端口电流的 Q 倍，所以并联谐振又被称为电流谐振。实际中，对于高内阻的信号源，需采用并联谐振电路。

2.6 实验与技能训练

2.6.1 用三表法测量电路等效参数

2.6.1.1 实验目的
① 学习用交流电压表、交流电流表和功率表测量交流电路元件等效参数的方法。
② 掌握功率表的接法和使用。
③ 加深对阻抗、阻抗角概念的理解。

2.6.1.2 原理说明
① 正弦交流信号激励下的元件值或阻抗值，可以用交流电压表、交流电流表及功率表

分别测量出元件两端的电压 U、流过该元件的电流 I 和它所消耗的功率 P，然后通过计算得到所求的各值，这种方法称为三表法，是用以测量 50Hz 交流电路参数的基本方法。

对于一个电感线圈 L，其阻抗的模为 $|Z| = \dfrac{U}{I}$，电路的功率因数 $\cos\varphi = \dfrac{P}{UI}$，由此可得等效电阻 $R = \dfrac{P}{I^2} = |Z|\cos\varphi$，等效电抗 $X = |Z|\sin\varphi$ 或 $X = X_L = 2\pi f L$。

同样对于一个电容器 C，其等效电阻 $R = \dfrac{P}{I^2} = |Z|\cos\varphi$，等效电抗 $X = |Z|\sin\varphi$，电容值 $C = \dfrac{1}{\omega X_c} = \dfrac{1}{\sin\varphi\omega|Z|}$。

② 当被测对象为一个无端口网络时，通过测量 C、P、I 的值可以求出 Z、P、X，然后判断其为感性还是容性，最后可求出等效电感 L 或等效电容 C。

2.6.1.3　实验设备

实验设备见表 2-1。

表 2-1　实验设备

序号	名称	型号与规格	数量	备注
1	交流电压表	$0\sim500\text{V}$	1	—
2	交流电流表	$0\sim5\text{A}$	1	—
3	单相功率表	—	1	DGJ-07
4	单相调压器	—	1	—
5	镇流器(电感线圈)	与 30W 日光灯配用	1	DGJ-04
6	电容器	$1\mu\text{F},4.7\mu\text{F}/500\text{V}$	1	DGJ-05
7	白炽灯	25W/220V	3	DGJ-04

2.6.1.4　实验内容

按图 2-23 接线，镇流器为待测电感，$4.7\mu\text{F}$ 电容器为待测电容。分别测量 25W 白炽灯(R)、30W 日光灯、镇流器(L) 和 $4.7\mu\text{F}$ 电容器(C) 的等效参数。测量 L、C串联与并联后的等效参数，测量后的内容填入表 2-2。

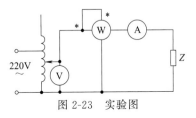

图 2-23　实验图

表 2-2　实验数据

被测阻抗	测量值				计算值	
	U/V	I/A	P/W	$\cos\varphi$	Z/Ω	$\cos\varphi$
25W 白炽灯 R						
电感线圈 L						
电容器 C						
L 与 C 串联						
L 与 C 并联						

2.6.1.5　实验注意事项

① 实验中要严格遵守操作规程，不可用手触及带电部位。

② 使用自耦调压器前，应先将电压调节手轮调在零位，接通电源后使其输出电压从零位开始逐渐升高。每次实验后要先将调压器调回零位，然后再断开电源。

③ 实验前应熟悉功率表的使用方法，尤其要正确掌握电流接线柱、电压接线柱星号端的接法。

2.6.1.6 思考题

① 本实验中如何根据测得的镇流器的 P、I 和 U 值，算出其电感量？

② 根据计算数据作出其阻抗三角形。

2.6.2 正弦稳态交流电路相量的研究

2.6.2.1 实验目的

① 研究正弦稳态交流电路中电压、电流相量之间的关系。

② 了解日光灯的工作原理，掌握其电路的接线方法。

③ 理解改善电路功率因数的意义并掌握其方法。

④ 掌握 RC、RL、LC、RLC 串联电路的相量轨迹及其应用。

2.6.2.2 原理说明

① 根据基尔霍夫定律可知，在单相正弦交流电路中，电压、电流分别满足相量形式的基尔霍夫定律，即 $\sum \dot{U} = 0$ 和 $\sum \dot{I} = 0$。

② RC 串联电路中，$\dot{I}_R$ 与 $\dot{U}_C$ 在正弦稳态信号 $\dot{U}$ 的激励下保持有 $90°$ 的相位差，即当 R 值改变时，$\dot{U}_R$ 的相量轨迹是一个半圆。

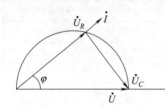

图 2-24 电压相量关系

$\dot{U}$、$\dot{U}_C$ 与 $\dot{U}_R$ 的电压相量关系形成一个直角形，如图 2-24 所示；随着 R 的改变，φ 角的大小也跟着改变，从而达到移相的目的。

③ 生活生产中用电负载多数为感性，功率因数较低，可通过并接电容的方法来提高功率因数。原理是感性负载的无功电流可通过电容器存储的电量进行补偿，从而使总电流减小，电源电压与总电流的相位差也减小，进而提高功率因数。

2.6.2.3 实验设备

实验设备见表 2-3。

表 2-3 实验设备

序号	名称	型号与规格	数量	备注
1	交流电压表	0~500V	1	—
2	交流电流表	0~5A	1	—
3	功率表	—	1	DGJ-07
4	自耦调压器	—	1	—
5	镇流器、启辉器	与30W灯管配用	各1	DGJ-04
6	日光灯灯管	30W	1	—
7	电容器	$(1\mu F, 2.2\mu F, 4.7\mu F)/500V$	各1	DGJ-04

続表

序号	名称	型号与规格	数量	备注
8	白炽灯	220V,25W	1～3	DGJ-04
9	电流插座	—	3	DGJ-04

2.6.2.4 实验内容

① 按图 2-25 接线。调节调压器输出（即 U）至 220V，验证电压三角形关系。数据填入表 2-4 中。

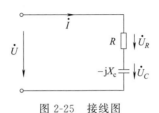

图 2-25 接线图

表 2-4 数据记录 1

测量值			计算值		
U/V	U_R/V	U_C/V	U'（与 U_R、U_C 组成直角三角形）/V（$U'=\sqrt{U_R^2+U_C^2}$）	$\Delta U=(U'-U)/V$	$(\Delta U/U)/\%$

② 日光灯线路连接与测量。

按图 2-26 连线。调节自耦调压器的输出，使其输出电压缓慢增加，直到日光灯刚启辉点亮为止，记下电压表、电流表、功率表的指示值。然后将电压调至 220V，重新记录三个表的值，数据填入表 2-5 中，验证电压、电流相量关系。

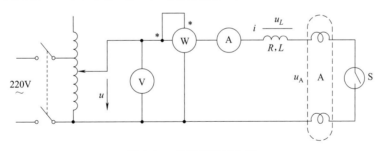

图 2-26 日光灯测试电路

表 2-5 数据记录 2

分类	测量数值						计算值	
	P/W	$\cos\varphi$	I/A	U/V	U_L/V	U_A/V	R/Ω	$\cos\varphi$
启辉值								
正常工作值								

③ 功率因数的改善。

实验线路如图 2-27。通过并联电容器来提高功率因数。调节自耦调压器的输出至 220V，记录三表的读数。改变电容值，重复三次测量。数据记入表 2-6 中。

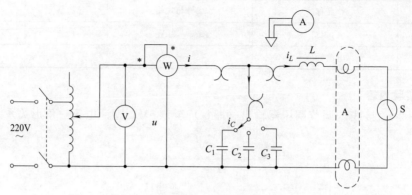

图 2-27 实验线路

表 2-6 数据记录 3

电容值	测量数值						计算值	
$C/\mu F$	P/W	$\cos\varphi$	U/V	I/A	I_L/A	I_C/A	I'/A	$\cos\varphi$
0								
1								
2.2								
4.7								

2.6.2.5 实验注意事项

① 严格遵守操作规程，注意安全。

② 功率表的电压和电流星号端要连接正确，电压的另一端要回到零线、电流的另一端要进电流表，千万别接反。

③ 日光灯不能启辉时，可检查启辉器及其接触是否良好。

2.6.2.6 思考题

① 日光灯的工作原理是什么？镇流器、启辉器的作用分别是什么？

② 没有启辉器时，可暂用一根导线将启辉器的两端短接一下，然后迅速断开，使日光灯点亮（DGJ-04 实验挂箱上有短接按钮，可用它代替启辉器做实验）。这是为什么？

③ 为了提高电路的功率因数，常在感性负载上并联电容器，其原理是什么？

④ 对于感性负载，提高其功率因数为什么通常采用并联电容器法，而不用串联法？功率因数的大小与电容的大小有何关系？

习　　题

(1) 填空题

① 表征正弦交流电振荡幅度的量是它的＿＿＿＿＿；表征正弦交流电随时间变化快慢程度的量是＿＿＿＿；表征正弦交流电起始位置时的量称为它的＿＿＿＿＿。三者称为正弦量的＿＿＿＿＿。

② 在 RLC 串联电路中，已知电流为 5A，电阻为 30Ω，感抗为 40Ω，容抗为 80Ω，那么电路的阻抗为 _____，该电路为 _____ 性电路。电路中吸收的有功功率为 _____，吸收的无功功率又为 _____。

③ 电阻元件上任一瞬间的电压电流关系可表示为 _____；电感元件上任一瞬间的电压电流关系可表示为 _____；电容元件上任一瞬间的电压电流关系可表示为 _____。由上述三个关系式可得，_____ 元件为即时元件，_____ 和 _____ 元件为动态元件。

④ 某电阻元件的电阻值 $R=1\text{k}\Omega$，额定功率 $P_N=2.5\text{W}$。要使它输出额定功率，则电压应为 _____。

⑤ 通常所说的电炉功率是指 _____ 功率。

⑥ RLC 串联电路的复阻抗是 _____。

⑦ 电容的容抗 _____，电感的感抗 _____。

⑧ RLC 串联电路的电路性质有三种，分别是 _____、_____、_____。

⑨ RLC 并联电路的复导纳是 _____。

⑩ 电容的容纳 _____，电感的感纳 _____。

⑪ RLC 并联电路的电路性质有三种，分别是 _____、_____、_____。

⑫ 谐振有两种，分别是 _____、_____，谐振时电路呈 _____ 性质。

⑬ 谐振的条件是 _____。

⑭ 谐振频率的表达式：_____、_____、_____。

（2）选择题

① 两个正弦交流电流的解析式是 $i_1=2202\sin(10\pi t+3\pi)$，$i_2=311\sin(10\pi t-3\pi)$。在这两个式子中，两个交流电流相同的量是（　　）。

  A. 最大值和初相位   B. 有效值和初相位

  C. 最大值、有效值和周期   D. 最大值、有效值、周期和初相位

② 对照明用交流电 $u=380\sin(100\pi t-2\pi)$ 的说法正确的是（　　）。

  A. 1s 内交流电压有 100 次达到最大值   B. 交流电的有效值为 220V

  C. 初相位为 $\pi/2$ D. 1s 内交流电压有 50 次过零

③ 当两个同频率正弦量的初相位相等时，下列表述正确的是（　　）。

  A. 两个正弦量的最大值和有效值相等

  B. 两个正弦量的计时起点一定相同

  C. 判断两个正弦量是否同时到达最大值和零值，还须由计时起点确定

  D. 两个正弦量同时到达最大值和零值

④ 在正弦量的有效值相量表示法中，下列说法正确的是（　　）。

  A. 相量的长度等于正弦量的最大值

  B. 相量的长度等于正弦量的有效值

  C. 相量与横轴的夹角等于正弦量的相位

  D. 相量与横轴的夹角等于正弦量的初相位

⑤ 已知某交流电流，$t=0$ 时的瞬时值 $i_0=10\text{A}$，初相位 $\varphi_0=30°$，则这个正弦交流电的有效值为（　　）。

  A. 20A   B. 202A   C. 14.14A   D. 10A

⑥ 电容器上标有 "$30\mu F$, $600V$" 的字样，$600V$ 的电压是指（　　）。

    A. 额定电压   B. 最小电压

    C. 正常工作时必须加的电压   D. 交流电压有效值

⑦ 电感量一定的线圈，如果产生的自感电动势大，则反映该线圈中通过的电流（　　）。

    A. 数值大   B. 变化量大   C. 时间快   D. 变化率大

⑧ 一个空心线圈，当通过它的电流为 $8A$ 时，电感为 $36mH$；当通过它的电流为 $4A$ 时，则（　　）。

    A. 电感线圈的电感降低一半

    B. 电感线圈的电感保持不变

    C. 电感线圈产生的感应电动势增加一倍

    D. 电感线圈产生的感应电动势不变

⑨ 对于交流电来说，下列说法正确的是（　　）。

    A. 交流电的频率越高，纯电阻对它的阻碍作用越大

    B. 交流电的频率越高，纯电容对它的阻碍作用越大

    C. 交流电的频率越高，纯电感对它的阻碍作用越大

    D. 纯电阻、纯电容、纯电感对交流电的阻碍作用与频率无关

⑩ 已知交流电流的解析式是 $i=42\sin(10\pi t-4\pi)$，当它通过 $R=2\Omega$ 的电阻时，电阻上消耗的功率是（　　）。

    A. $32W$ B. $8W$ C. $16W$ D. $10W$

⑪ 反映正弦交流电变化快慢的物理量为（　　）。

    A. 最大值   B. 频率   C. 初相位   D. 相位

⑫ 通常所说的白炽灯的功率是指（　　）。

    A. 有功功率   B. 无功功率   C. 瞬时功率   D. 视在功率

⑬ 对提高供电电路的功率因数，下列说法正确的是（　　）。

    A. 减少了用电设备中无用的无功功率

    B. 减少了用电设备的有功功率，提高了电源设备的容量

    C. 可以节省电能

    D. 可提高电源设备的利用率并减小输电线路中的功率损耗

⑭ 在 RL 串联电路中，$U_R=16V$，$U_L=12V$，则总电压为（　　）。

    A. $28V$ B. $20V$ C. $2V$

⑮ RLC 串联电路在 f_0 时发生谐振，当频率增加到 $2f_0$ 时，电路性质呈（　　）。

    A. 电阻性   B. 电感性   C. 电容性

⑯ 已知某电路的电压相量为 $\dot{U}=100\angle30°V$，电流相量为 $\dot{I}=6\angle-30°A$，则电路的无功功率 Q 为（　　）。

    A. $600Var$ B. $300\sqrt{3}Var$ C. $300Var$

⑰ 三相电源 Y 连接，已知 $U=220\angle-10°V$，其中 $U_{UV}=$（　　）。

    A. $220\angle20°V$ B. $220\angle140°V$ C. $380\angle140°V$ D. $380\angle20°V$

⑱ 当（　　）时，RLC 电路呈电容性；当（　　）时，RLC 电路呈电感性；当

（　　）时，RLC 电路呈电阻性。

    A. $X_L > X_C$ B. $X_L < X_C$ C. $X_L = X_C$

（3）判断题

① 正弦量的三要素是指最大值、角频率和相位。   （　　）

② 电感元件的正弦交流电路中，消耗的有功功率等于零。   （　　）

③ 因为正弦量可以用相量来表示，所以说相量就是正弦量。   （　　）

④ 电压三角形是相量图，阻抗三角形也是相量图。   （　　）

⑤ 正弦交流电路的视在功率等于有功功率和无功功率之和。   （　　）

⑥ 一个实际的电感线圈，在任何情况下呈现的电特性都是感性。   （　　）

⑦ 串接在正弦交流电路中的功率表，测量的是交流电路的有功功率。（　　）

⑧ 正弦交流电路的频率越高，阻抗越大；频率越低，阻抗越小。   （　　）

（4）计算题

① 已知电压 $U_A = 10\sin(\omega t + 60°)$ 和 $U_B = 10\sqrt{2}\sin(\omega t - 30°)$，指出电压 U_A、U_B 的有效值、初相、相位差，并画出 U_A、U_B 的波形图。

② 已知正弦量的三要素分别为：a. $U_m = 311\text{V}$，$f = 50\text{Hz}$，$\varphi_1 = 135°$；b. $I_m = 100\text{A}$，$f = 100\text{Hz}$，$\varphi_1 = -90°$。试分别写出它们的瞬时值表达式，并在一个坐标系上作出它们的波形图。

③ 写出图 2-28 所示正弦电流波的数学表达式。

④ 试确定图 2-29 所示 $u(t)$、$i(t)$ 波形的周期 T、角频率 ω 和相位差 φ，并写出它们的瞬时值表达式。

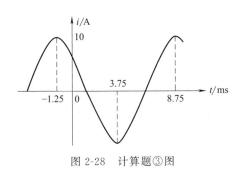

图 2-28　计算题③图

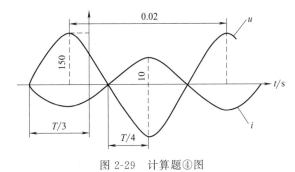

图 2-29　计算题④图

⑤ 已知某正弦电压的振幅为 15V，频率为 50Hz，初相位为 15°。写出它的瞬时值表达式，并作出它的波形图。求 $t = 0.0025\text{s}$ 时的相位和瞬时值。

⑥ A 为复数，已知 $\text{Re}\,[(6+\text{j}4)A] = 42$，$\text{Im}\,[(6+\text{j}4)A] = 2$，求复数 A。

⑦ 一个 220V、60W 的灯泡接在电压 $u = \sqrt{2}\sin\left(314t + \dfrac{\pi}{6}\right)$ 的电源上，求流过灯泡电流的有效值；写出电流瞬时值表达式，并画出电压、电流的相量图。

⑧ 一个 $L = 0.5\text{H}$ 的线圈接到 220V、50Hz 的交流电源上，求线圈中的电流和有功功率。

当电源频率变为 100Hz 时，其他条件不变，线圈中的电流和有功功率又是多少？

⑨ 将电感 $L = 25\text{mH}$ 的线圈接到频率可调且电压为 $u = 362\sin(\omega t + 30°)$ 的交流电源上。

当 $\omega = 400\text{rad/s}$ 时，求感抗、线圈中的电流，并作出电压、电流的相量图。

当角频率升高到 800rad/s 时，求感抗、线圈中的电流。

⑩ 把一个电容器接到 $u=220\sqrt{2}\sin(314t)$ 的电源上，测得流过电容器上的电流为 10A。现将这个电容器接到 $u=\sqrt{2}\sin(628t)$ 的电源上：a. 试求电流的瞬时值表达式；b. 作出电压和电流的相量图。

⑪ 试定性地画出图 2-30 所示电路的电压相量图。

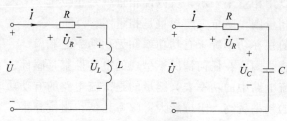

图 2-30　计算题⑪ 图

⑫ 试定性地画出图 2-31 所示电路的电流相量图。

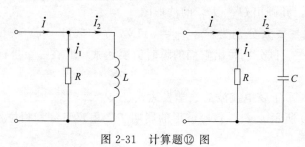

图 2-31　计算题⑫ 图

⑬ 有一个 RC 串联电路，如图 2-32 所示，已知 $R=10\text{k}\Omega$，$C=100\text{pF}$，电压 $u=\sqrt{2}\sin\omega t$，$f=1\text{kHz}$，试求电路的 Z、$\dot{I}$、$\dot{U}_R$、$\dot{U}_C$。

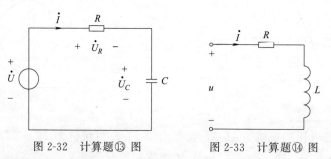

图 2-32　计算题⑬ 图　　　　图 2-33　计算题⑭ 图

⑭ 在图 2-33 所示电路中，已知 $u=220\sqrt{2}\sin314t$，$R=5.4\Omega$，$L=12.7\text{mH}$，试求电路的 $|Z|$、阻抗角 φ、电流 I、功率 P。

⑮ 将 RLC 串联电路接在 $u=220\sqrt{3}\sin(314t-30°)$ 电源上，已知 $R=10\Omega$，$L=0.01\text{H}$，$C=100\mu\text{F}$，求各元件电压解析式。

⑯ 在 RLC 串联电路中，已知 $R=10\Omega$，$L=0.7\text{H}$，$C=1000\mu\text{F}$，$\dot{U}=100\angle0°\text{V}$，$\omega=100\text{rad/s}$，求电路中电流以及有功功率、无功功率、视在功率。

⑰ 在如图 2-34 所示的电路中，已知 $\dot{U}=220\angle0°\text{V}$，$R_1=100\Omega$，$X_1=50\Omega$，$R_2=40\Omega$，求各支路电流的大小。

⑱ 在如图 2-35 所示的电路中，已知 $\dot{U}=10\angle0°\mathrm{V}$，$R=10\Omega$，$X_L=10\Omega$，$X_C=10\Omega$，求各支路电流、总电流与总有功功率。

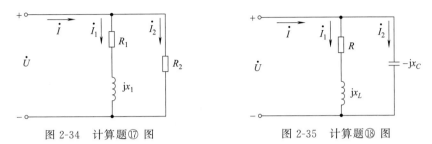

图 2-34　计算题⑰ 图　　　　　图 2-35　计算题⑱ 图

⑲ 已知 RLC 串联谐振电路，$L=400\mathrm{mH}$，$C=0.1\mathrm{mF}$，$R=20\Omega$，电源电压 $U_\mathrm{S}=0.1\mathrm{V}$，求谐振频率 f_0，特性阻抗 ρ，品质因数 Q，谐振时的 U_{L0}、U_{C0}。

⑳ 已知 RLC 串联谐振电路，特性阻抗 $\rho=100\Omega$，谐振时的角频率 $\omega=10^6\mathrm{rad/s}$，求元件 L 和 C 的参数值。

㉑ 已知 RLC 并联谐振电路，$\omega=10^6\mathrm{rad/s}$，$Q=100$，$|Z_0|=4\mathrm{k}\Omega$，求元件 R、L、C 的参数值。

3 三相交流电路

【项目描述】 三相交流电路是由三相电源、三相负载和三相传输线路组成的电路。这种电路最基本的结构特点是具有一组或多组电源，每组电源由三个振幅相等、频率相同、彼此间相位差一样的正弦电源构成，且电源和负载采用特定的连接方式。三相交流电路在发电、输电、配电以及大功率用电设备等电力系统中应用广泛，有很多优越性。因此在学习单相交流电路的基础上来认识三相交流电路的基本特征、基本分析方法和实际应用很有必要。

3.1 三相交流电

3.1.1 三相交流电路的定义

电能是现代化生产、管理及生活的主要能源，电能的生产、传输、分配和使用等许多环节构成一个完整的系统，这个系统叫做电力系统。电力系统目前普遍采用三相交流电源供电，由三相交流电源供电的电路称为三相交流电路。所谓三相交流电路是指由三个频率相同、最大值（或有效值）相等、在相位上互差120°的单相交流电动势组成的电路，这三个电动势称为三相对称电动势。

3.1.2 三相交流电的特点

三相交流电与单相交流电相比具有如下优点。

① 三相交流发电机比功率相同的单相交流发电机体积小、重量轻、成本低。

② 电能输送，当输送功率相等、电压相同、输电距离一样、线路损耗也相同时，用三相制输电比单相制输电可大大节省输电线有色金属的消耗量，即输电成本较低，三相输电的用铜量仅为单相输电用铜量的75%。

③ 目前获得广泛应用的三相异步电动机，是以三相交流电作为电源，它与单相电动机或其他电动机相比，具有结构简单、价格低廉、性能良好和使用维护方便等优点。

因此在现代电力系统中，三相交流电获得广泛应用。

3.1.3 三相交流电的产生

三相交流电的产生就是指三相交流电动势的产生。三相交流电动势由三相交流发电机产生，它是在单相交流发电机的基础上发展而来的，如图 3-1 所示，在发电机定子（固定不动的部分）上嵌放了三相结构完全相同的线圈 U_1U_2、V_1V_2、W_1W_2（通称绕组），这三相绕组在空间位置上各相差 120°，分别称为 U 相、V 相和 W 相。U_1、V_1、W_1 三端称为首端，U_2、V_2、W_2 则称为末端。

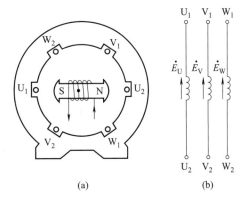

图 3-1　三相交流发电机原理图

磁极放在转子上，一般均由直流电通过励磁绕组产生一个很强的恒定磁场。当转子由原动机拖动作匀速转动时，三相定子绕组即切割转子磁场而感应出三相交流电动势。由于三相绕组在空间各相差 120°，因此三相绕组中感应出的三个交流电动势在时间上也相差三分之一周期（即 120°）。这三个电动势的三角函数表达式为

$$\begin{cases} e_U = E_m \sin\omega t \\ e_V = E_m \sin(\omega t - 120°) \\ e_W = E_m \sin(\omega t + 120°) \end{cases} \tag{3-1}$$

其波形图如图 3-2（a）所示。从图 3-2（a）中可以看出，三相交流电动势在任一瞬间其三个电动势的代数和为零。用上面的三个式子也可以证明出这一结论，即

$$e_U + e_V + e_W = 0 \tag{3-2}$$

在图 3-2(b) 中还可看出三相正弦交流电动势的相量和也等于零，即

$$\dot{E}_U + \dot{E}_V + \dot{E}_W = 0 \tag{3-3}$$

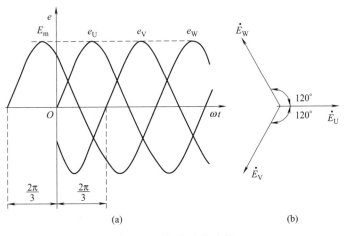

图 3-2　三相交流电动势

我们把它们称作三相对称电动势，规定每相电动势的正方向是从线圈的末端指向首端（或由低电位指向高电位）。三相电动势达到最大值（振幅）的先后次序叫做相序。e_U 比 e_V 超前 120°，e_V 比 e_W 超前 120°，而 e_W 又比 e_U 超前 120°，这种相序称为正相序或顺相序；反之，如果 e_U 比 e_W 超前 120°，e_W 比 e_V 超前 120°，e_V 比 e_U 超前 120°，称这种相序为负相序或逆相序。相序是一个十分重要的概念，为使电力系统能够安全可靠地运行，通常统一规定技术标准，一般在配电盘上用黄色标出 U 相，用绿色标出 V 相，用红色标出 W 相。

3.2　三相电源与三相负载的连接

发电站由三相交流发电机发出的三相交流电，通过三相输电线传输、分配给不同的用户。一般发电站与用户之间有一定的距离，因此采用高压传输，而不同用户用电设备不同。如：工厂的用电设备一般为三相低压用电设备，且功率较大；家庭用电设备一般为单相低压用电设备，功率小。三相三线制供电方式和三相四线制供电方式有何不同？如何连接？三相交流发电机实际有三个绕组，六个接线端，如果这三相电源分别用输电线向负载供电，则需六根输电线（每相用两根输电线），这样很不经济。目前采用的是将这三相交流电按照一定的方式，连接成一个整体向外送电。连接的方法通常为星形和三角形。电力系统的负载，从它们的使用方法来看，可以分成两类。一类是像电灯这样有两根出线的，叫做单相负载，电风扇、收音机、电烙铁、单相电动机等都是单相负载。另一类是像三相电动机这样有三个接线端的负载，叫做三相负载。

在三相负载中，如每相负载的电阻均相等，电抗也相等（且均为容抗或均为感抗），则称为三相对称负载。如果各相负载不同，就是不对称的三相负载，如三相照明电路中的负载。

任何电气设备都设计在某一规定的电压下使用（称额定电压），若加在电气设备上的电压高于此额定电压，则设备的使用寿命就会降低；若低于额定电压，则不能正常工作。因此，使用任何电气设备时都要注意负载本身的额定电压与电源电压一致。负载也和电源一样可以采用两种不同的连接方法，即星形联结和三角形联结。

3.2.1　三相电源的星形联结（Y 接）

3.2.1.1　基本概念

（1）星形联结

将电源的三相绕组末端 U_2、V_2、W_2 连在一起，首端 U_1、V_1、W_1 分别与负载相连，这种方式就叫做星形联结。如图 3-3 所示。

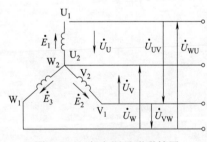

图 3-3　三相电源星形联结图

（2）中点、中性线、相线

三相绕组末端相连的一点称中点或零点，一般用"N"表示。从中点引出的线叫中性线（简称中线），由于中线一般与大地相连，通常又称为地线（或零线）。从首端 U_1、V_1、W_1 引出的三根导线称相线（或端线）。由于它与大地之间有一定的电位差，一般通称火线。

（3）输电方式

由三根火线和一根地线所组成的输电方式称三相四线制（通常在低压配电系统中采用）。只由三根火线所组成的输电方式称三相三线制（在高压输电时采用较多）。

3.2.1.2　三相电源星形联结时的电压关系

三相绕组联结成星形时，可以得到两种电压：

① 相电压 U_P，即每个绕组的首端与末端之间的电压，相电压的有效值用 U_U、U_V、U_W 表示。

② 线电压 U_L，即各绕组首端与首端之间的电压，即任意两根相线之间的电压叫做线电压，其有效值分别用 U_{UV}、U_{VW}、U_{WU} 表示。

相电压与线电压的参考方向是这样规定的：相电压的正方向是由首端指向中点 N，例如电压 U_U 是由首端 U_1 指向中点 N；线电压的方向，如电压 U_{UV} 是由首端 U_1 指向首端 V_1。

线电压 U_L 与相电压 U_P 的关系。根据以上定义，可以画出三相电源 Y 形联结时的电压相量图，如图 3-4 所示。三个相电压大小相等，在空间各相差 120°。由于 U 相绕组的末端 U_2 并不是和 V 相绕组的首端 V_1 相连，而是和 V 相绕组的末端 V_2 相连，故两端线间的线电压应该是两个相应的相电压之差，即

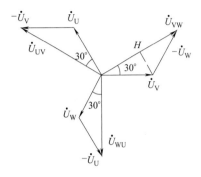

图 3-4 电源星形联结时的电压相量图

$$U_{UV} = U_U - U_V$$
$$U_{VW} = U_V - U_W \qquad (3\text{-}4)$$
$$U_{WU} = U_W - U_U$$

线电压大小利用几何关系可求得为

$$U_{UV} = 2U_U \cos 30° = \sqrt{3} U_U$$

同理可得 $\qquad U_{VW} = \sqrt{3} U_V$，$U_{WU} = \sqrt{3} U_W$

所以可得出结论：三相电路中线电压的大小是相电压的 $\sqrt{3}$ 倍，其公式为

$$U_L = \sqrt{3} U_P \qquad (3\text{-}5)$$

因此平常讲的电源电压为 220V，即是指相电压（亦即火线与地线之间的电压）；电源电压为 380V，即是指线电压（两根火线之间的电压）。由此可见：三相四线制的供电方式可以给负载提供两种电压，即线电压 380V 和相电压 220V，因而在实际中获得了广泛的应用。

3.2.2 三相电源的三角形联结（△接）

3.2.2.1 基本概念

三角形联结如图 3-5 所示，将三相电源一相绕组的末端与另一相绕组的首端依次相连接成一个三角形，再从首端 U_1、V_1、W_1 分别引出端线，这种连接方式就叫三角形联结。电源三角形联结的相量图如图 3-6 所示。

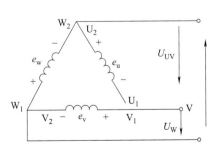

图 3-5 三相电源的三角形联结

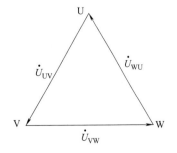

图 3-6 电源三角形联结的相量图

3.2.2.2　三相电源三角形联结时的电压关系

由图 3-5 可见

$$U_U=U_{UV}$$
$$U_V=U_{VW}$$
$$U_W=U_{WU}$$

(3-6)

所以三相电源三角形联结时，电路中线电压的大小与相电压的大小相等，即

$$U_L=U_P$$

(3-7)

由相量图 3-6 可看出，三个线电压之和为零，即

$$\dot{U}_{UV}+\dot{U}_{VW}+\dot{U}_{WU}=0$$

(3-8)

同理可得，在电源的三相绕组内部，三个电动势的相量和也为零，即：

$$\dot{E}_{UV}+\dot{E}_{VW}+\dot{E}_{WU}=0$$

(3-9)

因此当电源的三相绕组采用三角形联结时，在绕组内部是不会产生环路电流（环流）的。但如果不慎将某一相绕组接反（例如图 3-5 中的 W_1、W_2 相接反），则三个电动势之和为

$$\dot{E}_U+\dot{E}_V+(-\dot{E}_W)=-2\dot{E}_W$$

由于电源内阻很小，因此在电源内部会产生很大的环流，导致电源的绕组烧毁。

所以在采用三角形联结时，必须首先判断出每相绕组的首末端，再按正确的方法接线，绝对不允许接反。

3.2.3　三相负载的星形联结

3.2.3.1　接线特点

图 3-7 所示为三相负载星形联结电路图，它的接线原则与电源的星形联结相似，即将每相负载末端连成一点 N（中性点 N），首端 U、V、W 分别接到电源线上。

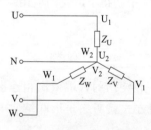

图 3-7　三相负载星形
联结电路图

3.2.3.2　电压、电流关系

为讨论问题方便，先作如下说明。

线电压 U_L：三相负载的线电压就是电源的线电压，也就是两根相线（火线）之间的电压。相电压 U_P：每相负载两端的电压称作负载的相电压，在忽略输电线上的电压降时，负载的相电压就等于电源的相电压，因此 $U_L=\sqrt{3}U_U$。

线电流 I_L：流过每根相线上的电流叫线电流。相电流 I_P：流过每相负载的电流叫相电流。中线电流 I_N：流过中线的电流叫中线电流。

对于三相电路中的每一相而言，可以看成一个单相电路，所以各相电流与电压间的相位关系及数量关系都可用讨论单相电路的方法来讨论。若三相负载对称，则在三相对称电压的作用下，流过三相对称负载中每相负载的电流应相等，即

$$I_L=I_U=I_V=I_W=\frac{U_P}{|Z_P|}$$

而每相电流间的相位差仍为 120°。由 KCL 定律可知，中线电流

$$I_N+I_U+I_V+I_W=0$$

(3-10)

三相负载的接线方式可以是只有三根相线，而没有中性线的电路，即三相三线制。也可以是除了三根相线外，在中性点还接有中性线，即三相四线制。三相四线制除供电给三相负载外，还可供电给单相负载，故凡有照明设备、单相电动机、电扇及其他各种家用电器的场合，也就是说一般低压用电场所，大多采用三相四线制。

3.2.3.3 三相四线制的特点

① 相电流 I_P 等于线电流 I_L，即

$$I_P = I_L \tag{3-11}$$

② 加在负载上的相电压 U_P 和线电压 U_L 之间有如下关系

$$U_L = \sqrt{3} U_P \tag{3-12}$$

③ 流过中性线的电流 I_N 为

$$I_N = I_U + I_V + I_W \tag{3-13}$$

当三相电路中的负载完全对称时，在任意一个瞬间，三个相电流中，总有一相电流与其余两相电流之和大小相等，方向相反，正好互相抵消。所以，流过中性线的电流等于零。

因此，在三相对称电路中，当负载采用星形联结时，由于流过中性线的电流为零，取消中性线也不会影响到各相负载的正常工作，这样三相四线制就可以变成三相三线制供电，如三相异步电动机及三相电炉等负载，当采用星形联结时，电源对该类负载就不需接中性线。通常在高压输电时，由于三相负载都是对称的三相变压器，所以都采用三相三线制供电。

若三相负载不对称，则中性线电流 $I_N = I_U + I_V + I_W \neq 0$，中性线不能省略。因为当有中性线存在时，它能使星形联结的各相负载，即使在不对称的情况下，也均有对称的电源相电压，从而保证了各相负载能正常工作。如果中性线断开变成三相三线制供电，则将导致各相负载的相电压分配不均匀，有时会出现很大的差别，造成有的相电压超过额定相电压而使用电设备不能正常工作。故三相四线制供电时中性线绝不允许断开。因此在中性线上不能安装开关、熔断器，而且中性线本身强度要好，接头处应连接牢固。

另外，接在三相四线制电网上的单相负载，例如照明电路、单相电动机、小型电热设备、各种家用电器、电焊机等，在设计安装供电线路时也尽量做到把各单相负载均匀地分配给三相电源，以保证供电电压的对称和减少流过中性线的电流。

3.2.4 三相负载的三角形联结

3.2.4.1 接线特点

将三相负载分别接在三相电源的每两根相线之间的接法，称为三相负载的三角形联结，如图3-8所示。

3.2.4.2 电压、电流关系

三角形联结的每相负载，也是单相交流电路，所以各相电流、电压和阻抗三者的关系仍与单相电路相同。由于三角形联结的各相负载是接在两根相线之间，因此负载的相电压就是线电压。假设三相电源及负载均对称，则三相电流大小均相等，为

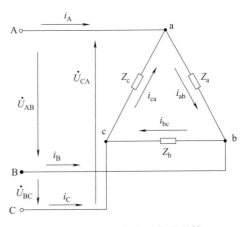

图 3-8 三相负载的三角形联结

$$I_P = I_{UV} = I_{VW} = I_{WU} = \frac{U_P}{|Z_P|}$$

三个相电流在相位上互差120°，根据它们的相量图，并假定电压超前电流一个角度 φ。所以，线电流 $\dot{I}_U$、$\dot{I}_V$、$\dot{I}_W$ 分别为

$$\dot{I}_U = \dot{I}_{UV} - \dot{I}_{WU}$$

$$\dot{I}_V = \dot{I}_{VW} - \dot{I}_{UV}$$

$$\dot{I}_W = \dot{I}_{WU} - \dot{I}_{VW}$$

由相量图通过几何关系不难证明 $I_L = \sqrt{3} I_P$。即当三相对称负载采用三角形联结时，线电流等于相电流的 $\sqrt{3}$ 倍。从矢量图中还可看到线电流和相电流不同相，线电流滞后相应的相电流 30°。

因此三相对称负载三角形联结的电流、电压有如下关系。

① 线电压 U_L 与相电压 U_P 相等，即

$$U_P = U_L \tag{3-14}$$

② 线电流 I_L 是相电流 I_P 的 $\sqrt{3}$ 倍，即

$$I_L = \sqrt{3} I_P \tag{3-15}$$

在三相三线制电路中，根据 KCL，把整个三相负载看成一个节点的话，则不论负载的接法如何以及负载是否对称，三相电路中的三个线电流的瞬时值之和或三个线电流的相量和总是等于零，即

$$I_U + I_V + I_W = 0$$

$$\dot{I}_U + \dot{I}_V + \dot{I}_W = 0 \tag{3-16}$$

【**例 3-1**】 有三个 100Ω 的电阻，将它们联结成星形或三角形，分别接到线电压为 380V 的对称三相电源上。试求线电压、相电压、线电流和相电流各是多少。

解 负载作星形联结。负载的线电压为

$$U_L = 380V$$

负载的相电压为线电压的 $\frac{1}{\sqrt{3}}$，即

$$U_P = \frac{U_L}{\sqrt{3}} = \frac{380}{\sqrt{3}} \approx 220(V)$$

负载的相电流等于线电流

$$I_P = I_L = \frac{U_P}{R} = \frac{220}{100} = 2.2(A)$$

负载作三角形联结，负载的线电压为

$$U_L = 380V$$

负载的相电压等于线电压，即

$$U_P = U_L = 380V$$

负载的相电流为

$$I_P = \frac{U_P}{R} = \frac{380}{100} = 3.8(A)$$

负载的线电流为相电流的 $\sqrt{3}$ 倍，即

$$I_{\mathrm{L}}=\sqrt{3}\,I_{\mathrm{P}}=\sqrt{3}\times3.8\approx6.58(\mathrm{A})$$

3.3 三相电路的分析、计算

3.3.1 对称三相电路的计算

3.3.1.1 计算三相对称电路的基本方法概述

所谓对称电路是指三相电路的各相负载相等、供电的三相电压也对称的情况。在电力系统中，多数情况下是对称的电力系统。计算对称的三相电路时，有许多方法可用。最基本的方法是 KCL、KVL、网孔法和节点电压法等。但是，三相电路本身有很强的规律性，当计算对称的三相电路时，如果能善于利用这些规律，将使计算过程大为简化，甚至可以把所有问题都作为单相电路计算。

计算对称的三相电路时，有以下事项需要考虑：

① 计算时，首先要审视负载是怎样结线的。至于电源是怎样结线的，是星形还是三角形，并不重要。因为只要知道了电源的线电压，就可以根据负载的结线方式对它的结线方式进行假设。当然，如果在题目中已经明确了电源的结线方式，就没有必要进行假设了。

② 如果负载结线是星形的，可以假设电源的结线也是星形的。因为计算三相电路时必须首先选定参考电压，选哪个呢？一般都是选线电压 V_{ab}，因为不管是星形结线，还是三角形结线，其线电压的大小和方向都是一致的。这样一来，A 相的相电压就是 $V_{\mathrm{an}}=(V_{\mathrm{ab}}\angle-30°)/\sqrt{3}$。但是，也可以选相电压 V_{an} 作参考电压。这样一来，就有 $V_{\mathrm{an}}=(V_{\mathrm{ab}}\angle0°)/\sqrt{3}$。

如果只是对某一个电路进行计算，选择哪个电压作参考相量都是可以的，只是在计算结果的相量表达上有 30°的相位差。

③ 如果负载是三角形，而且电源和负载间的阻抗可以忽略时，不妨把电源也认为是三角形的。这样假设，就是选电源的线电压 V_{an} 作参考电压，会使计算简化。但是，当线路的阻抗不能忽视时，就应该用 $Z_{\mathrm{Y}}=Z_{\triangle}/3$ 的公式把负载阻抗转换为星形后，再按 Y-Y 形结线进行计算。

④ 无论电源和负载的结线是三角形的，还是星形的，也不管电源是发电机还是变压器，只要电路是对称的，都可以把它们转换成 Y 形结线的电源和 Y 形结线的负载，并且最后按单相电路计算。如果线路较复杂时，在计算过程中，还可能有把星形结线转换为三角形的过渡情况。

⑤ 因为本节介绍的是对称的三相电路，所以，在计算过程中应该充分利用对称三相电路的基本规律，不需要一一进行计算。例如，对于星形结线的负载来说，如果已经知道 A 相电流是 $10\angle20°$ A，那么，B 相电流就是 $10\angle(20°-120°)=10\angle-100°$ A；C 相电流就是 $10\angle140°$ A。对于三角形负载来说，如果已经计算出 I_{AB}，另外两个相电流和三个线电流就都可以根据它们之间的相位关系和数值的根号三倍关系直接推算出来，不必一一计算。

上面只是介绍了一些计算原则，下面将具体介绍常见三相电路的计算方法。

3.3.1.2 Y-Y 形结线的三相对称电路的计算

对于 Y-Y 形结线（指电源为 Y 形结线，负载也是 Y 形结线）对称电路，应该选一相

（多选 A 相）电压作为参考相量，然后按单相电路进行计算。如果没有中线，可以加上；如果有中线，且有阻抗，也不要管它。因为对称三相电路中电流为零，有没有阻抗不影响计算。对于另外两相，不必再一一演算，按它们之间的相量关系推算就可以了。

【例 3-2】 有一个三相四线电路如图 3-9 所示，已知电源的线电压是三相 173V，相负载是 $20\angle30°\Omega$，求三相电流。

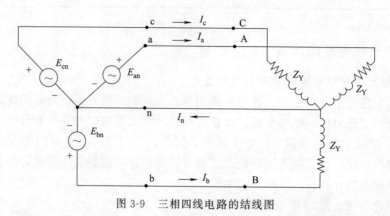

图 3-9　三相四线电路的结线图

解　因为有中线，而且是对称负载，所以，可以按计算单相电路的方法进行计算。计算此类问题时，必须首先作出相量图。按图 3-10（a）的结线方式可以作出相量图 3-10（b）。

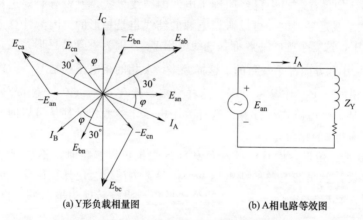

(a) Y 形负载相量图　　　　　　　　(b) A 相电路等效图

图 3-10　三相四线电路的相量图和等效电路图

其次，要选一个量作为参考相量，因为负载是接于相电压的，所以，可以选 E_{an} 作参考相量。由相量图可以看出，E_{an} 的大小是线电压的 $1/\sqrt{3}$，在本题里，等于 100V。因为要把它定为参考相量，所以，取它的相位是 0°，a 相电流为

$$I_A = \frac{E_{an}}{Z_Y} = \frac{100\angle0°}{20\angle30°} = 50\angle-30°(\text{A})$$

另外两个电流，可以根据相量关系直接写出，即有

$$I_B = I_A\angle-120° = 50\angle-150°(\text{A})$$

$$I_C = I_B\angle-120° = 50\angle-270° = 50\angle90°(\text{A})$$

因为负载是 Y 形结线，相电流等于线电流。因为是对称负载，相电流之和应该等于零。如果没有中性线，只要负载是对称的，也都可以利用上述方法进行计算。

3.3.1.3 Y-△形结线的三相对称电路的计算

对于对称的 Y-△形结线的三相电路，推荐两种算法。第一种算法是不管电源是怎样结线的，只按负载的三角形结线进行计算；第二种计算方法是把三角形负载转换为星形后再计算。这样计算的好处是计算简单，而且当传输线路中有阻抗需要考虑时，更显得方便。各举一例如下。

【例 3-3】 有一个 Y-△ 三相电路如图 3-11 所示。求三相线电流。已知电源线电压 173V，相负载是 $50\angle30°\Omega$。

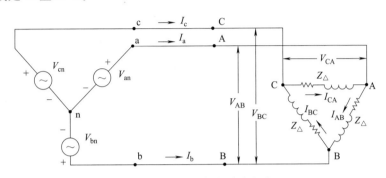

图 3-11　Y-△三相电路求电流

解　由图 3-11 可知，电源供给负载的电压依次是 V_{AB}、V_{BC} 和 V_{CA}，因此，对称的三角形负载的电流和电压相量图如图 3-12 所示。

由图 3-11 可知

$$I_{AB}=\frac{V_{AB}}{Z_\triangle},I_{BC}=\frac{V_{BC}}{Z_\triangle}\text{和}I_{CA}=\frac{V_{CA}}{Z_\triangle}$$

但是，当将 E_{AN} 作参考相量时，相电压和线电压的相位差是 30°（见图 3-12），因此有

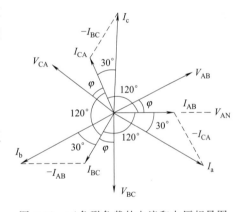

图 3-12　三角形负载的电流和电压相量图

$$I_{AB}=\frac{E_{AB}}{Z_\triangle}=\frac{\sqrt{3}\,V_{AN}e^{j30°}}{Z_\triangle}=\frac{173\angle30°}{50\angle30°}=3.46\angle0°(\text{A})$$

$$I_{BC}=I_{AB}e^{-j120°}=3.46\angle(0°-120°)(\text{A})$$

$$I_{CA}=I_{BC}\angle-120°=3.46\angle-240°=3.46\angle+120°(\text{A})$$

由图 3-12 可知，负载的线电流依次是

$$I_a=I_{AB}-I_{CA}=3.46\angle0°-3.46\angle120°=5.99\angle-30°(\text{A})$$

$$I_b=I_{BC}-I_{AB}=3.46\angle120°-3.46\angle0°=5.99\angle-150°(\text{A})$$

$$I_c=I_{CA}-I_{BC}=3.46\angle120°-3.46\angle120°=5.99\angle90°(\text{A})$$

其实，各个线电流都是落后于相应相电压 30°的，因此，不必经过运算，也可以直接写出这个结果。

3.3.1.4　对称电源的转换和对称负载的转换

图 3-13（a）的实线是三角形结线的三相电源图的示意图，虚线是等效的 Y 结线电源的示意图。图 3-13（b）是它们的相量图。结线图中的三角形电压 V_{ab}，经转换后应该跟星形负载的线电压 V_{AB} 同相，V_{bc} 应该跟 V_{BC} 同相，V_{ca} 应该跟 V_{CA} 同相。

从图 3-13（b）可以看出，三角形的线电压 V_{ab}、V_{bc} 和 V_{ca} 跟转换后的星形结线的相电

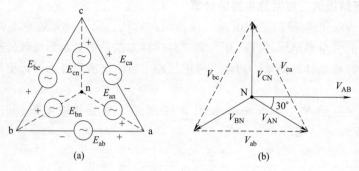

图 3-13　将三角形电源转换为等效的星形电源

压 V_{AN}、V_{BN} 和 V_{CN} 之间的对应关系是

$$V_{ab}=\sqrt{3}V_{AN}\angle 30°, \quad V_{bc}=\sqrt{3}V_{BN}\angle 30°, \quad V_{ca}=\sqrt{3}V_{CN}\angle 30°$$

因此，当把三角形电源转换为星形时，有

$$V_{AN}=\frac{V_{ab}\angle -30°}{\sqrt{3}}, \quad V_{BN}=\frac{V_{bc}\angle -30°}{\sqrt{3}}, \quad V_{CN}=\frac{V_{ca}\angle -30°}{\sqrt{3}}$$

对称的三角形结线的负载和星形结线的负载之间也可以互相转换。设三角形结线的阻抗是 $Z_{\triangle}$，星形结线的阻抗是 Z_Y，则有

$$Z_Y=\frac{Z_{\triangle}}{3}$$

$$Z_{\triangle}=3Z_Y$$

因为转换前后只有大小的变化，所以，转换前后的阻抗角没有发生变化。

【例 3-4】 把例 3-3 用负载结线方式转换的方法计算。

解 例 3-3 是 Y-△形结线，所以，应该首先把三角形负载转换为星形结线法，计算公式是

$$Z_Y=\frac{Z_{\triangle}}{3}=\frac{50\angle 30°}{3}\approx 16.7\angle 30°(\Omega)$$

此时的电路图就是 Y-Y 形结线了（可参考图 3-9）。设以 V_{AN} 为参考相量，则线电流是

$$I_a=\frac{V_{AN}}{Z_Y}=\frac{100\angle 0°}{16.7\angle 30°}\approx 5.99\angle -30°(A)$$

因为电路是对称的，而且是按正序计算的，所以，另外两个线电流可以直接写出来，它们是

$$I_b=5.99\angle -150°(A)$$

$$I_c=5.99\angle -270°=5.99\angle 90°(A)$$

可见，两种计算方法得到的结果是一致的。如果题目中给出了线路的阻抗，当计算时，把它们加到 Z_Y 上后再计算就行了。

3.3.1.5 △-Y 形结线的三相对称电路的计算

对△-Y 形结线，可以把其中的△结线的电源转换为 Y 形结线，然后按 Y-Y 形结线进行计算。也可以 Y 形负载和线路阻抗一起，按公式 $Z_{\triangle}=3Z_Y$ 转换为△形结线，然后按△-△形结线进行计算，有时反而更简单。

【例 3-5】 有一个三相电路，如图 3-14 所示。请计算三相电流和负载端的电压。给定条件：电源电压，三相 220V；线路阻抗，$Z_{line}=3+j4\Omega$；每相的负载阻抗是 $Z_Y=6.4+j4.48\Omega$。

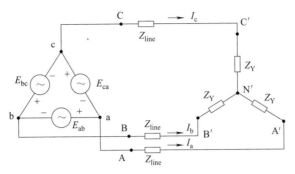

图 3-14 △-Y 电路求电流

解 首先可以把对称的三角形电源转换为星形结线的电源。若以 V_{AB} 为参考相量，三角形电源转换为星形时，星形结线电源的 A 相电压是

$$V_{AN} = \frac{V_{ab} \angle -30°}{\sqrt{3}} = \frac{220 \angle -30°}{\sqrt{3}} = 127 \angle -30°(V)$$

因此，A 相电流为

$$I_a = \frac{V_{AN} \angle 0°}{Z_{line} + Z_Y} = \frac{137 \angle -30°}{(3+j4)+(6.4+j4.48)} = \frac{127 \angle -30°}{12.7 \angle 42.1°} - 10 \angle -72.1°(A)$$

因为电路是对称的，所以，对正序来说，有

$$I_b = 10 \angle -192.1°A$$

$$I_b = 10 \angle 47.9°A$$

注意：如果把参考电压设为 $V_{AN} \angle 0°$ 时，电流的相位将改变 30°。

如果把星形负载转换为三角形的算法，计算方法如下。

把线路的阻抗认为是负载的一部分，则可以认为每相负载的阻抗为

$$Z_Y = 3+j4+6.4+j4.48 = 9.4+j8.48 = 12.7 \angle 42.1°(\Omega)$$

当把它转换为三角形负载后，每相的阻抗为

$$Z_\triangle = 3Z_Y = 28.2+j25.4 = 38.1 \angle 42.1°(\Omega)$$

如果以 V_{AB} 为参考相量，则有

$$I_{AB} = \frac{V_{AB} \angle 0°}{Z_\triangle} = \frac{220}{38.1 \angle 42.1°} = 5.77 \angle -42.1°(A)$$

$$I_{CA} = \frac{V_{CA} \angle 120°}{Z_\triangle} = \frac{220 \angle 120°}{38.1 \angle 42.1°} = 5.77 \angle 77.9°(A)$$

因此

$$I_a = I_{AB} - I_{CA} = 4.28 - j3.87 - (1.21+j5.64) = 3.07 - j9.51 = 10 \angle -72.1°(A)$$

可见，两种计算方法完全相符。

3.3.1.6 △-△形结线的三相对称电路的计算

对于△-△形结线的对称电路，如果不需要考虑线路的阻抗，可以直接进行计算。但是，如果需要计入线路阻抗，就应该把电源和负载都转化为星形后再计算。各举一例如下。

【例 3-6】 有一条三相电路如图 3-15 所示。已知三相对称电压是 220V，每相的阻抗是 $10+j5\Omega$，求三相电流。

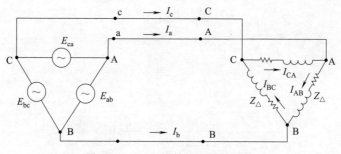

图 3-15　△-△形结线电路的计算

解　因为电源和负载都是三角形结线，而且又不需要考虑线路阻抗，且有 $V_{AB}=E_{ab}$，所以，可以直接计算电流。

选 V_{AB} 为参考相量，则有

$$I_{AB}=\frac{V_{AB}\angle 0°}{Z_{\triangle}}=\frac{220\angle 0°}{10+j5}\approx\frac{220\angle 0°}{11.18\angle 26.6°}\approx 19.7\angle -26.6(A)$$

$$I_{BC}=I_{AB}\angle -120°=19.7\angle -146.6°(A)$$

$$I_{CA}=I_{BC}\angle -120°=19.7\angle -146.6°-120°=19.7\angle 93.4°(A)$$

又因为各个线电流都是相应相电流的 $\sqrt{3}$ 倍，而且相位上落后 30°，由此推论：

$$I_a=\sqrt{3}\times 19.7\angle -26.6°=34.1\angle -26.6°(A)$$

$$I_b=34.1\angle -146.6°(A)$$

$$I_c=34.1\angle 93.4°(A)$$

下面再用转换结线方式的方法来计算。

【例 3-7】　试用转换结线形式的方法求例 3-6。

解　例 3-6 的结线图如图 3-15 所示，是△-△形电路，题意是把电源和负载都转换为 Y 形。如果以三角形电源的 AB 相电压作参考相量，则有

$$E_{an}=V_{AN}=\frac{E_{ab}\angle -30°}{\sqrt{3}}=\frac{220\angle -30°}{\sqrt{3}}\approx 127\angle -30°(V)$$

三角形结线的负载转换为 Y 形时，有

$$Z_Y=\frac{Z_{\triangle}}{3}=\frac{10+j5}{3}\approx 3.33+j1.67=3.72\angle 26.6°(\Omega)$$

因此，A 相电流为

$$I_a=\frac{V_{AN}}{Z_Y}=\frac{127\angle -30°}{3.72\angle 26.6°}\approx 34.1\angle -56.6°(A)$$

可见，这个计算结果跟例 3-6 的计算结果完全相符。但是，如果以三角形电源转换后的相电压 $V_{AB}\angle 0°$ 作参考相量时，计算结果将跟例 3-6 有 30°角的差别。

3.3.2　不对称三相电路的计算

不对称三相电路主要有两种可能情况：第一，三相电源的大小或角度不相等而使相位有差异；第二，负载阻抗不相等。在实际电力系统中，三相电源一般都是对称的，而三相负载的不对称是主要的、经常的。例如各相负载分配不均匀、电路系统发生不对称故障（如短路或断路）等都将引起不对称。下面将主要研究三相电源对称而三相负载不对称的三相电路。

图 3-16 所示电路中，开关 S 断开（不连中性线）时，由于 Z_A、Z_B、Z_C 不相等，就构成了不对称的 Y-Y 电路。该电路的节点电压方程为

$$\dot{U}_{N'N}\left(\frac{1}{Z_A}+\frac{1}{Z_B}+\frac{1}{Z_C}\right)=\frac{\dot{U}_A}{Z_A}+\frac{\dot{U}_B}{Z_B}+\frac{\dot{U}_C}{Z_C}$$

即有

$$\dot{U}_{N'N}=\frac{\dfrac{\dot{U}_A}{Z_A}+\dfrac{\dot{U}_B}{Z_B}+\dfrac{\dot{U}_C}{Z_C}}{\dfrac{1}{Z_A}+\dfrac{1}{Z_B}+\dfrac{1}{Z_C}}$$

由于负载中性点与电源中性点之间的电压不等于零，此时的 Y-Y 不对称电路的电压相量关系如图 3-17 所示。从电压相量图可以看出，中性点不重合，这种现象称为中性点位移。在电源对称的情况下，可以根据中性点位移的情况判断负载的不对称程度。当中性点位移较大时，会造成负载端的电压严重不对称，从而可能使负载的工作不正常；另一方面，如果负载变换时各相的工作相互关联，彼此都相互影响。

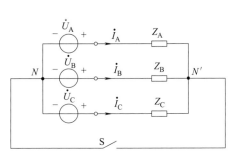

图 3-16　不对称三相电路

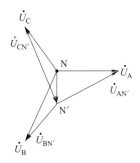

图 3-17　不对称电路的电压相量关系

图 3-16 所示电路中，当开关 S 闭合时，就是 Y_0-Y_0 电路。在不考虑中性线阻抗的情况下，中性点间电压为零，三相电路就相当于三个单相电路的组合。中性线电流为

$$\dot{I}=\dot{I}_A+\dot{I}_B+\dot{I}_C$$

中性线阻抗等于零的不对称 Y_0-Y_0 电路特点是：三相负载端电压是对称的，它们的有效值是相等的；由于三相电流是不对称的，中性线电流不等于零。因此，在给居民生活用电进行输送时，为了确保用电安全，均采用 Y_0-Y_0 连接方式，为了减小或消除负载中性点偏移，中性线选用电阻低、机械强度高的导线，并且中性线上不允许安装保险丝和开关。

现举几个例子来说明计算非对称电路的一般方法。

3.3.2.1　有中性线的三相四线非对称电路的计算

【例 3-8】　有一个非对称的 Y_0-Y_0 三相电路，如图 3-18 所示，求各线电流。

解　这是一个有中性线的 Y-Y 电路，也称为三相四线电路。它的特点是加于负载的相电压是对称的，但是相电流是不对称的。因此，中性线中有电流。当计算这种电路的电流时，仍然分别采用单相法计算就可以了。

以 E_{an} 为参考电压，则有

$$I_a=\frac{E_{an}}{Z_a}=\frac{120\angle 0°}{10}=12\angle 0°(\text{A})$$

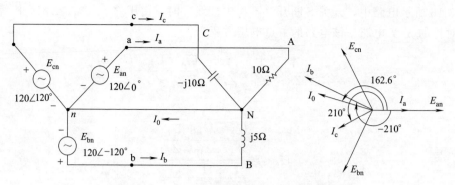

图 3-18　有中性线的三相四线非对称电路

$$I_b = \frac{E_{bn}}{Z_b} = \frac{120\angle-120°}{5\angle90°} = 24\angle-210°(\text{A})$$

$$I_c = \frac{E_{cn}}{Z_c} = \frac{120\angle120°}{10\angle-90°} = 12\angle210°(\text{A})$$

$$I_0 = I_a + I_b + I_c = 12\angle0° + 24\angle-210° + 12\angle210°$$

$$= 12 - 20.8 + j12 - 10.4 - j6$$

$$= -19.2 + j6 = 20.1\angle162.6°(\text{A})$$

3.3.2.2　△-△形结线的非对称三相电路的计算

【例 3-9】　图 3-19 所示为△-△形结线电路，线电压为 100V，试计算其各线电流。

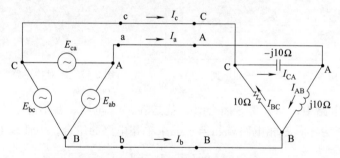

图 3-19　计算不对称的△-△形结线电路

解　因为没有给出线路阻抗，因此，计算此类电路时，可以首先计算出其相电流，然后再计算线电流。为此，可以选 V_{AB} 电压作为参考电压。有

$$I_{AB} = \frac{V_{AB}}{Z_{AB}} = \frac{100\angle0°}{10\angle90°} = 10\angle-90°(\text{A})$$

$$I_{BC} = \frac{V_{BC}}{Z_{BC}} = \frac{100\angle(0°-120°)}{10\angle0°} = 10\angle-120°(\text{A})$$

$$I_{AB} = \frac{V_{CA}}{Z_{CA}} = \frac{100\angle120°}{10\angle-90°} = 10\angle210°(\text{A})$$

所以，有

$$I_a = I_{AB} - I_{CA} = -j10 - 10\times(-0.866 - j5) = 8.66 - j5 = 10\angle-30°(\text{A})$$

$$I_b = I_{BC} - I_{AB} = -5 - j8.66 + j10 = -5 + j1.34 = 5.18\angle165.0°(\text{A})$$

$$I_c = I_{CA} - I_{BC} = -8.66 - j5 - (-5 - j8.66)$$

$$= -3.66 + j3.66 = 5.18\angle 135.0°(A)$$

验算 $\qquad I_a + I_b + I_c = -8.66 - 5 - 3.66 +$

$$j(-5 + 1.34 + 3.66) = 0$$

可见，计算正确。其正序相量图如图 3-20 所示。

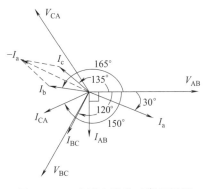

图 3-20　三角形电路的正序相量图

3.3.2.3　非对称三相负载结线的转换方法

当计算三相电路时，经常需要把对称的三角形电源转换为对称的星形电源。其转换方法在介绍对称电路计算方法时已经作过介绍。只需要记住改为 Y 结线后，其 A 相电压为 $V_{AN} = (V_{ab}\angle -30°)/\sqrt{3}$。

为了计算方便，也可以对不对称的负载结线进行转换，转换公式（即△→Y 的转换公式）是

$$Z_A = \frac{Z_{AB}Z_{CA}}{Z_{AB} + Z_{BC} + Z_{CA}},\ Z_B = \frac{Z_{BC}Z_{AB}}{Z_{AB} + Z_{BC} + Z_{CA}},\ Z_C = Z\frac{Z_{CA}Z_{BC}}{Z_{AB} + Z_{BC} + Z_{CA}}$$

当负载对称时，转换公式是 $Z_Y = \dfrac{Z_\triangle}{3}$。

Y→△的转换公式为

$$Z_{AB} = \frac{Z_A Z_B + Z_B Z_C + Z_C Z_A}{Z_C}$$

$$Z_{BC} = \frac{Z_A Z_B + Z_B Z_C + Z_C Z_A}{Z_A}$$

$$Z_{CA} = \frac{Z_A Z_B + Z_B Z_C + Z_C Z_A}{Z_B}$$

当负载对称时，$Z_\triangle = 3Z_Y$。

3.3.2.4　Y-△形和△-Y 形不对称三相电路的计算

当电源是 Y 形结线，而负载是△形结线时，只需把三角形负载转换为 Y 形结线就可以了。当电源是三角形，而负载是 Y 形时，应该把三角形电源转换为 Y 形。经过这样转换之后就都可以按 Y-Y 结线进行计算了。

非对称三相电路计算方法的小结如下。

当计算三相四线电路时，最简单的方法是分相计算。当计算 Y-Y 结线的不对称三相电路时，比较常用的方法是网孔电流法、回路电流法或节点电压法等，究竟采取哪个方法，要因人而异。如果是△-△结线，而且可以不计算线路阻抗时，直接计算就比较简便。但是，如果需要计算线路阻抗时，就应该把它们都转换为 Y 形结线。当计算 Y-△结线时，应该把负载转换为 Y 形；当计算△-Y 结线时，应该把 A 相电源电压定为 $V_{AN} = (V_{AB}\angle -30°)/\sqrt{3}$ 后再计算。但是，当作单一电路计算时，也可以直接把 A 相电压作参考电压。

3.3.3　三相功率的计算和测量

3.3.3.1　三相电路的平均功率

在三相电路中，三相电源发出的有功功率等于三相负载吸收的有功功率，即等于各相有

功功率之和。设 A、B、C 三相负载相电压的有效值分别为 U_A、U_B、U_C，三相负载电流有效值为 I_A、I_B、I_C，A、B、C 三相负载相电压与相电流的相位差分别 φ_A、φ_B、φ_C，则三相电路的平均功率表示为

$$P=P_A+P_B+P_C=U_AI_A\cos\varphi_A+U_BI_B\cos\varphi_B+U_CI_C\cos\varphi_C \qquad (3-17)$$

在对称三相电路中，$U_A=U_B=U_C=U_P$，$I_A=I_B=I_C=I_P$，$\varphi_A=\varphi_B=\varphi_C=\varphi$，所以

$$P=3U_PI_P\cos\varphi \qquad (3-18)$$

如果负载为星形联结，则 $U_P=\dfrac{U_L}{\sqrt{3}}$，$I_P=I_L$；如果负载为三角形联结，则 $U_P=U_L$，

$I_P=\dfrac{I_L}{\sqrt{3}}$，所以上式可以写为

$$P=\sqrt{3}U_LI_L\cos\varphi \qquad (3-19)$$

值得注意的是，上式中 U_L、I_L 是线电压和线电流，φ 是相电压与相电流之间的相位差。

3.3.3.2 三相电路的无功功率

在三相电路中，三相电源的无功功率也等于三相负载的无功功率，即等于各相无功功率之和，表示如下

$$Q=Q_A+Q_B+Q_C=U_AI_A\sin\varphi_A+U_BI_B\sin\varphi_B+U_CI_C\sin\varphi_C \qquad (3-20)$$

同平均功率分析过程一样，不管接受以哪种方式连接，都有

$$Q=\sqrt{3}U_LI_L\sin\varphi \qquad (3-21)$$

3.3.3.3 三相电路的视在功率

与单相电路相同，三相电路的视在功率可以表示为

$$S=\sqrt{P^2+Q^2} \qquad (3-22)$$

而在对称三相电路中，有

$$S=3U_PI_P=\sqrt{3}U_LI_L \qquad (3-23)$$

3.3.3.4 三相电路的瞬时功率

为了研究问题方便，在此仅讨论对称三相电路的瞬时功率，它等于各相电路的瞬时功率之和。

首先，以 Y 形联结为例讨论三相电路负载的瞬时功率。设各相负载在时域中的相电压分别为

$$u_A=\sqrt{2}U_P\sin\omega t$$

$$u_B=\sqrt{2}U_P\sin(\omega t-120°)$$

$$u_C=\sqrt{2}U_P\sin(\omega t+120°)$$

由于 U_P 是相电压的有效值，所以乘以系数 $\sqrt{2}$。如负载 $Z_X=Z\angle\varphi$，则相电流滞后相电压 φ 角，所以

$$i_A=\sqrt{2}I_P\sin(\omega t-\varphi)$$

$$i_B=\sqrt{2}I_P\sin(\omega t-120°-\varphi)$$

$$i_C=\sqrt{2}I_P\sin(\omega t+120°-\varphi)$$

其中 I_P 是相电流的有效值。各相负载的瞬时功率为

$$P_A = u_A i_A = \sqrt{2} U_P \sin\omega t \cdot \sqrt{2} I_P \sin(\omega t - \varphi)$$
$$= U_P I_P [\cos\varphi - \cos(2\omega t - \varphi)]$$
$$P_B = u_B i_B = \sqrt{2} U_P \sin(\omega t - 120°) \cdot \sqrt{2} I_P \sin(\omega t - 120° - \varphi)$$
$$= U_P I_P [\cos\varphi - \cos(2\omega t - 240° - \varphi)]$$
$$= U_P I_P [\cos\varphi - \cos(2\omega t + 120° - \varphi)]$$
$$P_C = u_C i_C = \sqrt{2} U_P \sin(\omega t + 120°) \cdot \sqrt{2} I_P \sin(\omega t + 120° - \varphi)$$
$$= U_P I_P [\cos\varphi - \cos(2\omega t - 480° - \varphi)]$$
$$= U_P I_P [\cos\varphi - \cos(2\omega t - 120° - \varphi)]$$

各相负载的瞬时功率之和为

$$P = P_A + P_B + P_C = 3U_P I_P \cos\varphi = P \tag{3-24}$$

因此，对称三相电路的总瞬时功率是一个常数，等于三相电路的平均功率，这个结论对负载 Y 形联结和△形联结都适用，这也是三相制的优点之一。不管是三相发电机还是三相电动机，它的瞬时功率为一个常数，这就意味着它们的机械转矩是恒定的，从而避免运转时的振动，使得运行更加平稳。

3.3.3.5 三相功率的测量

（1）三相四线制电路

在三相四线制电路中，当负载不对称时须用三个单相功率表测量三相负载的功率，如图 3-21 所示，这种测量方法称为三表法。在三相四线制电路中，当负载对称时，只需要用一个单相功率表测量三相负载的功率，图 3-21 中的任意一个功率表都可以测量，此时电路总功率可表示为

$$P = 3P_{W_1} = 3P_{W_2} = 3P_{W_3}$$

也就是任意一相电表的测量功率都是总功率的 $\dfrac{1}{3}$，该测量方法称为一表法。

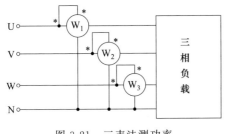

图 3-21　三表法测功率

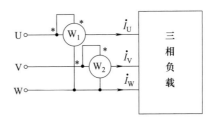

图 3-22　二表法测功率

（2）三相三线制电路

对于三相三线制电路，不管负载对称还是不对称，也不管负载是星形还是三角形联结，都可以用两个单相功率表测量三相负载的功率，如图 3-22 所示，这种测量方法称为二表法。

在图 3-22 所示的电路中，线电流从 * 端分别流入两个功率表的电流线圈（图中 $\dot{I}_U$、$\dot{I}_V$），它们的电压线圈的非 * 端共同接到非电流线圈所在的第三条端线上，由此可见，这种测量方法中功率表的接线只触及端线，而与负载和电源的联结方式无关。

3.4 三相交流电路参数检测与计量综合实训

3.4.1 三相交流电路电压、电流的测量

3.4.1.1 任务描述

由于工程上广泛使用三相交流电源，三相交流电路的连接以及三相电路参数的测量是一项实践性很强的技能要求。三相交流电路的连接和测量要充分考虑电源和负载的特点，按其电源和负载的连接方式的不同，根据现有实训设备设计实训环节以完成下面的实训要求。

三相交流电路采用三相三线制和三相四线制的两种系统时，负载分为对称负载和不对称负载，不同情况下，完成其参数测试并进行分析。

3.4.1.2 任务分析

① 掌握三相负载作星形联结、三角形联结的方法，验证这两种接法下线、相电压及线、相电流之间的关系。

② 充分理解三相四线供电系统中中线的作用。

③ 能够正确测量三相电路参数。

④ 能简单分析和判断三相四线的接线错误。

⑤ 通过实训，培养分析问题和解决实际问题的综合能力。

⑥ 通过实训，培养团队合作精神和交流合作能力。

⑦ 通过实训，培养安全环保意识。

3.4.1.3 相关资料

三相负载可接成星形（又称"Y"接）或三角形（又称"△"接）。当三相对称负载作星形联结时，线电压 U_L 是相电压 U_P 的 $\sqrt{3}$ 倍，线电流 I_L 等于相电流 I_P，即 $U_L = \sqrt{3} U_P$，$I_L = I_P$。

在这种情况下，流过中线的电流 $I_0 = 0$，所以可以省去中线。由三相三线制电源供电，无中线的星形联结称为 Y 接法。

当对称三相负载作△形联结时，有 $I_L = \sqrt{3} I_P$，$U_L = U_P$。

不对称三相负载作星形联结时，必须采用三相四线制接法，即 Y_0 接法。而且中线必须牢固联结，以保证三相不对称负载的每相电压维持对称不变。

倘若中线断开，会导致三相负载电压的不对称，致使负载轻的那一相的相电压过高，使负载遭受损坏；负载重的一相相电压又过低，使负载不能正常工作。尤其是对于三相照明负载，一律无条件地采用 Y_0 接法。

当不对称负载作△接时，$I_L \neq \sqrt{3} I_P$，但只要电源的线电压 U_L 对称，加在三相负载上的电压仍是对称的，对各相负载工作没有影响。

3.4.1.4 计划、决策、实施

（1）实训设备、元件

实训设备及元件见表 3-1。

表 3-1 实训设备及元件

序号	名称	型号与规格	数量	备注
1	交流电压表	0～500V	1	—
2	交流电流表	0～5A	1	—
3	万用表	—	1	自备
4	三相自耦调压器		1	
5	三相灯组负载	220V、25W 白炽灯	9	ER100404
6	电流插座	—	3	ER100404

（2）实施

① 三相负载星形联结（三相四线制供电）。

按图 3-23 线路组接实验电路，即三相灯组负载经三相自耦调压器接通三相对称电源。将三相调压器的旋柄置于输出为 0V 的位置（即逆时针旋到底）。经指导教师检查合格后，方可开启实验台电源，然后调节调压器的输出，使输出的三相线电压为 220V，并按下述内容完成各项实验。分别测量三相负载的线电压、相电压、线电流、相电流、中线电流、电源与负载中点间的电压。将所测得的数据记入表 3-2 中，并观察各相灯组亮暗的变化程度，特别要注意观察中线的作用。

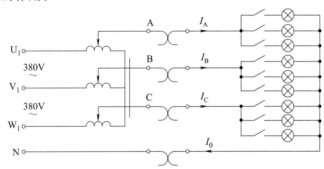

图 3-23 三相负载星形联结电路图

表 3-2 数据记录 1

实验内容 （负载情况）	开灯盏数			线电流/A			线电压/V			相电压/V			中线电流 I_0/A	中点电压 U_{N0}/V
	A 相	B 相	C 相	I_A	I_B	I_C	U_{AB}	U_{BC}	U_{CA}	U_{A0}	U_{B0}	U_{C0}		
Y_0 接平衡负载	3	3	3											
Y 接平衡负载	3	3	3											
Y_0 接不平衡负载	1	2	3											
Y 接不平衡负载	1	2	3											
Y_0 接 B 相断开	1		3											
Y 接 B 相断开	1		3											
Y 接 B 相短路	1		3											

② 三相负载三角形联结（三相三线制供电）。

按图 3-24 改接线路，经指导教师检查合格后接通三相电源，并调节调压器，使其输出线电压为 220V，并按表 3-3 的内容进行测试。

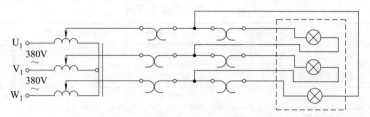

图 3-24　三相负载三角形联结电路图

表 3-3　数据记录 2

负载情况	开灯盏数			线电压＝相电压/V			线电流/A			相电流/A		
	A-B 相	B-C 相	C-A 相	U_{AB}	U_{BC}	U_{CA}	I_A	I_B	I_C	I_{AB}	I_{BC}	I_{CA}
三相平衡	3	3	3									
三相不平衡	1	2	3									

3.4.1.5　评价

① 用实验测得的数据验证对称三相电路中的$\sqrt{3}$关系。

② 用实验数据和观察到的现象，总结三相四线供电系统中中线的作用。

③ 不对称三角形联结的负载，能否正常工作？实验是否能证明这一点？

④ 根据不对称负载三角形联结时的相电流值作相量图，并求出线电流值，然后与实验测得的线电流作比较并分析。

⑤ 心得体会及其它。

3.4.1.6　注意事项

① 本实验采用三相交流市电，线电压为 380V，应穿绝缘鞋进实验室。实验时要注意人身安全，不可触及导电部件，防止意外事故发生。

② 每次接线完毕，同组同学应自查一遍，然后由指导教师检查后，方可接通电源，必须严格遵守先断电、再接线、后通电，先断电、后拆线的实验操作原则。

③ 星形负载做短路实验时，必须首先断开中线，以免发生短路事故。

④ 为避免烧坏灯泡，在做 Y 接不平衡负载或缺相实验时，所加线电压应以最高相电压＜240V 为宜。

3.4.2　三相四线电能表的安装

3.4.2.1　任务描述

电能表是计量电能的仪表。凡是需要计量用电量的地方，都要使用电能表。低压三相四线电能计量设备通常安置于客户终端，能够发挥对电量的高效计量作用，确保用电安全，保证科学计量。要想实现其计量功能的高效发挥，就必须确保其接线正确。

3.4.2.2　任务分析

① 了解三相四线电能表接线原理。

② 通过电路图进行三相四线电能表的正确接线。

③ 学习电能表的校验方法。

3.4.2.3　相关资料

（1）三相电能表结构介绍

三相电能表结构如图 3-25 所示。

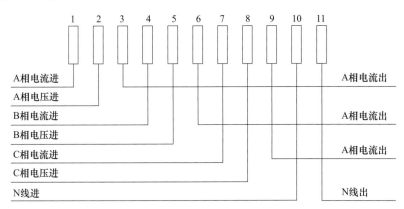

图 3-25　三相电能表结构

三相电能表总共有十一个接线口。这十一个接线口对应着三相电能表的三个功能。一二三接线口、四五六接线口、七八九接线口，分别对应一个电流线圈，这三个电流线圈可以完成测量功能，分别是测量电流、测量电压和测量电功率，也就是我们常说的用了几度（kW·h）电。十号和十一号接线口分别是两根总线，用来完成一个闭合的回路。

对于一个具体的电能表，它的接法是确定的，在使用说明书上都有说明，一般在接线端盖的背后也印有接线图。如果电能表计量的负荷很大，超过了电能表的额定电流，就要配用电流互感器。配用电流互感器时，由于电流互感器的二次侧电流都是 5A，因此电能表的额定电流也应选用 5A。这种配合关系称为电能表与电流互感器的匹配。

不管是哪种牌子的电能表，也不管是单相或者三相三线或三相四线的，总之只要是电能表，在抄表记录时，都是读取本次有关读数（有的表可以显示有功、无功、峰值、谷值、平值等信息）后减去上次抄表时的读数得出的差，即为本次的有关电能消耗量（单位为kW·h）。如果该电能表计量接有互感器，那就要看互感器的变流比是多少。一般接电能表一侧称为二次侧，都是 5A 的；接供电线路（即输出）的是一次侧，它有各种规格，比如有30A、50A、75A、100A、150A、200A、400A、600A 等多种额定值。这个一次侧的数，除以二次侧的数后，就是互感器的变流比了，再将变流比乘以电能表本次读数减去上次读数后的值，就是此次抄表的实际耗电量。

（2）三相四线电能表的接线规则

中华人民共和国电力行业标准 DL/T 825—2002《电能计量装置安装接线规则》（简称"行标要求"，下同）要求如下。

按待装电能表端钮盒盖上的接线图正确接线。

装表用导线颜色规定：A、B、C 各相线及 N 中性线分别采用黄、绿、红及黑色，接地线用黄绿双色。这是符合国家标准 GB/T 2681—1981《电工成套装置中的导线颜色》规定的。

三相电能表端钮盒的接线端子，应遵循"一孔一线""孔线对应"原则。禁止在电能表端钮盒端子孔内同时连接两根导线，以减少在电能表更换时造成接错线的概率。

三相电源相序应按正相序装表接线。因三相电能表在接线图上已标明正相序，而且在室内检定时也是按正相序检定，特别是感应式无功电能表，若是在逆相序电源下将会出现倒走。

对经互感器接入式的三相电能表，为便于日常现场检查表和不停电换表处理需要，建议在电能表前端加装试验接线盒。

经 TA 接入式电能表装表用的电压线，应采用导线截面为 $2.5mm^2$ 及以上的绝缘铜质导线；装表用的电流线，应采用导线截面为 $4mm^2$ 的绝缘铜质导线。

三只低压电流互感器二次绕组宜采用不接地形式(固定支架应接地)，因低压电流互感器的一次、二次绕组的间隔对地绝缘强度要求不高，二次不接地可减少电能表受雷击放电的概率。

严禁在电流互感器二次绕组与电能表相连接的回路中有接头，必要时应采用电能表试验接线盒、电流型端子排等过渡连接。电流互感器二次回路严禁开路。

若低压电流互感器为母线式时，应采用固定单一变比量程，以防止发生互感器倍率差错。

采用合适的螺丝批，拧紧端钮盒内所有螺丝，确保导线与接线柱间的电气连接可靠。

电能表应牢固地安装在电能计量柜或计量箱体内。

3.4.2.4　计划、决策

按表 3-4 准备实训器材。

表 3-4　实训器材

序号	名称	型号与规格	数量	备注
1	三相四线电能表	DT862-4	1	—
2	空气开关	—	1	—
3	电工工具	—	1	套
4	灯泡	220V,100W	3	—
		220V,25W	6	—
5	秒表	—	1	—

3.4.2.5　任务实施

（1）三相四线制电能表的直接接线

按图 3-26 所示，在网孔板上安装好三相四线制电能表、端子排，并按图将线接好。然后分别将 U、V、W、N 接到"三相电源输出"的 U、V、W、N 上，A、B、C 分别接到三相负载上。

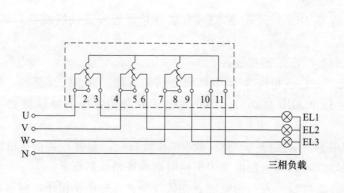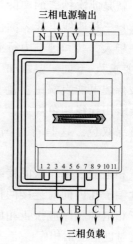

图 3-26　三相四线制电能表的直接接线

（2）三相四线制电能表经电流互感器接线

按图 3-27 所示，在网孔板上安装好三相四线制电能表、电流互感器、端子排，并按图将线接好。然后分别将 U、V、W、N 接到"三相电源输出"的 U、V、W、N 上，A、B、C 分别接到三相负载上，可以用电机或灯泡充当负载。

按图 3-27 接线，然后断开电流回路，使负载电流为零。调节调压器的输出电压为电能表电压的 80%～110%。观察电能表有无潜动。

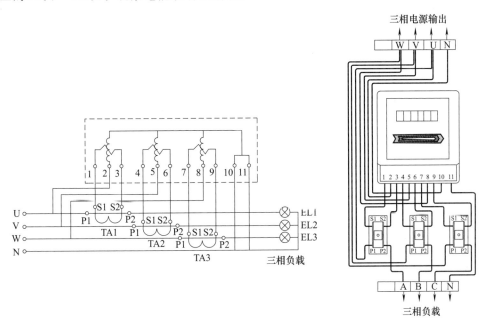

图 3-27　三相四线制电能表经电流互感器接线

3.4.2.6　评价

三相有功电能表的安装接线评分标准见表 3-5。

表 3-5　三相有功电能表的安装接线评分标准

日期：＿＿＿＿年＿＿＿＿月＿＿＿＿日

操作总分	100 分	考核时间定额	60 分钟		
考核项目	配分	考核内容及要求	评分点	裁判员记录	得分
准备工作	30 分	准备万用表、设备、材料、电工工具，绘出接线原理图	①工具准备(10 分) ②画不出原理图扣 20 分，原理图上每处错扣 2 分		
安装接线，调试	70 分	安装、配线、选择保险丝、通电试验	①元件布局不合理每处扣 5 分 ②安装不牢，电表倾斜扣 10 分 ③电能表接线错误扣 20 分 ④导线敷设达不到工艺要求每处扣 10 分 ⑤保险丝规格选择过大或过小扣 10 分 ⑥不会利用公式确定保险丝额定电流扣 5 分 ⑦通电试验工作不正常扣 10 分		
备注	操作时间超过 5 分钟即结束考评，未完成的操作其相应分值将被扣掉。通电试验前通知监考人员，每违反一项规定扣 5 分，严重违反者停止操作，损坏电能表 70 分全部扣完		考评员签字		操作总分

3.4.2.7　注意事项

① 电能表应立式放置。

② 要求负载的电压和电流不超过所用电能表的额定值。

③ 电气设备安装牢固。

④ 不压绝缘层，不露铜。

⑤ 不准带电接线、改线、拆线。

⑥ 需经老师检查后方可通电。

⑦ 结束后，切断电源，整理工具。

习　题

（1）填空题

① 三个电动势的_____相等，_____相同，_____互差 120°，就称为对称三相电动势。

② 对称三相正弦量（包括对称三相电动势、对称三相电压、对称三相电流）的瞬时值之和等于_____。

③ 三相电压到达振幅值（或零值）的先后次序称为_____。

④ 对称三相电源，设 U 相电压为 $U_U = 220\sqrt{2}\sin314t$，则 V 相电压为 $U_V =$ _____，W 相电压为 U_W _____。

⑤ 三相电路中，对称三相电源一般联结成星形或_____两种特定的方式。

⑥ 三相四线制供电系统中可以获得两种电压，即_____和_____。

⑦ 三相电源端线间的电压叫_____，电源每相绕组两端的电压称为电源的_____。

⑧ 在三相电源中，流过端线的电流称为_____，流过电源每相的电流称为_____。

⑨ 流过三相发电机每相绕组内的电流叫电源的_____电流，它的参考方向为自绕组的相尾指向绕组的_____。

⑩ 对称三相电源为星形联结，端线与中性线之间的电压叫_____。

⑪ 有一台三相发电机，其三相绕组接成星形时，测得各线电压均为 380V，则当其改接成三角形时，各线电压的值为_____。

⑫ 三相发电机多为_____联结，三相变压器可接成_____或_____形。

⑬ 三相电路中，每相负载两端的电压为负载的_____，每相负载的电流称为_____。

⑭ 三相电路中，负载为星形联结时，负载相电压的参考方向常规定为自_____线指向负载中性点 N′，负载的相电流等于线电流，相电流的参考方向常规定为与相电压的参考方向_____。

⑮ 在三相交流电路中，负载的联结方法有_____和_____两种。

⑯ 对称三相负载为星形联结，当线电压为 220V 时，相电压等于_____；线电压为 380V 时，相电压等于_____。

⑰ 三角形联结的对称三相电路中，负载线电压有效值和相电压有效值的关系是_____，线电流有效值和相电流有效值的关系是_____，线电流的相位滞后相电流_____度。

⑱ 对称三相电路，负载为星形联结，测得各相电流均为 5A，则中性线电流 $I_N =$ _____；当 U 相负载断开时，中性线电流 $I_N =$ _____。

⑲ 三相四线制系统是指有三根 _____ 和一根 _____ 组成的供电系统，其中相电压是指 _____ 与 _____ 之间的电压，线电压是指 _____ 和 _____ 之间的电压。

⑳ 不对称星形负载的三相电路，必须采用 _____ 供电，中线不许安装 _____ 和 _____。

㉑ 三相对称电源线电压 $U_L = 380V$，对称负载每相阻抗 $Z = 10\Omega$，若接成星形，则线电流 $I_线 =$ _____；若接成三角形，则线电流 $I_线 =$ _____。

㉒ 对称三相负载不论是连成星形还是三角形，其总有功功率均为 _____，无功功率 $Q =$ _____，视在功率 $S =$ _____。

㉓ 某对称三相负载，每相负载的额定电压为 220V，当三相电源的线电压为 380V 时，负载应作 _____ 连接；当三相电源的线电压为 220V 时，负载应作 _____ 连接。

㉔ 如图 3-28 所示三相对称负载，若电压表 PV1 的读数为 380V，则电压表 PV2 的读数为 _____；若电流表 PA1 的读数为 10A，则电流表 PA2 的读数为 _____。

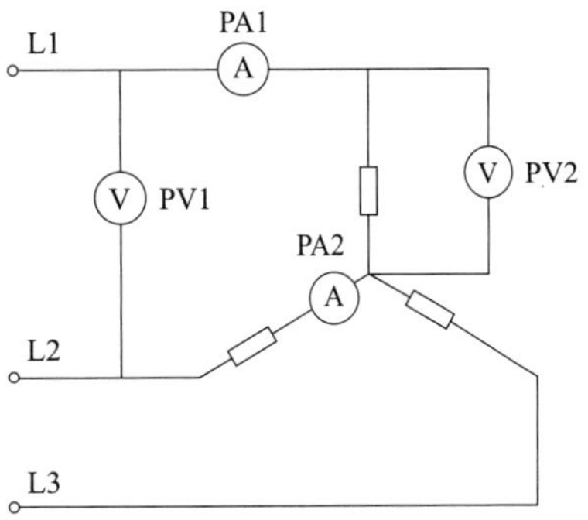

图 3-28　填空题㉔图

（2）选择题

① 某三相对称电源电压为 380V，则其线电压的最大值为（　　）V。

A. $380\sqrt{2}$　　　　B. $380\sqrt{3}$　　　　C. $380\sqrt{6}$　　　　D. $\dfrac{380\sqrt{2}}{\sqrt{3}}$

② 已知在对称三相电压中，V 相电压为 $u_V = 220\sqrt{2}\sin(314t + \pi)$，则 U 相和 W 相电压为（　　）。

A. $u_U = 220\sqrt{2}\sin\left(314t + \dfrac{\pi}{3}\right)$，$u_W = 220\sqrt{2}\sin\left(314t - \dfrac{\pi}{3}\right)$

B. $u_U = 220\sqrt{2}\sin\left(314t - \dfrac{\pi}{3}\right)$，$u_W = 220\sqrt{2}\sin\left(314t + \dfrac{\pi}{3}\right)$

C. $u_U = 220\sqrt{2}\sin\left(314t + \dfrac{2\pi}{3}\right)$，$u_W = 220\sqrt{2}\sin\left(314t - \dfrac{2\pi}{3}\right)$

③ 三相交流电相序 U—V—W—U 属（　　）。

A. 正序　　　　B. 负序　　　　C. 零序

④ 在如图 3-29 所示三相四线制电源中，用电压表测量电源线的电压以确定零线，测量结果 $U_{12} = 380V$，$U_{23} = 220V$，则（　　）。

A. 2 号为零线　　　B. 3 号为零线　　　C. 4 号为零线

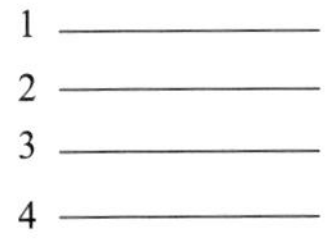

图 3-29　选择题④图

⑤ 已知某三相发电机绕组连接成星形时的相电压 $u_U = 220\sqrt{2}\sin(314t + 30°)$，$u_V = 220\sqrt{2}\sin(314t - 90°)$，$u_W = 220\sqrt{2}\sin(314t + 150°)$，则当 $t = 10s$ 时，它们之和为（　　）V。

A. 380　　　　B. 0　　　　C. $380\sqrt{2}$　　　　D. $\dfrac{380\sqrt{2}}{\sqrt{3}}$

⑥ 三相电源星形联结，三相负载对称，则（　　）。

A. 三相负载三角形联结时，每相负载的电压等于电源线电压

B. 三相负载三角形联结时，每相负载的电流等于电源线电流

C. 三相负载星形联结时，每相负载的电压等于电源线电压

D. 三相负载星形联结时，每相负载的电流等于线电流的 $1/\sqrt{3}$

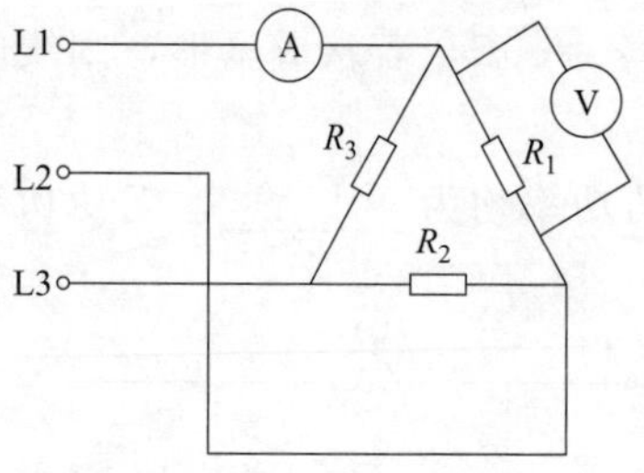

图 3-30　选择题⑧图

⑦ 同一三相对称负载接在同一电源中，作三角形联结时，三相电路相电流、线电流、有功功率分别是作星形联结时的（　　）倍。

A. $\sqrt{3}$、$\sqrt{3}$、$\sqrt{3}$ 　　　　 B. $\sqrt{3}$、$\sqrt{3}$、3

C. $\sqrt{3}$、3、$\sqrt{3}$ 　　　　 D. $\sqrt{3}$、3、3

⑧ 如图 3-30 所示，三相电源线电压为 380V，$R_1=R_2=R_3=10\Omega$，则电压表和电流表的读数分别为（　　）。

A. 220V、22A 　 B. 380V、38A 　 C. 380V、$38\sqrt{3}$A

⑨ 在三相四线制的中线上，不安装开关和熔断器的原因是（　　）。

A. 中线上没有电缆

B. 开关接通或断开对电路无影响

C. 安装开关和熔断器降低中线的机械强度

D. 开关断开或保险丝熔断后，三相不对称负载承受三相不对称电压的作用，无法正常工作，严重时会烧毁负载

⑩ 日常生活中，照明线路的接法为（　　）。

A. 星形联结三相三线制 　　　　 B. 星形联结三相四线制

C. 三角形联结三相三线制 　　　　 D. 既可为三线制，又可为四线制

⑪ 三相四线制电路，电源线电压为 380V，则负载的相电压为（　　）V。

A. 380 　　　　 B. 220

C. $190\sqrt{2}$ 　　　　 D. 负载的阻值未知，无法确定

(3) 判断题

① 假设三相电源的正相序为 U—V—W，则 V—W—U 为负相序。（　　）

② 三个电压频率相同、振幅相同，就称为对称三相电压。（　　）

③ 三相交流电源是由频率、有效值、相位都相同的三个单个交流电源按一定方式组合起来的。（　　）

④ 将三相发电机绕组 UX、VY、WZ 的相尾 X、Y、Z 联结在一起，而将分别从相头 U、V、W 向外引出的三条线作输出线，这种联结称为三相电源的三角形接法。（　　）

⑤ 从三相电源的三个绕组的相头 U、V、W 引出的三根线叫端线，俗称火线。（　　）

⑥ 三相电源三角形联结，当电源接负载时，三个线电流之和不一定为零。（　　）

⑦ 目前电力网的低压供电系统又称为民用电，该电源即为中性点接地的星形联结，并引出中性线（零线）。（　　）

⑧ 在三相四线制中，可向负载提供两种电压即线电压和相电压，在低压配电系统中，标准电压规定为相电压 380V，线电压 220V。（　　）

⑨ 三相对称负载的相电流是指电源相线上的电流。（　　）

⑩ 三相对称负载连成三角形时，线电流的有效值是相电流有效值的 $\sqrt{3}$ 倍，且相位比相应的相电流超前 $30°$。　　　　　　　　　　　　　　　　　　　（　）

⑪ 对称三相电路的计算，仅需计算其中一相，即可推出其余两相。　　　　（　）

⑫ 三相电动机的电源线可用三相三线制，同样三相照明电源线也可用三相三线制。

（　）

⑬ 一个三相四线制供电线路中，若相电压为 220V，则电路线电压为 311V。　　（　）

⑭ 三相电动机的三个线圈组成对称三相负载，因而不必使用中性线，电源可用三相三线制。

（　）

⑮ 要将额定电压为 220V 的对称三相负载接于额定线电压为 380V 的对称三相电源上，则负载应作星形联结。　　　　　　　　　　　　　　　　　　　　　（　）

⑯ 在三相四线制电路中，火线及中性线上电流的参考方向均规定为自电源指向负载。

（　）

⑰ 在三相四线制供电系统中，为确保安全，中性线及火线上必须装熔断器。　（　）

⑱ 不对称三相负载作星形联结，为保证相电压对称，必须有中性线。　　　　（　）

（4）综合题

① 如果给你一个验电笔或者一个量程为 500V 的交流电压表，你能确定三相四线制供电线路中的相线和中线吗？试说出所用方法。

② 发电机的三相绕组接成星形，设其中某两根相线之间的电压 $u_{UV} = 380\sqrt{2}\sin(\omega t - 30°)$，试写出所有相电压和线电压的解析式。

③ 在线电压为 220V 的对称三相电路中，每相接 220V/60W 的灯泡 20 盏。电灯应接成星形还是三角形？画出连接电路图并求各相电流和各线电流。

④ 一个三相电炉，每相电阻为 22Ω，接到线电压为 380V 的对称三相电源上。a.求相电压、相电流和线电流；b.当电炉接成三角形时，求相电压、相电流和线电流。

⑤ 对称三相负载作三角形联结，其各相电阻 $R=8Ω$，感抗 $X_L=6Ω$，将它们接到线电压为 380V 的对称电源上，求相电流、线电流及负载的总有功功率。

⑥ 将图 3-31 中三组三相负载分别按三相三线制星形、三相三线制三角形和三相四线制星形联结，接入供电线路。

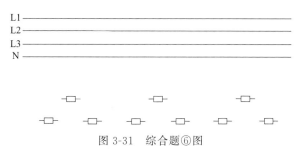

图 3-31　综合题⑥图

⑦ 在图 3-32 所示电路中，发电机每相电压为 220V，每盏白炽灯的额定电压都是 220V，指出本图连接中的错误，并说明错误的原因。

⑧ 有一块实验底板，如图 3-33 所示，应如何连接才能将额定电压为 220V 的白炽灯负载接入线电压为 380V 的三相对称电源上（每相两盏灯）。连接好线路后，L1 相开一盏灯，L2 相、L3 相均开两盏灯，这时若连接好中性线，白炽灯能正常发光吗？

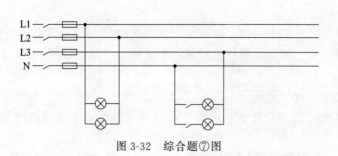

图 3-32 综合题⑦图

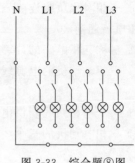

图 3-33 综合题⑧图

4 电路的暂态分析

【项目描述】 项目以日光灯电路的分析作为载体，当开关闭合后，日光灯由灭到亮经历了短暂的时间过程，由于镇流器这一储能元件的存在，产生了暂态过程。通过电路分析，掌握电路的过渡过程、换路定律、电路初始值的计算方法，能够分析一阶电路的零输入响应、零状态响应和全响应。

4.1 电路的过渡过程与换路定律

4.1.1 电路的过渡过程

4.1.1.1 过渡过程的定义

过渡过程又称动态过程或暂态过程。电路中含有动态元件（电感、电容）时，则该电路称为动态电路。在动态电路中，当电源突然断开或者无源元件的接入等情况发生时，电路的状态或元件的参数突然发生改变，由于储能元件能量的积累和释放都需要一定的时间，电路中的电流或电压随时间从初始值按一定的规律再次达到稳定状态。这种改变通常不能瞬时完成，需要经历一个变化过程，称为电路的过渡过程。动态电路中的过渡过程往往时间短暂，故又称为暂态过程。

4.1.1.2 过渡过程产生的原因

① 内因：电路中必须含有储能元件（电容 C、电感 L 以及耦合电感元件），其实质是电路中储能元件能量（电容元件储存电场能量、电感元件储存磁场能量）的释放与储存不能突变的缘故。

② 外因：电路的接通或断开、电路连接方式的改变、电源的变化、元件参数的改变等因素。

4.1.1.3 过渡过程的特点及影响

电路的过渡过程时间短暂，但它的作用和影响都十分重要。某些电路专门利用其过渡特性实现时间的延迟、波形的产生等功能。在电力系统中，过渡过程的出现可能产生比稳定状态大得多的过电压或过电流现象，若不及时采取保护措施，就可能会造成人员伤害、电气设备损坏、财产损失、作业环境破坏等后果。因此，研究电路的过渡过程，掌握相关规律，是非常重要的。

4.1.2 换路定律及过渡过程初始值的计算

4.1.2.1 换路定律

在电路分析过程中，通常把引起电路过渡过程的电路变化称为换路。在换路前后流过电容的电流和电感两端的电压为有限值的前提下，电容两端的电压和流过电感的电流都保持换路前的数值，电路换路后以此数值为初始值进行有规律的变化直至达到新的稳态值。这个规律称为换路定律。

电路过渡过程的变化，通常不能瞬时完成，但是为了分析问题简便，假设换路是瞬间完成的，并且将换路的瞬间记作 $t=0$ 时刻；换路前的终止时刻，记为 $t=0_-$；换路后的起始时刻，记为 $t=0_+$。换路定律的表达式为

$$u_C(0_+)=u_C(0_-) \tag{4-1}$$

$$i_L(0_+)=i_L(0_-) \tag{4-2}$$

换路定律只是指出电容两端的电压和流过电感中的电流不能突变，至于流过电容中的电流、电感两端的电压以及电路其他元件的电压和电流是否发生突变，视具体情况而定，它们不受换路定律的约束。

4.1.2.2 过渡过程初始值的计算

动态电路在过渡过程中的电压、电流的变化是从初始值开始的。因此，初始值的计算方法是非常重要的。

对于初始值的计算可按照以下步骤确定：

① 先求得换路前，当 $t=0_-$ 时刻，电路中的 $u_C(0_-)$ 和 $i_L(0_-)$；

② 根据换路定律求得 $u_C(0_+)$ 和 $i_L(0_+)$；

③ 画出电路在 $t=0_+$ 时的等效电路，结合 $u_C(0_+)$ 和 $i_L(0_+)$，运用欧姆定律、基尔霍夫定律等直流电路分析方法来确定电路中其他电压、电流的初始值。

注意事项：

① 当 $t=0_-$ 时刻，电路处于稳态，对于直流电源激励下的电路，此时电容相当于开路，电感相当于短路；当 $t=0_+$ 时刻，电路处于过渡过程，是过渡过程刚刚开始的时刻。

② 在换路前，如果动态元件未储能，则在换路后，$u_C(0_+)$ 和 $i_L(0_+)$ 均为零，此时电容相当于短路，电感相当于断路。

③ 在换路前，如果动态元件已储能，则在换路后瞬间时刻，$u_C(0_+)$ 和 $i_L(0_+)$ 均为换路前相应的数值，在 $t=0_+$ 时刻，电容等效为电压值为 $u_C(0_+)$ 的电压源，电感等效为电流值为 $i_L(0_+)$ 的电流源。

④ 根据基尔霍夫定律和支路电压、电流分析方法建立描述电路的方程，该方程是以时间为变量的线性常微分方程，对其进行求解，从而得到电路所求的电压值或电流值。

⑤ 运用经典法求解常微分方程时，必须结合电路中所给出的初始条件确定解答中的积分常数。假设描述动态电路过渡过程的微分方程为 n 阶，那么初始条件就是指电路中所求电压或电流及其 $(n-1)$ 阶导数在 $t=0_+$ 时刻的值，被称为初始值。

【例 4-1】 如图 4-1 所示电路中，已知 $U_S=11\text{V}$，$R=50\Omega$，$C=50\mu\text{F}$，开关 S 在 $t=0$ 时刻瞬间闭合，若 $u_C(0_-)=-9\text{V}$，求电路中 $u_R(0_+)$ 和 $i_R(0_+)$ 的值。

解 在开关 S 闭合瞬间，根据换路定律得

$$u_C(0_+)=u_C(0_-)=-9\text{V}$$

根据基尔霍夫电压定律得

$$-U_S + u_R(0_+) + u_C(0_+) = 0$$

将 $U_S = 11\text{V}$、$u_C(0_+) = -9\text{V}$ 代入上述公式中得

$$-11\text{V} + u_R(0_+) + (-9\text{V}) = 0$$

$$u_R(0_+) = 20\text{V}$$

根据欧姆定律得

$$i_R(0_+) = \frac{u_R(0_+)}{R} = \frac{20\text{V}}{50\Omega} = 0.4\text{A}$$

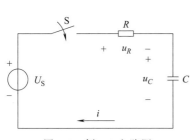

图 4-1 例 4-1 电路图

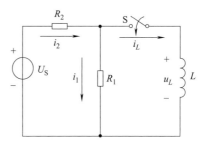

图 4-2 例 4-2 电路图

【例 4-2】 如图 4-2 所示电路中，已知 $U_S = 20\text{V}$，$R_1 = 110\Omega$，$R_2 = 90\Omega$，$L = 0.2\text{H}$，开关 S 在 $t = 0$ 时刻瞬间闭合，在换路之前，电路已处于稳态，求 $i_2(0_+)$ 的值。

解 由题意得，换路前电路已处于稳态，可知电感 L 所在支路处于断路状态，无初始储能。得

$$i_L(0_-) = 0$$

在开关 S 闭合瞬间，根据换路定律得

$$i_L(0_+) = i_L(0_-) = 0$$

根据基尔霍夫电流定律（KCL）得

$$i_1(0_+) + i_L(0_+) - i_2(0_+) = 0$$

化简得

$$i_1(0_+) = i_2(0_+)$$

根据欧姆定律得

$$i_2(0_+) = \frac{U_S}{(R_1 + R_2)} = \frac{20\text{V}}{(110 + 90)\Omega} = 0.1\text{A}$$

【例 4-3】 如图 4-3 所示电路中，开关 S 在 $t = 0$ 时刻瞬间关断，在换路之前，电路已处于稳态，其中 $U_S = 20\text{V}$，$R = 20\Omega$，$I_S = 10\text{A}$，那么 $i_C(0_+)$ 为多少？

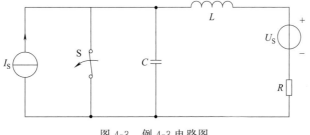

图 4-3 例 4-3 电路图

解 由题意得，换路前电路已处于稳态，可知电感 L 相当于短路状态，电容 C 相当于断路状态。根据欧姆定律得

$$i_L(0_-) = \frac{U_S}{R} = \frac{20\text{V}}{20\Omega} = 1\text{A}$$

在开关 S 关断瞬间，根据换路定律得

$$i_L(0_+) = i_L(0_-) = 1\text{A}$$

根据基尔霍夫电流定律（KCL）得

$$I_S + i_L(0_+) - i_C(0_+) = 0$$

将 $I_S = 10\text{A}$ 代入上式得

$$i_C(0_+) = 11\text{A}$$

4.2 一阶电路的时域分析

4.2.1 一阶电路的零输入响应

4.2.1.1 一阶电路的概念

一阶电路是指在电路当中，仅由一个动态元件（电容 C 或电感 L）和线性电阻组成的电路。利用戴维南定理或诺顿定理等效为电压源和电阻的串联或电流源和电阻的并联电路，称为一阶电路，所建立的方程是一阶线性常微分方程。当电路中含有两个动态元件时，建立的方程为二阶线性常微分方程，以此类推。

4.2.1.2 零输入响应的概念

如果动态元件在换路前已储能，那么在换路后，即使电路中没有激励电源的存在，仍将会有电流、电压。这是因为储能元件所储存的能量要通过电路中的负载元件以能量的形式释放出来。通常把这种动态电路中外加激励电源为零，仅由动态元件初始储能所产生的电流、电压，称为电路的零输入响应。

4.2.1.3 *RC* 电路的零输入响应

如图 4-4 所示的 RC 电路的零输入响应。分析 RC 电路的零输入响应，就是分析它的放电过程。开关 S 原合于位置 a，给电容 C 充电，其电压 $u_C(0_-) = U_S$。将开关由 a 扳到 b，在换路后，电容储存的能量将通过负载电阻以热能的形式释放出去。由于电容两端的电压 u_C 不能突变，仍然为 U_S。此时电阻 R 两端的电压 u_R 将从 0 突变至 U_S，电路中的电流 i 也由 0 突变至 U_S/R。电容通过电阻 R 释放电荷，电容两端的电压 u_C 逐渐降低，与此同时电阻两端的电压与流过的电流也逐渐减小。直至电容元件两极板上的电荷释放完毕，u_C、u_R 与 i 均为零，整个放电过程结束，电路进入了一个新的稳定状态。在整个换路过程中，电容在换路前所储存的能量 $E_C(0_-) = \frac{1}{2}CU_S^2$ 被电阻以热能的形式所消耗。

（1）电压、电流的变化规律

根据图 4-4 中所设各变量的参考方向，把开关扳到 b 时刻作为起始时刻（$t = 0$）。当 $t \geqslant 0_+$ 时，可得电路的 KVL

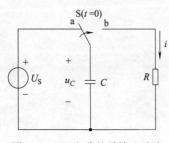

图 4-4 *RC* 电路的零输入响应

方程

$$u_C - u_R = 0$$

将 $u_R = iR$ 代入上述方程，得

$$u_C - iR = 0$$

将 $i = -C \dfrac{\mathrm{d}u_C}{\mathrm{d}t}$ （注：负号是因为 i 和 u_C 为非关联参考方向）代入上述方程，得

$$RC \frac{\mathrm{d}u_C}{\mathrm{d}t} + u_C = 0$$

这是一个关于变量 u_C 的一阶线性常系数齐次微分方程，u_C 是要求解的未知函数。

由换路定律得

$$u_C(0_+) = u_C(0_-) = U_S$$

设此方程的通解 $u_C = X\mathrm{e}^{\alpha t}$，代入上式得

$$RC\alpha X\mathrm{e}^{\alpha t} + X\mathrm{e}^{\alpha t} = 0$$
$$(RC\alpha + 1)X\mathrm{e}^{\alpha t} = 0$$

特征方程为

$$RC\alpha + 1 = 0$$

特征根为

$$\alpha = -\frac{1}{RC}$$

根据 $u_C(0_+) = U_S$，代入 $u_C = X\mathrm{e}^{\alpha t}$，得积分常数 $X = u_C(0_+) = U_S$。

满足初始值的微分方程的解为

$$u_C = u_C(0_+)\mathrm{e}^{-\frac{1}{RC}t} = U_S\mathrm{e}^{-\frac{1}{RC}t}$$

上述表达式就是放电过程中电容电压 u_C 的表达式。

由此可得电流为

$$i = -C\frac{\mathrm{d}u_C}{\mathrm{d}t} = -C\frac{\mathrm{d}}{\mathrm{d}t}(U_S\mathrm{e}^{-\frac{1}{RC}t}) = -C\left(-\frac{1}{RC}\right)U_S\mathrm{e}^{-\frac{1}{RC}t} = \frac{U_S}{R}\mathrm{e}^{-\frac{1}{RC}t} \tag{4-3}$$

电阻两端的电压为

$$u_R = u_C = U_S\mathrm{e}^{-\frac{1}{RC}t} \tag{4-4}$$

由上述表达式可见，经过换路后，电容两端的电压 u_C 和电阻两端的电压 u_R 及电流 i 都是按照同样的指数规律衰减的。电容两端的电压 u_C 从其初始值 U_S 开始，随时间 t 按指数函数的规律而衰减，而电阻两端的电压 u_R 和电路中的电流 i 分别从各自的初始值 U_S 和 U_S/R 按照同一指数规律衰减。

（2）时间常数

从上述表达式可以看出，电容电压 u_C 衰减的快慢取决于指数中 RC 的大小。设 $\tau = RC$，称为 RC 电路的时间常数。当电阻的单位为 Ω，电容的单位为 F 时，乘积 RC 的单位为 s。从 $t = 0$ 开始，电容电压 u_C 和电流 i 可以分别表示为

$$u_C = U_S\mathrm{e}^{-\frac{t}{\tau}} \tag{4-5}$$

$$i = \frac{U_S}{R}\mathrm{e}^{-\frac{t}{\tau}} \tag{4-6}$$

由式（4-5）可知

$$当 t=0 时，u_C(0)=U_S e^0=U_S$$

$$当 t=\tau 时，u_C(\tau)=U_S e^{-1}=0.368U_S=36.8\%U_S$$

即时间常数 τ 就是电容电压衰减至初始值的 36.8% 时所需要的时间。表 4-1 中列出了 $t=2\tau$，$t=3\tau$，$t=4\tau$，……时刻的电容电压 u_C 值的变化情况。

表 4-1　电容电压 u_C 值的变化

t	0	τ	2τ	3τ	4τ	5τ	...	∞
$e^{-\frac{t}{\tau}}$	1	0.368	0.135	0.05	0.018	0.007	...	0
u_C	U_S	$0.368U_S$	$0.135U_S$	$0.05U_S$	$0.018U_S$	$0.007U_S$	...	0

由表 4-1 可以看出，τ 越大，u_C 下降到这一数值所需的时间越长，过渡过程进行得越慢；反之，τ 越小，u_C 下降到这一数值所需的时间越短，过渡过程进行得越快。从理论上讲，只有经过无限长的时间，u_C 才能衰减至零，电路才能达到稳定，过渡过程结束。经过 $t=3\tau$ 后，u_C 已衰减到了初始值的 5% 以下，在工程上一般认为换路后，经过 $3\tau \sim 5\tau$ 时间的过渡过程即被认定结束，电路进入另一个稳定状态。因此，时间常数 τ 是反映电路过渡过程持续时间长短的物理量。

【例 4-4】　如图 4-5 所示电路中，开关 S 闭合时，电路处于稳态，开关 S 在 $t=0$ 时刻瞬间打开，其中 $U_S=20V$，$R_1=14k\Omega$，$R_2=6k\Omega$，$R_3=4k\Omega$，$C=10\mu F$，求电容电压 u_C 和电路电流 i 的变化规律解析式。

解　假设电流的参考方向为顺时针方向，如图 4-6 所示。

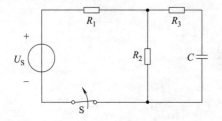 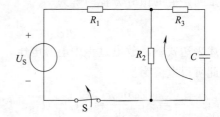

图 4-5　例 4-4 附图 1　　　图 4-6　例 4-4 附图 2

由题意得，开关 S 闭合时，电路处于稳态，电容 C 相当于断路状态。可得

$$u_C(0_-)=U_S\frac{R_2}{R_1+R_2}=20\times\frac{6}{14+6}=6(V)$$

在开关 S 打开瞬间，根据换路定律得

$$u_C(0_+)=u_C(0_-)=6V$$

电路的时间常数为

$$\tau=(R_2+R_3)C=(6\times10^3+4\times10^3)\times10\times10^{-6}=0.1(s)$$

则电容电压为

$$u_C(t)=u_C(0_+)e^{-\frac{t}{\tau}}=6e^{-\frac{t}{0.1}}=6e^{-10t}$$

电路电流解析式为

$$i=-C\frac{du_C}{dt}=10\times10^{-6}\times6e^{-10t}\times(-10)=-6\times10^{-4}e^{-10t}=-0.6e^{-10t}(mA)$$

【例 4-5】 在高压电路上，有一个 $C=40\mu\mathrm{F}$ 的电容器断开，断开时电容器的电压 $U_\mathrm{S}=7\mathrm{kV}$。当断开时，电容器经其本身的漏电阻进行放电，漏电阻 $R=50\mathrm{M}\Omega$，试求电容器电压下降到 $500\mathrm{V}$ 时，需要多长时间？

解 由题意可知，电容器放电时的时间常数为

$$\tau=RC=50\times10^{6}\times40\times10^{-6}=2000(\mathrm{s})$$

因为

$$u_C=U_\mathrm{S}\mathrm{e}^{-\frac{t}{\tau}}$$

将 $U_\mathrm{S}=7\mathrm{kV}$、$u_C=500\mathrm{V}$ 代入上式

$$500=7000\mathrm{e}^{-\frac{t}{2000}}$$

得

$$t=2000\ln14=5278(\mathrm{s})\approx1.5(\mathrm{h})$$

由本题可知，在电力系统中，高压电力电容器放电时间比较长，可达几十分钟。本题中的电容器从断开后进行放电，经历 $1.5\mathrm{h}$ 后，两端仍有 $500\mathrm{V}$ 的电压。因此，在检修具有大电容的高压设备时，一定要先将其充分放电，以保证人身安全。

4.2.1.4 *RL* 电路的零输入响应

如图 4-7 所示的 *RL* 电路的零输入响应。开关 S 原合于位置 1，电流源与电感 L 串联，在理想状态下，电感中的电流为 $i(0_-)=I_\mathrm{S}$。将开关由 1 扳到 2，在换路后，电感 L 和电阻 R 串联，形成闭合回路，由于电感上的电流不能突变，值为 I_S。

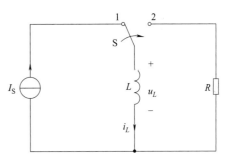

图 4-7 *RL* 电路的零输入响应

换路后，电感电压从换路前的零值突变为 $I_\mathrm{S}R$。电阻不断消耗能量，电流 i 不断减小，电阻两端的电压与电感电压逐渐减小，直至为零，过渡过程结束，电路进入了一个新的稳定状态。在整个换路过程中，电感在换路前所储存的磁场能量 $E_L(0_-)=\dfrac{1}{2}LI_\mathrm{S}^2$ 被电阻以热能的形式所消耗。

（1）电压、电流的变化规律

根据图 4-7 中所设各变量的参考方向，把开关扳到 2 时刻作为起始时刻（$t=0$）。当 $t\geqslant0_+$ 时，可得电路的 KVL 方程

$$u_R+u_L=0$$

将 $u_R=iR$ 代入上述方程，得

$$iR+u_L=0$$

将 $u_L=L\dfrac{\mathrm{d}i}{\mathrm{d}t}$ 代入上述方程，得

$$iR+L\dfrac{\mathrm{d}i}{\mathrm{d}t}=0$$

这是一个关于变量 i 的一阶线性常系数齐次微分方程。

设此方程的通解 $i=X\mathrm{e}^{\alpha t}$，代入上式得

$$RX\mathrm{e}^{\alpha t}+L\alpha X\mathrm{e}^{\alpha t}=0$$
$$(R+L\alpha)X\mathrm{e}^{\alpha t}=0$$

特征方程为

$$R+L\alpha=0$$

特征根为

$$\alpha = -\frac{R}{L}$$

根据换路定律得

$$i(0_+) = i(0_-) = I_S$$

代入 $i = X\mathrm{e}^{\alpha t}$ 得

$$X = i(0_+) = I_S$$

满足初始值的微分方程的解为

$$i = i(0_+)\mathrm{e}^{-\frac{R}{L}t} = I_S\mathrm{e}^{-\frac{R}{L}t} \tag{4-7}$$

电阻两端的电压为

$$u_R = iR = I_S R \mathrm{e}^{-\frac{R}{L}t} \tag{4-8}$$

电感电压为

$$u_L = L\frac{\mathrm{d}i}{\mathrm{d}t} = -RI_S\mathrm{e}^{-\frac{R}{L}t} \tag{4-9}$$

由上述表达式可见，经过换路后，电感中的电流 i 从其初始值 I_S 开始随时间 t 按指数函数的规律而衰减，而电阻两端的电压 u_R 和电感电压 u_L 分别从各自的初始值 $I_S R$ 和 $-RI_S$ 按照同一指数规律衰减。

（2）时间常数

从上述表达式可以看出，设 $\tau = L/R$，称为 RL 电路的时间常数。τ 的单位为 s。电流 i、电阻两端的电压 u_R 和电感电压 u_L 可以分别表示为

$$i = I_S\mathrm{e}^{-\frac{t}{\tau}} \tag{4-10}$$

$$u_R = I_S R \mathrm{e}^{-\frac{t}{\tau}} \tag{4-11}$$

$$u_L = -RI_S\mathrm{e}^{-\frac{t}{\tau}} \tag{4-12}$$

【例 4-6】 如图 4-8 所示电路中，电阻 R 与电感线圈并联后接到直流电压源上，其中电感线圈的内阻为 $R_0 = 100\Omega$，电感 $L = 10\mathrm{H}$，$U_S = 150\mathrm{V}$，$R = 400\Omega$，开关 S 闭合时，电路处于稳态，开关 S 在 $t = 0$ 时刻瞬间打开，求电感线圈两端的电压初始值 $u_L(0_+)$ 和电路电流 i 的变化规律解析式。

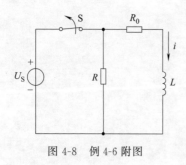

图 4-8 例 4-6 附图

解 假设电流的参考方向为顺时针方向，如图 4-8 所示。由题意得，开关 S 闭合时，电路处于稳态，可得

$$i(0_-) = \frac{U_S}{R_0} = \frac{150}{100} = 1.5(\mathrm{A})$$

在开关 S 打开瞬间，根据换路定律得

$$I_S = i(0_+) = i(0_-) = 1.5\mathrm{A}$$

电路的时间常数为

$$\tau = \frac{L}{R+R_0} = \frac{10}{400+100} = 0.02(\mathrm{s})$$

电路电流解析式为

$$i = I_S\mathrm{e}^{-\frac{t}{\tau}} = 1.5\mathrm{e}^{-50t}(\mathrm{A})$$

电感线圈两端的电压初始值为

$$u_L(0_+) = -RI_S e^{-\frac{t}{\tau}} = -400 \times 1.5 \times 1 = -600(\text{V})$$

【例 4-7】 如图 4-9 所示电路，当开关 S 在 $t=0$ 时刻瞬间闭合时，求电路的时间常数。

解 由题意得，将电流源短接后，从电感的端口看，电路可以等效为图 4-10 所示。

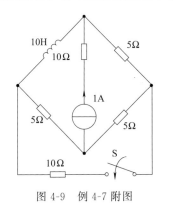

图 4-9 例 4-7 附图

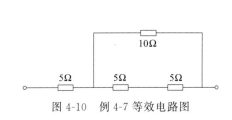

图 4-10 例 4-7 等效电路图

可求等效电阻为

$$R = 5 + \frac{10 \times (5+5)}{10 + (5+5)} = 10(\Omega)$$

故电路的时间常数为

$$\tau = \frac{L}{R} = \frac{10}{10} = 1(\text{s})$$

4.2.2 一阶电路的零状态响应

4.2.2.1 零状态响应的概念

如果动态元件在换路前未储能，那么在换路后电容电压和电感电流皆为零，称为零初始状态。在零初始状态下，在换路后由外加激励引起的响应，称为电路的零状态响应。

4.2.2.2 RC 电路的零状态响应

如图 4-11 所示的 RC 电路的零状态响应。分析 RC 电路的零状态响应，相当于分析它的充电过程。当开关 S 断开时，电容两端的电压为零，即电容不带电，$u_C(0_-)=0$。当开关 S 闭合时，由换路定律可知 $u_C(0_+) = u_C(0_-) = 0$，电容 C 相当于短路状态，电路中电压 U_S 全部作用于电阻 R 两端，此时电阻 R 两端的电压 u_R 将从 0 突变至 U_S，电路中的电流 i 也由 0 突变至 U_S/R。换路后，开始对电容的两极进行充电，两极板上的电荷随着时间逐渐增多，电容两端的电压 u_C 不断增大，电阻两端的电压 u_R 和电流 i 逐渐减小，直到电容两端的电压 u_C 等于 U_S，电阻两端的电压 u_R 及电流 i 降至零，整个过渡过程结束，电路进入了一个新的稳定状态。

根据图 4-11，可知开关 S 断开时，电路处于零状态响应，可得

$$u_C(0_-) = 0$$

当把开关 S 闭合时刻作为起始时刻（$t=0$）时，可得电路的 KVL 方程

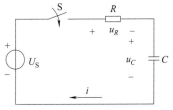

图 4-11 RC 电路的零状态响应

$$u_R + u_C = U_S$$

将 $u_R = iR$ 代入上述方程，得

$$iR + u_C = U_S$$

将 $i = C\dfrac{\mathrm{d}u_C}{\mathrm{d}t}$ 代入上述方程，得

$$RC\frac{\mathrm{d}u_C}{\mathrm{d}t} + u_C = U_S$$

这是一个关于变量 u_C 的一阶线性非齐次微分方程。

当

$$RC\frac{\mathrm{d}u_C}{\mathrm{d}t} + u_C = 0$$

上式为一阶线性齐次微分方程，设其通解为 $u_C' = X\mathrm{e}^{at}$，代入上式得

$$RC\alpha X\mathrm{e}^{at} + X\mathrm{e}^{at} = 0$$
$$(RC\alpha + 1)X\mathrm{e}^{at} = 0$$

特征方程为

$$RC\alpha + 1 = 0$$

特征根为

$$\alpha = -\frac{1}{RC}$$

代入 $u_C' = X\mathrm{e}^{at}$，得微分方程的通解为

$$u_C' = X\mathrm{e}^{-\frac{1}{RC}t}$$

当 $t = \infty$ 时，可得非齐次微分方程的特解为

$$u_C'' = U_S$$

因此得

$$u_C = u_C' + u_C''$$

即

$$u_C = X\mathrm{e}^{-\frac{1}{RC}t} + U_S$$

因为换路瞬间，$u_C(0_+) = u_C(0_-) = 0$，可得

$$X = -U_S$$

得电容两端的电压 u_C 为

$$u_C = -U_S\mathrm{e}^{-\frac{1}{RC}t} + U_S = U_S(1 - \mathrm{e}^{-\frac{1}{RC}t}) \tag{4-13}$$

电阻两端的电压 u_R 为

$$u_R = U_S - u_C = U_S - (-U_S\mathrm{e}^{-\frac{1}{RC}t} + U_S) = U_S\mathrm{e}^{-\frac{1}{RC}t} \tag{4-14}$$

电流 i 为

$$i = C\frac{\mathrm{d}u_C}{\mathrm{d}t} = \frac{U_S}{R}\mathrm{e}^{-\frac{1}{RC}t} \tag{4-15}$$

由式(4-13) 可知，换路后电容两端电压 u_C 在过渡过程中的变化规律。公式中的 U_S 表示最终充电完毕达到的恒定值，是电容电压的稳态值，电压与电流不再发生改变，电容相当

于开路，电流为零。称其为电路的稳定状态，U_S被称为稳态分量。公式中的$-U_S e^{-\frac{1}{RC}t}$表示电容两端的电压u_C随时间按指数规律递减，直至为零，称为瞬态分量。因此，在整个过渡过程中，电容两端的电压u_C是由稳态分量和瞬态分量两部分组成，如图4-12所示。

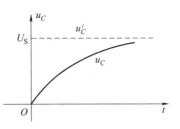

图4-12　u_C零状态响应曲线

由式(4-14)、式(4-15)可知，换路后电阻两端的电压u_R和电流i按指数规律递减，在稳定状态下，皆为零。所以它们表示的是瞬态变化规律。

从上述表达式可以看出，电路中变量的瞬态分量变化的快慢取决于指数中RC的大小。同电路的零输入响应一样，设$\tau=RC$，称为RC电路的时间常数。电容两端的电压u_C、电阻两端的电压u_R、电流i可以分别表示为

$$u_C=U_S(1-e^{-\frac{1}{\tau}t}) \tag{4-16}$$

$$u_R=U_S e^{-\frac{1}{\tau}t} \tag{4-17}$$

$$i=\frac{U_S}{R}e^{-\frac{1}{\tau}t} \tag{4-18}$$

随着τ的增加，电路中变量的瞬态分量变化得越慢，电路进入新的稳态所需时间越长，即过渡过程越慢。当$t=\tau$时，可知

$$u_C=U_S(1-e^{-1})=U_S(1-0.368)=0.632U_S=63.2\%U_S$$

即经过1τ的时间，电容电压u_C达到稳态值的63.2%。在工程上一般认为换路后，经过5τ时间，电路中变量的瞬态分量衰减到初始值的5%以下，过渡过程即被认定结束，电路进入另一个稳定状态。

【例4-8】　如图4-11所示电路中，已知$U_S=200V$，$R=100\Omega$，$C=10\mu F$，为零状态响应电路。当$t=0$时，开关S闭合，求最大充电电流值，u_C、u_R、i的表达式及其变化曲线，以及当开关S闭合后1ms时，u_C、u_R、i的值。

解　最大充电电流值为

$$i_{max}=\frac{U_S}{R}=\frac{200}{100}=2(A)$$

由题意可知电路的时间常数为

$$\tau=RC=100\times10\times10^{-6}=10^{-3}(s)$$

所以可得

$$u_C=U_S(1-e^{-\frac{1}{\tau}t})=200\times(1-e^{-\frac{1}{10^{-3}}t})=200\times(1-e^{-10^3 t})$$

$$u_R=U_S e^{-\frac{1}{\tau}t}=200e^{-10^3 t}$$

$$i=\frac{U_S}{R}e^{-\frac{1}{\tau}t}=2e^{-10^3 t}$$

u_C、u_R、i的变化曲线如图4-13所示。

当开关S闭合后1ms时，可得

$$u_C=200\times(1-e^{-10^3 t})=200\times(1-e^{-10^3\times10^{-3}})=126(V)$$

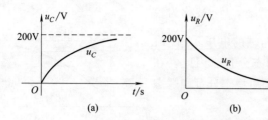

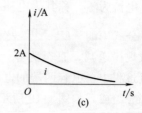

图 4-13 u_C、u_R、i 的变化曲线

$$u_R = 200\mathrm{e}^{-10^3 t} = 200\mathrm{e}^{-10^3 \times 10^{-3}} = 74(\mathrm{V})$$

$$i = 2\mathrm{e}^{-10^3 t} = 2\mathrm{e}^{-10^3 \times 10^{-3}} = 0.74(\mathrm{A})$$

【例 4-9】 如图 4-14 所示电路中，当 $t=0$ 时，开关 S 闭合，电流源 $I_\mathrm{S}=10\mathrm{A}$ 施加于电路中，$u_C(0_-)=0$，$R_0=R_1=5\Omega$，$C=0.1\mathrm{F}$，求 $t>0$ 时，$i_1(t)$、$i_2(t)$、$u(t)$ 的值，并绘制 $i_1(t)$ 波形。

解 假设电流 i_1、i_2 的参考方向如图 4-15 所示。

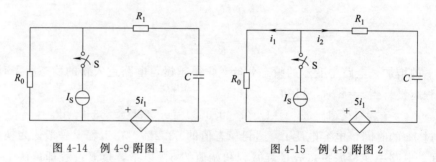

图 4-14 例 4-9 附图 1　　　　图 4-15 例 4-9 附图 2

得

$$i_2 = C\frac{\mathrm{d}u_C}{\mathrm{d}t}$$

所以

$$i_1 = I_\mathrm{S} - i_2 = 10 - i_2$$

当 $t=\infty$ 时，电容 C 相当于开路，此时电路图如图 4-16 所示。

可得

$$i_1(\infty) = 10\mathrm{A}$$

$$u(\infty) = 5i_1(\infty) + 5i_1(\infty) = 100\mathrm{V}$$

把图 4-16 中的电流源断路，此时电路图如图 4-17 所示。

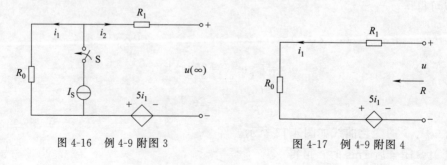

图 4-16 例 4-9 附图 3　　　　图 4-17 例 4-9 附图 4

可知

$$u = (R_0 + R_1)i_1 + 5i_1 = 10i_1 + 5i_1 = 15i_1$$

$$R = \frac{u}{i} = 15\,\Omega$$

故电路的时间常数为

$$\tau = RC = 15 \times 0.1 = 1.5\,(\mathrm{s})$$

所以可得

$$u(t) = u(\infty)(1 - \mathrm{e}^{-\frac{1}{\tau}t}) = 100(1 - \mathrm{e}^{-\frac{2}{3}t}) \quad (t \geqslant 0)$$

$$i_2(t) = C\frac{\mathrm{d}u}{\mathrm{d}t} = 0.1 \times \frac{200}{3}\mathrm{e}^{-\frac{2}{3}t} = \frac{20}{3}\mathrm{e}^{-\frac{2}{3}t} \quad (t > 0)$$

$$i_1(t) = 10 - i_2(t) = 10 - \frac{20}{3}\mathrm{e}^{-\frac{2}{3}t} \quad (t > 0)$$

波形图如图 4-18 所示。

4.2.2.3 *RL*电路的零状态响应

如图 4-19 所示的 *RL* 电路的零状态响应。在开关 S 闭合时，流过电感 *L* 中的电流为零。在开关 S 断开瞬间，因为流过电感中的电流不能突变，所以可知 $i_L(0_+) = i_L(0_-) = 0$，电路为零状态响应。

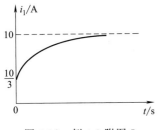

图 4-18 例 4-9 附图 5

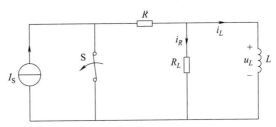

图 4-19 *RL* 电路的零状态响应

由 KCL 可得

$$i_R + i_L = I_\mathrm{S}$$

所以关于变量 i_L 的一阶线性非齐次微分方程为

$$\frac{L}{R}\frac{\mathrm{d}i_L}{\mathrm{d}t} + i_L = I_\mathrm{S}$$

当

$$\frac{L}{R}\frac{\mathrm{d}i_L}{\mathrm{d}t} + i_L = 0$$

上式为一阶线性齐次微分方程，设其通解为 $i_L' = X\mathrm{e}^{\alpha t}$，代入上式得

$$\frac{L}{R}\alpha X\mathrm{e}^{\alpha t} + X\mathrm{e}^{\alpha t} = 0$$

$$\left(\frac{L}{R}\alpha + 1\right)X\mathrm{e}^{\alpha t} = 0$$

特征方程为

$$\frac{L}{R}\alpha + 1 = 0$$

特征根为

$$\alpha = -\frac{R}{L}$$

代入 $i'_L = Xe^{\alpha t}$，得微分方程的通解为

$$i'_L = Xe^{-\frac{R}{L}t}$$

当 $t = \infty$ 时，可得非齐次微分方程的特解为

$$i''_L = I_S$$

因此得

$$i_L = i'_L + i''_L$$

即

$$i_L = Xe^{-\frac{R}{L}t} + I_S$$

根据换路定律得 $i_L(0_+) = 0$，代入可得

$$X = -I_S$$

电流 i 为

$$i_L = -I_S e^{-\frac{R}{L}t} + I_S = I_S(1 - e^{-\frac{R}{L}t}) \tag{4-19}$$

设 $\tau = \frac{L}{R}$，称为 RL 电路的时间常数。电流 i 可以表示为

$$i_L = I_S(1 - e^{-\frac{t}{\tau}}) \tag{4-20}$$

【例 4-10】 图 4-20 所示电路是直流发电机的电路简图，已知励磁绕组电阻 $R = 50\Omega$，励磁电感 $L = 50H$，当外部施加 $U_S = 200V$ 电压时，求当开关 S 闭合后，励磁电流 i 的变化规律和电流达到稳态值所需要的时间；当外部施加电压加到 $U_S = 300V$ 时，求励磁电流 i 达到额定值所需要的时间。

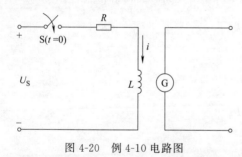

图 4-20　例 4-10 电路图

解 由题意可知，电路的时间常数为

$$\tau = \frac{L}{R} = \frac{50H}{50\Omega} = 1s$$

因为电路为零状态响应，可得

$$i_L = I_S(1 - e^{-\frac{t}{\tau}}) = \frac{U_S}{R}(1 - e^{-\frac{t}{\tau}}) = 4(1 - e^{-t})$$

一般认为当 $t = (3\sim5)\tau$ 时，电路的过渡过程就基本结束了，那么当 $t = 5\tau$ 时，则开关 S 闭合后，电流达到稳态值所需要的时间为 5s。

由上述解释可知，励磁电流达到稳态值所需要的时间为 5s，当外部施加电压加到 $U_S = 300V$ 时，可得

$$i_L(t) = \frac{300}{50}(1 - e^{-\frac{t}{\tau}}) = 6(1 - e^{-t}) = 4(A)$$

$$t = 1.1s$$

4.2.3　一阶电路的全响应

图 4-21 所示的是电路的全响应。如果电容元件和电感元件在原始状态下已经储能，那么在换路后的瞬间，电容两端的电压 $u_C(0_+) = U_S$，流过电感中的电流 $i_L(0_+) = I_S$，这种

电路的状态被称为非零初始状态。非零初始状态的电路受到激励作用而产生的响应称为电路的全响应。对于线性电路而言，电路的全响应可以应用叠加定理，是由零输入响应和零状态响应的叠加而成的。下面进行证明。

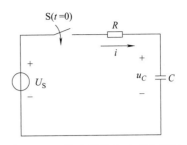

图 4-21　一阶电路的全响应电路图

在图 4-21 所示的电路中，将已充电至 U_0 的电容 C 和电阻 R 串联接到电压源 U_S 上，当开关 S 断开时，得

$$u_C(0_-) = U_0$$

当开关 S 闭合时，可得电路的 KVL 方程

$$u_R + u_C = U_S$$

将 $u_R = iR$ 代入上述方程，得

$$iR + u_C = U_S$$

将 $i = C\dfrac{\mathrm{d}u_C}{\mathrm{d}t}$ 代入上述方程，得

$$RC\frac{\mathrm{d}u_C}{\mathrm{d}t} + u_C = U_S$$

这是一个关于变量 u_C 的一阶线性非齐次微分方程。

当

$$RC\frac{\mathrm{d}u_C}{\mathrm{d}t} + u_C = 0$$

上式为一阶线性齐次微分方程，设其通解为 $u_C' = X\mathrm{e}^{\alpha t}$，代入上式得

$$RC\alpha X\mathrm{e}^{\alpha t} + X\mathrm{e}^{\alpha t} = 0$$
$$(RC\alpha + 1)X\mathrm{e}^{\alpha t} = 0$$

特征方程为

$$RC\alpha + 1 = 0$$

特征根为

$$\alpha = -\frac{1}{RC}$$

代入 $u_C' = X\mathrm{e}^{\alpha t}$，得微分方程的通解为

$$u_C' = X\mathrm{e}^{-\frac{1}{RC}t}$$

因为换路瞬间，$u_C(0_+) = u_C(0_-) = U_0$，可得

$$RC\frac{\mathrm{d}(X\mathrm{e}^{-\frac{1}{RC}t})}{\mathrm{d}t} + U_0 = U_S$$
$$\lim_{t \to 0_+}(-X\mathrm{e}^{-\frac{1}{RC}t}) + U_0 = U_S$$
$$-X + U_0 = U_S$$
$$X = U_0 - U_S$$

微分方程的通解为

$$u_C' = (U_0 - U_S)\mathrm{e}^{-\frac{1}{RC}t}$$

当 $t = \infty$ 时，可得非齐次微分方程的特解为

$$u_C'' = U_S$$

因此得

$$u_C = u'_C + u''_C$$

即

$$u_C = (U_0 - U_S) e^{-\frac{1}{RC}t} + U_S \tag{4-21}$$

设 $\tau = RC$，称为 RC 电路的时间常数。上式可以表示为

$$u_C = (U_0 - U_S) e^{-\frac{t}{\tau}} + U_S \tag{4-22}$$

将式(4-22)整理后得

$$u_C = U_0 e^{-\frac{t}{\tau}} + U_S(1 - e^{-\frac{t}{\tau}}) \tag{4-23}$$

可以证明，电路的全响应等于零输入响应和零状态响应叠加，也可以认为等于稳态分量 U_S 和暂态分量 $(U_0 - U_S) e^{-\frac{t}{\tau}}$ 的叠加。

下面结合 U_0 和 U_S 的大小，来分析电路。

① 当 $U_0 = U_S$ 时，即电容的初始电压等于电源电压，当在开关 S 闭合之后，电路电流 $i = 0$，电容电压 $u_C = U_S$，电路处于稳定状态，不发生过渡过程。

② 当 $U_0 > U_S$ 时，即电容的初始电压大于电源电压，在过渡过程中，$i < 0$，即电流的方向为从电容的正极板流出，电容开始放电，u_C 从电压值 U_0 开始按指数规律下降到 U_S。

③ 当 $U_0 < U_S$ 时，即电容的初始电压小于电源电压，在过渡过程中，$i > 0$，即电流的方向为流向电容的正极板，电容继续充电，u_C 从电压值 U_0 开始按指数规律增加到 U_S。

上述过程证明了 RC 电路的全状态响应的计算过程及分析方法，而 RL 电路的全状态响应的计算过程及分析方法与之完全相同。综上所述，如果电路中仅含有一个储能元件（电容元件 C 或电感元件 L），电路的其他部分由电阻和独立电源相连接，这种电路是一阶电路，在求解此类电路时，可将储能元件以外的部分运用戴维南定理或诺顿定理简化为等效电路，结合欧姆定律和基尔霍夫定律，即可求得所需数值（等效电阻、电路电流），以及储能元件的电压和电流。

【知识拓展】从不同角度分析一阶电路的全响应，可以认为全响应是由初始值、特解和时间常数三个关键要素决定的。特解是指电路换路后，达到新的稳态的解。那么我们就可以结合式(4-22)，定义新的表示方式

$$u_C = [u_C(0_+) - u_C(\infty)] e^{-\frac{t}{\tau}} + u_C(\infty)$$

其中 $u_C(0_+)$ 相当于电路在换路瞬间电容电压的初始值，$u_C(\infty)$ 相当于电路在 $t = \infty$ 时电容电压的稳态值，τ 为时间常数。换言之，只需求得电容电压的初始值 $u_C(0_+)$、电容电压的稳态值 $u_C(\infty)$、时间常数 τ，代入上式中，即可求得 u_C 的全响应。则全响应 $f(t)$ 可表示为

$$f(t) = [f(0_+) - f(\infty)] e^{-\frac{t}{\tau}} + f(\infty)$$

只要知道这三个要素，代入上述公式中，即可直接写出一阶电路的全响应，这种方法被称为一阶电路的三要素法。

【例 4-11】 图 4-22 的电路中，开关 S 闭合时，电路处于稳态。已知 $U_S = 50\text{V}$，$C = 10\mu\text{F}$，$R_1 = R_2 = 5\text{k}\Omega$。当开关 S 断开后，求 u_C 和 i_C 的解析式，并绘制其变化曲线。

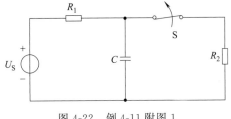

图 4-22　例 4-11 附图 1

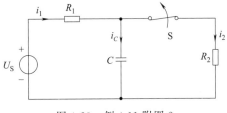

图 4-23　例 4-11 附图 2

解　假设电流的参考方向如图 4-23 所示。

由题意得，开关 S 闭合时，电路处于稳态，可得

$$i_C(0_-)=0$$

$$i_1(0_-)=i_2(0_-)=\frac{U_S}{R_1+R_2}=\frac{50}{5000+5000}=5\times10^{-3}(\text{A})$$

可知，开关 S 闭合时，电容电压为

$$u_C(0_-)=i_2(0_-)\times R_2=5\times10^{-3}\times5\times10^3=25(\text{V})$$

即可知 $U_0=25\text{V}$。

因为 $U_0<U_S$，即电容的初始电压小于电源电压，电容继续充电。

可知电路的时间常数为

$$\tau=R_1C=5\times10^3\times10\times10^{-6}=0.05(\text{s})$$

将求得的数据代入

$$u_C=(U_0-U_S)\,\mathrm{e}^{-\frac{t}{\tau}}+U_S$$

可得

$$u_C=(25-50)\,\mathrm{e}^{-20t}+50=50-25\mathrm{e}^{-20t}$$

$$i_C=\frac{U_S-U_0}{R_1}\mathrm{e}^{-\frac{t}{\tau}}=\frac{50-25}{5000}\mathrm{e}^{-20t}=5\times10^{-3}\,\mathrm{e}^{-20t}$$

u_C 和 i_C 的变化曲线如图 4-24 所示。

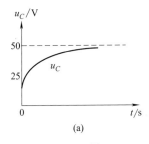

(a)

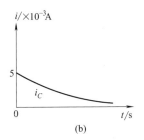

(b)

图 4-24　u_C 和 i_C 的变化曲线

【例 4-12】　如图 4-25 所示电路，开关 S 断开时，电路处于稳态。已知 $U_S=200\text{V}$，$L=5\text{H}$，$R_0=R_1=100\Omega$。当开关 S 闭合后，求电感电压 u_L 和电流 i 的变化规律。

解　因为全响应＝零输入响应＋零状态响应，电流的零输入响应如图 4-26（a）所示，可得

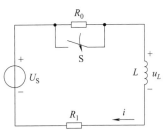

图 4-25　例 4-12 附图 1

$$i(0_+) = i(0_-) = I_0 = \frac{U_S}{R_0 + R_1} = \frac{200}{100 + 100} = 1(\text{A})$$

可知电路的时间常数为

$$\tau = \frac{L}{R_1} = \frac{5}{100} = 0.05(\text{s})$$

所以
$$i' = I_0 e^{-\frac{t}{\tau}} = e^{-20t}$$

电流的零状态响应如图 4-26（b）所示，可得 $i(0_+) = 0$。

所以
$$i'' = \frac{U_S}{R_1}(1 - e^{-\frac{t}{\tau}}) = 2(1 - e^{-20t})$$

全响应
$$i = i' + i'' = e^{-20t} + 2 - 2e^{-20t} = 2 - e^{-20t}$$

$$u_L = L\frac{di}{dt} = 5\frac{d}{dt}(2 - e^{-20t}) = 100e^{-20t}$$

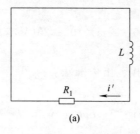 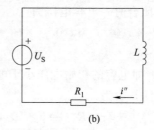

图 4-26　例 4-12 附图 2

【例 4-13】　如图 4-27 所示电路，开关 S 断开时，电路处于稳态。已知 $U_S = 50\text{V}$，$R_0 = 80\Omega$，$R_1 = 40\Omega$，$I_S = 2\text{A}$，$C = 0.3\text{F}$。当开关 S 闭合后，求电容电压 u_C 和电流 i 的变化规律。

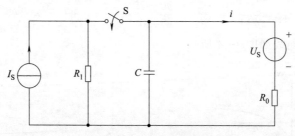

图 4-27　例 4-13 附图 1

解　根据题意得 $u_C(0_-) = U_S = 50\text{V}$，根据换路定律可知

$$u_C(0_+) = u_C(0_-) = U_S = 50\text{V}$$

当开关 S 闭合时，将电压源短路，电流源断路，等效电路如图 4-28（a）所示，可得等效电阻

$$R = \frac{R_0}{R_1} = \frac{80 \times 40}{80 + 40} = \frac{80}{3}(\Omega)$$

可知电路的时间常数为

$$\tau = RC = \frac{80}{3} \times 0.3 = 8(\text{s})$$

直流稳态电压的电路图如图 4-28（b）所示，根据节点 A 电流方程可得

$$\frac{u_C(\infty)}{R} = I_S + \frac{U_S}{R_0}$$

解得

$$u_C(\infty) = 70\text{V}$$

由三要素法可知，电容电压 u_C 为

$$u_C(t) = \left[u_C(0_+) - u_C(\infty)\right]\mathrm{e}^{-\frac{t}{\tau}} + u_C(\infty) = 70 - 20\mathrm{e}^{-\frac{t}{8}}$$

电流 i 为

$$i(t) = \frac{u_C - U_S}{R_0} = \frac{1}{4}\left(1 - \mathrm{e}^{-\frac{t}{8}}\right)$$

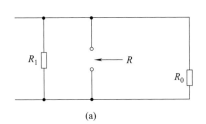 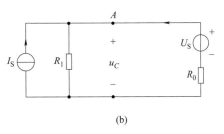

图 4-28 例 4-13 附图 2

【例 4-14】 如图 4-29 所示电路，开关 S 断开时，电路处于稳态。已知 $U_{S1} = 50\text{V}$，$U_{S2} = 8\text{V}$，$R_1 = 40\Omega$，$R_2 = 10\Omega$，$R_3 = 2\Omega$，$L = 20\text{H}$。求当开关 S 闭合后，电流 i_L 的变化规律。

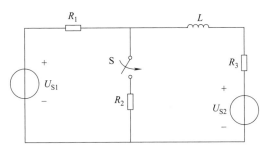

图 4-29 例 4-14 附图 1

解 根据题意，开关 S 断开时的电流为

$$i(0_-) = \frac{U_{S1} - U_{S2}}{R_1 + R_3} = 1\text{A}$$

根据换路定律可知

$$i(0_+) = i(0_-) = 1\text{A}$$

假设电流的参考方向如图 4-30（a）所示。列回路电流方程为

$$(R_1 + R_2)i_1 - R_2 i_2 = U_{S1}$$
$$(R_2 + R_3)i_2 - R_2 i_1 = -U_{S2}$$

解得

$$i_2 = 0.2\text{A}$$

故

$$i_L(\infty) = i_2 = 0.2\text{A}$$

将电压源短路，等效电路如图 4-30（b）所示，可得等效电阻

$$R = \frac{R_1}{R_2} + R_3 = 10\Omega$$

可知电路的时间常数为

$$\tau = \frac{L}{R} = \frac{20}{10} = 2(s)$$

由三要素法可知电流 i_L 为

$$i_L(t) = [i_L(0_+) - i_L(\infty)]e^{-\frac{t}{\tau}} + i_L(\infty) = 0.2 + 0.8e^{-\frac{t}{2}}$$

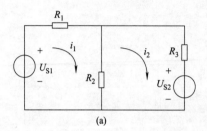 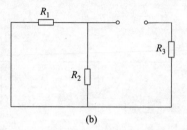

图 4-30 例 4-14 附图 2

【例 4-15】 如图 4-31 所示电路，已知 $i_L(0_-) = 0$，当开关 S 闭合后，求电感电流 i_L 的变化规律（其中 $U_S = 50\text{V}$，$R_1 = 35\Omega$，$R_2 = 15\Omega$，$L = 0.49\text{H}$）。

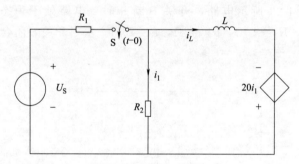

图 4-31 例 4-15 附图 1

解 根据题意，开关 S 断开时的电感电流为 $i_L(0_-) = 0$。

当电感 L 相当于断开时，等效电路如图 4-32（a）所示。

$$u = 20i_1 + R_2i_1 = 35i_1$$

其中

$$i_1 = \frac{U_S}{R_1 + R_2} = \frac{50}{35 + 15} = 1(A)$$

所以

$$u = 35\text{V}$$

当电感 L 相当于短路时，可得

$$i_1 = \frac{-20i_1}{R_2} = -\frac{4}{3}i_1$$

所以

$$i_1 = 0$$

可得

$$i' = \frac{50}{35} = \frac{10}{7}(A)$$

$$R_{eq} = \frac{u}{i'} = \frac{35}{\frac{10}{7}} = 24.5(\Omega)$$

等效电路如图 4-32（b）所示。

可知电路的时间常数为

$$\tau = \frac{L}{R_{eq}} = \frac{0.49}{24.5} = 0.02(s)$$

$$i_L(\infty) = i' = \frac{50}{35} = \frac{10}{7}(A)$$

由三要素法可知电流 i_L 为

$$i_L(t) = [i_L(0_+) - i_L(\infty)]e^{-\frac{t}{\tau}} + i_L(\infty) = \frac{10}{7}(1 - e^{-50t})$$

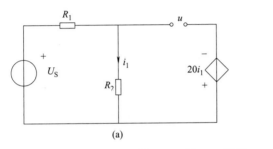

图 4-32　例 4-15 附图 2

【例 4-16】　如图 4-33 所示电路，开关 S 断开时，电路处于稳态。已知 $U_{S1} = 50V$，$R_1 = 8k\Omega$，$R_2 = 2k\Omega$，$R_3 = 4k\Omega$，$C = 10\mu F$。当 $U_{S2} = 40V$ 时，求当开关 S 闭合后，电容电压 u_C 的变化规律。

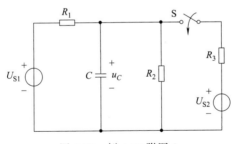

图 4-33　例 4-16 附图 1

解　利用三要素法进行求解，根据题意得

$$u_C(0_-) = U_{S1} \times \frac{R_2}{R_1 + R_2} = 10V$$

根据换路定律可知

$$u_C(0_+) = u_C(0_-) = 10V$$

将电压源短路，等效电路如图 4-34（a）所示，可得等效电阻

$$R = \frac{R_1}{R_2 \times R_3} = \frac{8}{7}k\Omega$$

可知电路的时间常数为

$$\tau = RC = \frac{8}{7} \times 10^3 \times 10 \times 10^{-6} = \frac{8}{7} \times 10^{-2} \text{(s)}$$

稳态电压 $u_C(\infty)$ 的计算电路如图 4-34 （b）所示，可得

$$u_C(\infty) = iR = \left(\frac{50}{8 \times 10^3} + \frac{40}{4 \times 10^3} \right) \times \frac{8}{7} \times 10^3 = \frac{130}{7} \text{(V)}$$

故电容电压 u_C 为

$$u_C(t) = [u_C(0_+) - u_C(\infty)] \mathrm{e}^{-\frac{t}{\tau}} + u_C(\infty) = \frac{130}{7} - \frac{60}{7} \mathrm{e}^{-87.5t}$$

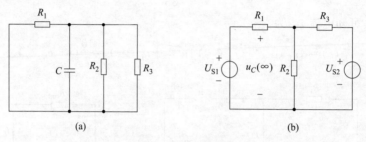

图 4-34　例 4-16 附图 2

4.3　电路的暂稳态分析实验

4.3.1　RC 一阶电路的响应测试

4.3.1.1　任务描述

通过测定 RC 一阶电路的零输入响应、零状态响应及全响应，了解一阶电路动态过程的分析，与计算值相比较并分析误差原图，运用三要素法分析一阶电路的零输入响应、零状态响应和全响应。

4.3.1.2　任务分析

回顾 RC 一阶电路的零输入响应、零状态响应及全响应的概念以及计算方法，通过有关微分电路和积分电路的概念及表示形式，达到辅助计算的效果。了解测量电路时间常数的实施步骤及注意事项。进一步学会用示波器观测波形。

4.3.1.3　相关资料

① 操作过程和示数读取按照示波器的使用说明进行。

② 微分电路是由电阻 R 两端的电压作为响应输出，且电路的参数满足 $\tau = RC \ll \dfrac{T}{2}$（$T$ 为方波脉冲的重复周期）的电路。

③ 积分电路是由电容 C 两端的电压作为响应输出，且电路的参数满足 $\tau = RC \gg \dfrac{T}{2}$（$T$ 为方波脉冲的重复周期）的电路。

④ 图 4-35 （a）所示的 RC 一阶电路，其零输入响应和零状态响应分别按指数规律衰减和增长，其变化的快慢取决于电路的时间常数 τ。下面阐述电路的时间常数 τ 的测定方法。

用示波器测量零输入响应的波形如图 4-35 （b）所示。根据一阶线性常系数齐次微分方

程的求解得知 $u_C = U_m e^{-\frac{1}{RC}t} = U_m e^{-\frac{t}{\tau}}$。当 $t = \tau$ 时，$u_C(\tau) = U_m e^{-1} = 0.368 U_m = 36.8\%$ U_m。此时所对应的时间就等于 τ，也可以说零状态响应波形增加到 $0.368 U_m$ 所对应的时间就等于 τ，如图 4-35（c）所示。

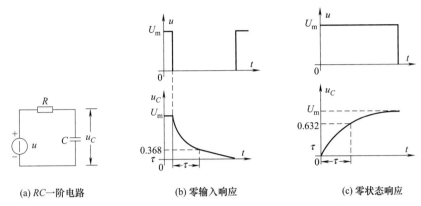

(a) RC 一阶电路　　(b) 零输入响应　　(c) 零状态响应

图 4-35　RC 一阶电路及其零输入响应和零状态响应

4.3 1.4　计划、决策

① 按表 4-2 准备实训器材。

表 4-2　实训器材

序号	名称	型号与规格	数量	备注
1	函数信号发生器	—	1	—
2	示波器	—	1	—
3	动态电路实验板	—	1	ER100403

② 动态电路的过渡过程是短暂的单次变化过程。使用普通的示波器观察过渡过程和测量有关的参数，就必须使这种单次变化的过程重复出现。因此，利用信号发生器输出的方波来模拟阶跃激励信号，即利用方波输出的上升沿作为零状态响应的正阶跃激励信号，利用方波的下降沿作为零输入响应的负阶跃激励信号。只要选择方波的重复周期远大于电路的时间常数 τ，那么电路在这样的方波序列脉冲信号的激励下，它的响应就和直流电接通与断开的过渡过程是基本相同的。

③ 微分电路和积分电路是 RC 一阶电路中较典型的电路，它对电路元件参数和输入信号的周期有着特定的要求。如图 4-36（a）所示，在方波序列脉冲的重复激励下，当 $\tau \ll \dfrac{T}{2}$，且由电阻 R 两端的电压作为响应输出时，电路的输出信号电压与输入信号电压的微分成正比。利用微分电路可以将方波转变成尖脉冲。

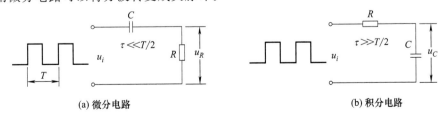

(a) 微分电路　　　　　　　(b) 积分电路

图 4-36　微分电路和积分电路

若将图 4-36（a）中的电阻 R 与电容 C 位置调换一下，如图 4-36（b）所示，在方波序列脉冲的重复激励下，当 $\tau \gg \dfrac{T}{2}$，且由电容 C 两端的电压作为响应输出时，电路的输出信号电压与输入信号电压的积分成正比。利用积分电路可以将方波转变成三角波。

从输入输出波形来看，上述两个电路均有变换波形的作用。

4.3.1.5　计划实施

选取实验线路板的器件组件，如图 4-37 所示，熟悉电阻 R、电容 C 元件的布局及其标称值，各开关的通断位置等。

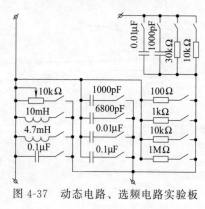

图 4-37　动态电路、选频电路实验板

① 从电路板上选取 $R=10\text{k}\Omega$、$C=6800\text{pF}$ 两个组件，与电压信号搭建如图 4-35（a）所示的 RC 充放电电路。u_i 为信号发生器输出的 $U_{\text{P-P}}=3\text{V}$、$f=1\text{kHz}$ 的方波电压信号，并通过两根同轴电缆线，将激励源 u_i 和响应 u_C 的信号分别连接至示波器的两个输入口 Y_A 和 Y_B。此时可在示波器的屏幕上观察到激励与响应的变化规律，测出时间常数 τ，并按 1∶1 的比例绘制波形图。

与此同时，可以少量地改变电容值或电阻值，观察对响应的影响，记录观察到的现象。

② 令 $R=10\text{k}\Omega$，$C=0.1\mu\text{F}$，观察并绘制响应的波形，继续增大电容 C 的值，观察对响应的影响。

③ 令 $R=100\Omega$，$C=0.01\mu\text{F}$，搭建如图 4-36（a）所示的微分电路。在同样的方波激励信号（$U_{\text{P-P}}=3\text{V}$，$f=1\text{kHz}$）作用下，观测并绘制激励与响应的波形图。

适当增减电阻 R 的值，观察对响应的影响，并作记录。当电阻 R 增至 $1\text{M}\Omega$ 时，观察并阐述输入输出波形有何本质上的区别。

4.3.1.6　注意事项

① 调节电子仪器时，动作不应过快、过猛，要平稳、缓慢。在实验前，要阅读示波器的使用说明书。特别要观察相应开关、旋钮的操作与调节方法。

② 信号源的接地端与示波器的接地端要连在一起（称作共地），以防止外界干扰而影响测量的准确性。

③ 示波器的辉度不应过亮，尤其是光点长期停留在荧光屏上不动时，应将辉度调暗，以延长示波管的使用寿命。

4.3.1.7　内容反思

① 什么样的电信号可以作为 RC 一阶电路零输入响应、零状态响应和全响应的激励源？

② 根据实验观测的结果，绘制 RC 一阶电路充放电时 u_C 的变化曲线，由曲线测出 τ 值，并与计算值作比较，分析误差原因。

③ 归纳、总结积分电路和微分电路的定义和形成条件，说明波形变换的特征。

4.3.2　二阶动态电路响应的研究（拓展）

4.3.2.1　任务描述

测试二阶动态电路的零输入响应和零状态响应，了解电路元件参数对响应的影响。观察、分析二阶电路响应的三种状态轨迹及其特点，以加深对二阶电路响应的认识与理解。

4.3.2.2 任务分析

我们需要了解二阶动态电路的零输入响应和零状态响应的概念以及二阶微分方程的计算方法。

4.3.2.3 相关资料

欠阻尼状态下衰减常数 α 和振荡频率 ω_d 的测算。

用示波器观察欠阻尼状态时响应端 U_0 输出的波

形，如图 4-38 所示，则振荡频率 $\omega_d = \dfrac{2\pi}{T'}$，衰减常数

$\alpha = \dfrac{1}{T'} \ln \dfrac{U_2}{U_1}$。

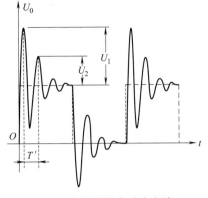

图 4-38　欠阻尼状态时响应端 U_0
输出的波形

4.3.2.4 计划、决策

① 按表 4-3 准备实训器材。

表 4-3　实训器材

序号	名称	型号与规格	数量	备注
1	函数信号发生器	—	1	—
2	示波器	—	1	—
3	动态电路实验板	—	1	ER100403

② 一个二阶电路在方波正、负阶跃信号的激励下，可获得零输入响应和零状态响应，其响应的变化轨迹取决于电路的固有频率。当调节电路的元件参数值，使电路的固有频率分别为负实数、共轭复数及虚数时，可获得单调衰减、衰减振荡和等幅振荡的响应。

简单而典型的二阶电路是一个 RLC 串联电路和 GCL 并联电路，这二者之间存在着对偶关系。

4.3.2.5 计划实施

选取动态电路实验板的器件组件，如图 4-39 所示，利用动态电路实验板中的元件与开关搭建如图 4-40 所示的 GCL 并联电路。

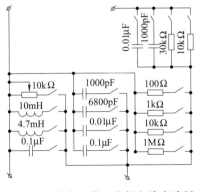

图 4-39　动态电路、选频电路实验板

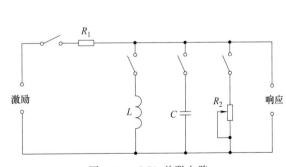

图 4-40　GCL 并联电路

① 结合 GCL 并联电路，令 $R_1 = 10\text{k}\Omega$，$L = 4.7\text{mH}$，$C = 1000\text{pF}$，R_2 为 $10\text{k}\Omega$ 可变电

阻器。使函数信号发生器的输出为 $U_{P-P}=1.5V$、$f=1kHz$ 的方波脉冲，通过同轴电缆接至图中的激励端，同时用同轴电缆将激励端和响应输出分别连接至示波器的两个输入口。

② 调节可变电阻器 R_2 的值，观察二阶电路的零输入响应和零状态响应，由过阻尼过渡到临界阻尼，最后过渡到欠阻尼的变化过渡过程，分别绘制和记录响应的典型变化波形图。

③ 调节可变电阻器 R_2 的值，使示波器荧光屏上呈现稳定的欠阻尼响应波形，定量计算此时电路的衰减常数 α 和振荡频率 ω_d。

④ 改变一组电路参数，如增加、减小电容 C 或电感 L 的值，重复上述步骤的测量，并作记录。随后仔细观察改变电路参数时，ω_d 与 α 的变化趋势，并作记录（表 4-4）。

表 4-4　数据记录

实验次数	元件参数				计算值	
	R_1	R_2	L	C	α	ω_d
1	10kΩ		4.7mH	1000pF		
2	10kΩ	调至某一次欠阻尼状态	4.7mH	0.01μF		
3	30kΩ		4.7mH	0.01μF		
4	10kΩ		10mH	0.01μF		

4.3.2.6　注意事项

① 调节可变电阻器 R_2 时，要细心、平稳、缓慢，临界阻尼要找准。

② 观察示波器时，如果显示不同步则可采用外同步法触发，具体按示波器说明书操作。

4.3.2.7　内容反思

① 归纳、总结在示波器荧光屏上，测量二阶电路零输入响应欠阻尼状态的衰减常数 α 和振荡频率 ω_d 的方法。

② 归纳、总结电路元件参数的改变对响应变化趋势的影响。

习　　题

（1）填空题

① 零输入响应是指_____，零状态响应是指_____，全响应是指_____。

② 换路定律的数学表达式为_____。

③ 一阶电路全响应的一般表达式为_____。

④ 全响应=_____分量＋_____分量。

⑤ 三要素法的三个要素是_____、_____和_____。

（2）选择题

① 如图 4-41 所示，含受控源电路的时间常数为（　　）。

　A. 1s　　　　　　　B. 2s　　　　　　　C. 3s　　　　　　　D. 4s

② 稳态电路的暂稳态维持时间的长短主要取决于（　　）。

　A. 外加的触发信号　　　　　　　B. 电源幅度的大小

　C. RC 充放电的时间　　　　　　D. 晶体管的放大倍数

③ 只有暂稳态的电路是（　　）。

图 4-41 选择题①图

A. 施密特触发器   B. 多谐振荡器

C. 定时器   D. 单稳电路

（3）判断题

① 一阶线性电路的零状态响应是指换路前储能元件未储有能量。   （   ）

② 外加激励为零，仅由动态元件初始储能所产生的响应称为电路的零状态响应。

（   ）

③ 一阶电路动态响应三要素法适用于所有动态电路的分析。   （   ）

（4）综合题

① 电路产生过渡过程的充分必要条件是什么？

② 电路初始值的计算方法。

③ 如图 4-42 所示的电路，$t<0$ 时，电路处于稳态，当开关 S 闭合后，求 $u_1(t)$。

④ 如图 4-43 所示的电路，激励为冲击电流源，求 u_C、i_L 的零状态响应。

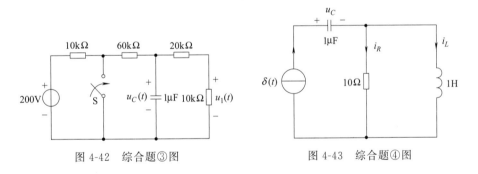

图 4-42 综合题③图   图 4-43 综合题④图

⑤ 如图 4-44 所示的电路，开关闭合时，电路处于稳态，试用经典法求开关 S 断开后，电感电流 $i_{L1}(t)$ 和电压 $u_{L1}(t)$。

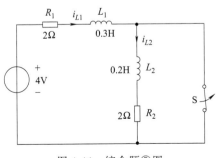

图 4-44 综合题⑤图

5　含耦合电感电路

【项目描述】　耦合电感在工程中有着广泛的应用。本项目主要介绍耦合电感中的磁耦合现象、互感和耦合系数、耦合电感的同名端和耦合电感的磁通链方程、电压电流关系，还介绍含有耦合电感电路的分析计算及变压器、理想变压器的初步概念。

5.1　互感与同名端

5.1.1　耦合电感元件

耦合电感元件属于多端元件，在实际电路中，如收音机、电视机中的中周线圈、振荡线圈，整流电源里使用的变压器等都是耦合电感元件。熟悉这类多端元件的特性，掌握包含这类多端元件的电路问题的分析方法是非常必要的。

5.1.1.1　互感现象

在交流电路中，如果一个线圈的附近还有另一个线圈，当其中一个线圈中的电流变化时，不仅在本线圈中产生感应电压，而且在另一个线圈中也要产生感应电压，这种现象称为互感现象，由此产生的感应电压称为互感电压。这样的两个线圈称为互感线圈。

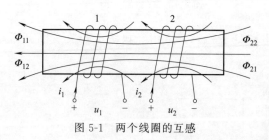

图 5-1 所示为两个相距很近的线圈，匝数分别为 N_1、N_2，为讨论方便，规定每个线圈的电压与电流取关联参考方向，并且每个线圈的电流的参考方向和该电流所产生的磁通的参考方向符合右手螺旋定则。

图 5-1　两个线圈的互感

当线圈 1 中通过电流 i_1 时，在线圈 1 中会产生自感磁通 Φ_{11}，自感磁链 $\psi_{11}=N_1\Phi_{11}$。Φ_{11} 中会有一部分磁通通过线圈 2，由线圈 1 的电流 i_1 产生的通过线圈 2 的磁通称为互感磁通 Φ_{21}，并且，Φ_{21} 小于 Φ_{11}。Φ_{21} 与线圈 2 交链的互感磁链 $\psi_{21}=N_2\Phi_{21}$，称为线圈 1 对线圈 2 的互感磁链。这种一个线圈的磁通与另一个线圈相交链的现象称为磁耦合。

5.1.1.2　互感系数

互感磁链 ψ_{21} 与产生它的电流 i_1 的比值称为线圈 1 对线圈 2 的互感系数 M_{21}，简称互感。同理，当线圈 2 中通过电流 i_2 时，在线圈 1 中也会产生互感磁通 Φ_{12}，则线圈 2 对线圈 1 的互感为：$M_{21}=\psi_{21}/i_2$。

可以证明 $M_{21}=M_{12}=M$，统称为两线圈的互感系数，并且 $M\leqslant\sqrt{L_1L_2}$。

互感的单位是亨利（H），与自感相同。另外互感 M 的值与线圈的形状、几何位置、空间媒质有关，与线圈中的电流无关，因此，满足 $M_{12}=M_{21}=M$。自感系数 L 总为正值，互感系数 M 值有正有负。正值表示自感磁链与互感磁链方向一致，互感起增助作用，负值表示自感磁链与互感磁链方向相反，互感起削弱作用。

5.1.1.3 耦合系数

互感 M 的大小反映了一个线圈在另一个线圈中产生磁通的能力。两个耦合线圈的电流所产生的磁通，一般只有部分磁通相互交链，彼此不交链的部分称为漏磁通。两个耦合线圈相互交链的磁通部分越大，说明两线圈的耦合越紧密，通常用耦合系数 k 来表征两线圈耦合的紧密程度，耦合系数 k 定义为

$$k=M/\sqrt{L_1L_2} \tag{5-1}$$

式中，L_1、L_2 为两线圈的自感，由式(5-1)可知，k 的取值范围是 $0\leqslant k\leqslant1$。$k=1$ 时，两线圈为全耦合，无漏磁通；$k=0$ 时，两线圈无耦合。k 的大小与线圈的结构、两线圈的相互位置及周围的磁介质有关。在工程上有时为了避免两线圈的相互干扰，应尽量减小互感的作用，除了采用磁屏蔽方法外，还可以合理布置线圈的相互位置。在电子技术和电力变压器中，为了更好地传输功率和信号，往往采用极紧密的耦合，使 k 值尽可能接近 1，一般都采用铁磁材料制成芯子以达到这一目的。

5.1.1.4 互感电压

在图 5-1 所示的电路中，当两互感线圈上都有电流时，交链每一线圈的磁链不仅与该线圈本身的电流有关，也与另一线圈的电流有关。如果每一线圈的电压、电流为关联参考方向，并且每个线圈的电流与该电流产生的磁通符合右手螺旋定则，而互感磁通又与自感磁通方向一致，即磁通相助，如图 5-1 所示。则根据电磁感应定律，两线圈感应电压为

$$u_1=(\mathrm{d}\Psi_{11})/\mathrm{d}t+(\mathrm{d}\Psi_{12})/\mathrm{d}t=L_1(\mathrm{d}i_1)/\mathrm{d}t+M(\mathrm{d}i_2)/\mathrm{d}t \tag{5-2}$$

$$u_2=(\mathrm{d}\Psi_{22})/\mathrm{d}t+(\mathrm{d}\Psi_{21})/\mathrm{d}t=L_2(\mathrm{d}i_2)/\mathrm{d}t+M(\mathrm{d}i_1)/\mathrm{d}t \tag{5-3}$$

如果改变图 5-1 所示的电路中一个线圈的绕向，如图 5-2 所示，则自感磁通与互感磁通的方向相反，即磁通相消，则每个线圈上的感应电压为

$$u_1=(\mathrm{d}\Psi_{11})/\mathrm{d}t-(\mathrm{d}\Psi_{12})/\mathrm{d}t=L_1(\mathrm{d}i_1)/\mathrm{d}t-M(\mathrm{d}i_2)/\mathrm{d}t \tag{5-4}$$

$$u_2=(\mathrm{d}\Psi_{22})/\mathrm{d}t-(\mathrm{d}\Psi_{21})/\mathrm{d}t=L_2(\mathrm{d}i_2)/\mathrm{d}t-M(\mathrm{d}i_1)/\mathrm{d}t \tag{5-5}$$

由上面的分析可知，要确定互感电压前面的正负号，必须知道互感磁通与自感磁通是相助还是相消。如果像图 5-1 和图 5-2 那样，知道线圈的相对位置和各线圈绕向，标出线圈上电流 i_1 和 i_2 的参考方向，就可根据右手螺旋定则判断出自感磁通与互感磁通是相助还是相消。但在实际中，互感线圈往往是密封的，看不到其绕向和相对位置，况且在电路中将线圈的绕向和相对位置画出来既麻烦又不易表示清晰，于是人们规定了一种标志，即同名端，由同名端与电流参考方向就可以判定磁通是相助还是相消。

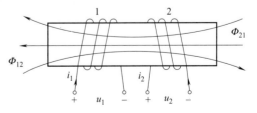

图 5-2　磁通相消的互感线圈

5.1.1.5　同名端及其判定

同名端的定义：具有磁耦合的两线圈，当电流分别从两线圈各自的某端同时流入（或流出）时，若两者产生的磁通相助，则这两端叫作互感线圈的同名端，用黑点"·"或星号"＊"作标记，未用黑点或星号标记的两个端子也是同名端。如图 5-3（a）所示，当电流分别从线圈 L_1 的 a 端和线圈 L_2 的 c 端流入时，它们产生的磁通相助，因此 a 端和 c 端是同名端（当然 b、d 端也是同名端），a 端和 d 端是异名端。同理，图 5-3（b）中，a 端和 d 端是同名端，a 端和 c 端是异名端。

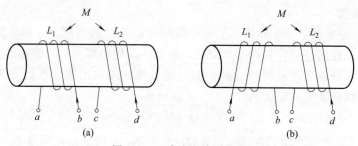

图 5-3　互感线圈的同名端

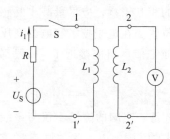

图 5-4　同名端的实验测定

同名端总是成对出现的，如果有两个以上的线圈彼此间都存在磁耦合时，同名端应一对一地加以标记，每一对须用不同的符号标出。如果给定一对不知绕向的互感线圈，可采用如图 5-4 所示的实验装置来判断出它们的同名端。把一个线圈通过开关 S 接到一直流电源上，再将一个直流电压表（或电流表）接到另一个线圈上，当开关 S 迅速闭合时，就有随时间增长的电流 i_1 从电源正极流入 L_1 的端钮 1，这时 $\mathrm{d}i/\mathrm{d}t$ 大于零。如果电压表指针正向偏转，而且电压表正极接端钮 2，这说明端钮 2 为高位端，由此可以判断端钮 1 和端钮 2 是同名端；反之，若电压表指针反向偏转，则说明端钮 $2'$ 为高位端，由此可判断端钮 1 和端钮 $2'$ 是同名端。

5.1.2　含耦合电感电路的计算

含耦合电感电路（简称互感电路）的正弦稳态分析可采用相量法。但应注意耦合电感上的电压包含自感电压和互感电压两部分，在列 KVL 方程时，要正确使用同名端的电压计入互感电压，必要时可引用 CCVS 表示互感电压的作用。耦合电感支路的电压不仅与本支路电流有关，还和与其相耦合的其他支路电流有关，列结点电压方程时要另行处理。

5.1.2.1　耦合电感元件的串联

具有互感的两线圈的串联分为顺向串联和反向串联两种。如果异名端相接，则电流从两线圈的同名端流入，称为顺向串联（简称顺串或顺接），如图 5-5（a）所示；如果同名端相接，则电流从两线圈的异名端流入，称为反向串联（简称反串或反接），如图 5-5（b）所示。

5.1.2.2　含电感元件的并联

具有互感的两线圈的并联也有两种接法：一种是两个线圈的同名端相连，称为同侧并联，如图 5-6（a）所示；另一种是两个线圈的异名端相连，称为异侧并联，如图 5-6（b）所示。

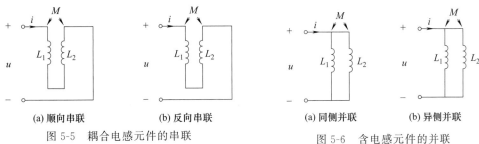

(a) 顺向串联	(b) 反向串联

图 5-5　耦合电感元件的串联

(a) 同侧并联	(b) 异侧并联

图 5-6　含电感元件的并联

5.1.2.3　耦合电感的去耦等效电路（互感消去法）

（1）耦合电感的串联等效

耦合电感线圈的顺向串联电路如图 5-7（a）所示，电压、电流为关联参考方向，电流通过两线圈都是从同名端流入的，因而两线圈的电压为

$$u=L_1 \mathrm{d}i/\mathrm{d}t+M\mathrm{d}i/\mathrm{d}t+L_2\mathrm{d}i/\mathrm{d}t+M\mathrm{d}i/\mathrm{d}t=(L_1+L_2+2M)\mathrm{d}i/\mathrm{d}t=L\mathrm{d}i/\mathrm{d}t \qquad (5\text{-}6)$$

式中，$L=L_1+L_2+2M$，L 称为两耦合电感线圈的顺向串联时的等效电感，其等效电路如图 5-7（b）所示。

图 5-8（a）为两耦合电感线圈的反向串联方式，图中电压、电流仍采用关联参考方向，电流通过两线圈都是从异名端流入的，因而两线圈的电压为

$$u=L_1 \mathrm{d}i/\mathrm{d}t-M\mathrm{d}i/\mathrm{d}t+L_2\mathrm{d}i/\mathrm{d}t-M\mathrm{d}i/\mathrm{d}t=(L_1+L_2-2M)\mathrm{d}i/\mathrm{d}t=L\mathrm{d}i/\mathrm{d}t \qquad (5\text{-}7)$$

式中，$L=L_1+L_2-2M$，L 称为两耦合电感线圈的反向串联时的等效电感，其等效电路如图 5-8（b）所示。

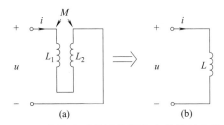

图 5-7　耦合电感线圈的顺向串联等效电路

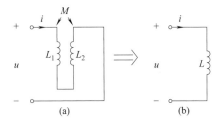

图 5-8　耦合电感线圈的反向串联等效电路

（2）耦合电感的并联等效

图 5-9（a）为两耦合电感线圈的同侧并联等效电路，电压、电流参考方向如图所示。两线圈上的电压分别为

$$u=L_1(\mathrm{d}i_1)/\mathrm{d}t+M(\mathrm{d}i_2)/\mathrm{d}t \quad u=L_2\frac{\mathrm{d}i_2}{\mathrm{d}t}+M\frac{\mathrm{d}i_1}{\mathrm{d}t}$$

将以上两式进行数学变换可得

$$u=L_1(\mathrm{d}i_1)/\mathrm{d}t-M(\mathrm{d}i_1)/\mathrm{d}t+M(\mathrm{d}i_1)/\mathrm{d}t+M(\mathrm{d}i_2)/\mathrm{d}t$$
$$=(L_1-M)(\mathrm{d}i_1)/\mathrm{d}t+M\mathrm{d}(i_1+i_2)/\mathrm{d}t$$
$$u=L_2(\mathrm{d}i_2)/\mathrm{d}t-M(\mathrm{d}i_2)/\mathrm{d}t+M(\mathrm{d}i_2)/\mathrm{d}t+M(\mathrm{d}i_1)/\mathrm{d}t$$
$$=(L_2-M)(\mathrm{d}i_2)/\mathrm{d}t+M\mathrm{d}(i_1+i_2)/\mathrm{d}t$$

由上式可画出耦合电感线圈同侧并联时的等效电路，如图 5-9（b）所示。图中 3 个线圈的自感系数分别为：L_1-M、L_2-M、M。图 5-9（b）称为同侧并联耦合线圈的去耦等效

电路。

由图 5-9(b) 中电感线圈的串、并联关系，可以得出同侧并联的等效电感为

$$L=M+\frac{(L_1-M)(L_2-M)}{L_1+L_2-2M}=\frac{L_1L_2-M^2}{L_1+L_2-2M} \tag{5-8}$$

图 5-10(a) 为两耦合电感线圈的异侧并联方式，其等效电路如图 5-10(b) 所示，等效电感为

$$L=\frac{L_1L_2-M^2}{L_1+L_2+2M} \tag{5-9}$$

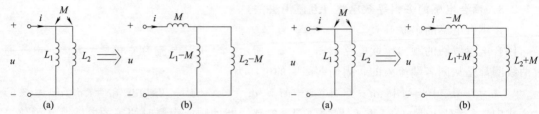

图 5-9　耦合电感线圈同侧并联等效电路

图 5-10　耦合电感线圈异侧并联等效电路

（3）耦合电感的 T 形等效

如果耦合电感的两条支路各有一端与第三条支路形成一个仅含三条支路的共同结点，称为耦合电感的 T 形连接。T 形连接可分为同侧连接和异侧连接，如图 5-11(a) 所示为同侧连接，其等效电路如图 5-11(b) 所示。图中三个线圈也为 T 形连接，它们之间无互感耦合，自感系数分别为 L_1-M、L_2-M、M，图 5-11(b) 称为其 T 形去耦等效电路。

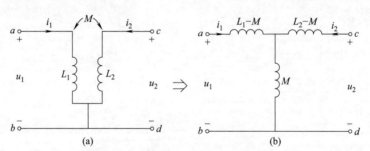

图 5-11　同侧连接的 T 形去耦等效电路

图 5-12(a) 所示为异侧连接，其等效电路如图 5-12(b) 所示。图 5-12(b) 称为其 T 形去耦等效电路。

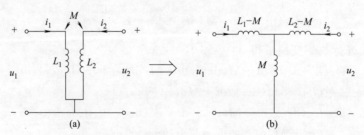

图 5-12　异侧连接的 T 形去耦等效电路

5.2 变压器的结构与特性

变压器是电工、电子技术中常用的电气设备，它具有变压、交流和变阻抗的作用，是耦合电感在工程实际应用中的典型例子，在各个工程领域获得广泛应用。经过本项目的学习，应能够正确识读电力变压器的铭牌，并能正确判别变压器绕组的极性。

5.2.1 变压器简介

变压器是一种常用的电气设备，它具有变换电压、变换电流和变换阻抗的功能，在电工电子技术领域获得广泛的应用。实际的变压器种类较多，按照铁心与绕组的相互配置形式，可分为芯式变压器和壳式变压器，按照相数可分为单相变压器和多相变压器，按照绕组数可分为二绕组变压器和多绕组变压器，按照绝缘散热方式可分为油浸式变压器、气体绝缘变压器和干式变压器等。

不管是何种类型的变压器，其主体结构是相似的，主要由构成磁路的铁心和绕在铁心上的构成电路的原绕组（也叫初级绕组、一次绕组）和副绕组（也叫次级绕组、二次绕组）组成（不包括空心变压器）。铁心是变压器磁路的主体部分，担负着变压器原、副边的电磁耦合任务。绕组是变压器电路的主体部分，与电源相连的绕组称为原绕组，与负载相连的绕组称为副绕组。通常，原、副绕组匝数不同，匝数多的绕组电压较高，因此也称为高压绕组；匝数少的绕组电压较低，因此也称为低压绕组。另外，变压器运行时绕组和铁心中要分别产生铜损和铁损，使它们发热。为防止变压器因过热损坏，变压器必须采用一定的冷却方式和散热装置。

5.2.1.1 理想变压器的电路模型

理想变压器满足以下四点假设，其模型如图 5-13 所示。

① 绕组的电阻可以忽略。

② 磁通全部通过铁心，不存在铁心外的漏磁通。

③ 励磁电流很小，可以忽略。

④ 忽略铁损和铁心的磁饱和。

5.2.1.2 理想变压器的特性

图中 E_1、E_2 为磁通 Φ 在初级绕组和次级绕组上产生的感应电动势，N_1、N_2 为初级、次级绕组的匝数。根据上述假定，在初级绕组，电能全部转换为磁能，有

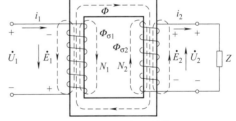

图 5-13 理想变压器模型

$$E_1 = N_1 \, \mathrm{d}\Phi / \mathrm{d}t = u_1$$

在次级绕组，磁能全部转换为电能，有

$$E_2 = N_2 \, \mathrm{d}\Phi / \mathrm{d}t = u_2$$

所以

$$u_1 / u_2 = E_1 / E_2 = N_1 / N_2 = K \tag{5-10}$$

即理想变压器的输入、输出电压比等于初级、次级绕组的匝数比。

变压器的外加电压 u_1 是正弦电压，磁通 Φ 也随时间按照正弦规律变化。设磁通 Φ 为

$$\Phi = \Phi_\mathrm{m} \sin \omega t$$

则感应电动势 E_1 为

$$E_1 = N_1 \mathrm{d}\Phi/\mathrm{d}t = 2\pi f N_1 \Phi_\mathrm{m} \sin(\omega t + 90°) = E_{1\mathrm{m}} \sin(\omega t + 90°)$$

式中，$E_{1\mathrm{m}} = 2\pi f N \Phi_\mathrm{m}$ 是感应电动势 E_1 的最大值，其有效值为

$$E_1 = E_{1\mathrm{m}}/\sqrt{2} = (2\pi f N_1 \Phi_\mathrm{m})/\sqrt{2} \approx 4.44 f N_1 \Phi_\mathrm{m} \tag{5-11}$$

由于 $u_1 = E_1$，所以

$$U_1 = 4.44 f N_1 \Phi_\mathrm{m} = 4.44 f N_1 B_\mathrm{m} S \tag{5-12}$$

式中，U_1 为 u_1 的有效值；Φ_m 为磁通 Φ 的最大值；S 为铁心的截面积；f 为电源频率；B_m 为磁通密度的最大值。

式(5-12)也可以改写为

$$N_1 = U_1/(4.44 f B_\mathrm{m} S) \tag{5-13}$$

通常在设计、制作变压器时，电源电压 U_1、电源频率 f 已知，根据铁心材料可决定 B_m，再选取一定的铁心截面积 S，可根据式(5-12)计算出初级绕组的匝数；再根据变压器的应用要求，确定次级匝数，最终设计出变压器。

当次级绕组连接有负载时，将产生负载电流 i_2，因此，将产生新的磁通势 $N_2 i_2$，使铁心中的磁通 Φ 发生变化，但磁通 Φ 由 U_1 决定，为了克服磁通势 $N_2 i_2$ 的作用，将在初级产生一个新的磁通势 $N_1 i_1$，以保持磁通 Φ 不变（铁心中，磁通 Φ_m 基本保持不变，称为变压器的恒磁通特性），故有

$$N_1 i_1 = N_2 i_2$$

或

$$i_1/i_2 = N_2/N_1 = 1/K \tag{5-14}$$

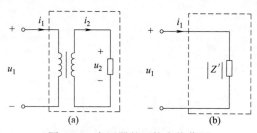

图 5-14 变压器的阻抗变换作用

即理想变压器有载工作的输入、输出电流比等于初级、次级绕组匝数比的反比。

变压器除了具有电压变换、电流变换功能，还具有阻抗变换功能。图 5-14（a）为变压器有载工作模型，将虚框内部视为二端网络，它可以用变压器初级绕组的负载阻抗等效，其等效电路如图 5-14（b）所示。对图 5-14(b) 应用欧姆定律，并将变压器的变压、变流关系代入，有

$$|Z'| = U_1/I_1 = (N_1/N_2 U_2)/(N_2/N_1 I_2) = (N_1/N_2)^2 U_2/I_2$$
$$= (N_1/N_2)^2 |Z| = K^2 |Z| \tag{5-15}$$

即对变压器的输入电路来说，变压器的负载阻抗的模折算到输入电路的等效阻抗的模为其原始值的匝数比的平方。因此，可选择合适的匝数比，将负载变换到所需的比较合适的数值，这就是变压器的阻抗变换功能，也称为阻抗匹配。

【例 5-1】 电源变压器一次绕组的匝数 $N_1 = 880$ 匝，接电源电压 $U_1 = 220\mathrm{V}$。它的二次绕组的开路电压为 $U_1 = 36\mathrm{V}$，计算二次绕组的匝数 N_2。

解 由

$$U_1/U_2 = N_1/N_2$$

得

$$N_2 = U_2/U_1 N_1 = 36/220 \times 880 = 144$$

【**例 5-2**】 已知交流信号源的电压有效值 $U = 8V$，内阻 $R_0 = 200\Omega$，负载是扬声器，其电阻 $R_L = 10\Omega$。

① 把扬声器直接接在信号源的输出端，如图 5-15(a) 所示，计算负载得到的功率 P_1。

② 为使负载获得最大功率，在信号源与负载之间接入变压器，如图 5-15(b) 所示，使 R_L 折算到一次绕组一侧的等效电阻 $R_L' = R_0$。计算满足这一条件的变压器变比 K 及负载得到的功率 P。

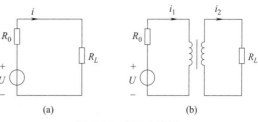

图 5-15 例 5-2 附图

解 ① 由图 5-15(a) 可知，电流的有效值为

$$I = U/(R_0 + R_L) = 8/(200 + 10) \approx 0.038(A)$$

负载获得功率为

$$P_1 = R_L I^2 = 10 \times 0.038^2 \approx 0.0145(W)$$

② 根据阻抗变换公式，要使负载获得最大功率，有

$$R_L' = K^2 R_L = R_0$$

代入数据得

$$K^2 \times 10 = 200$$

$$K = \sqrt{200/10} \approx 4.47$$

变压器一次绕组电流有效值为

$$I_1 = U/(R_0 + R_L') = 8/(200 + 10) \approx 0.038(A)$$

负载得到的功率为

$$P_1 = R_L' I_1^2 = 0.014W$$

5.2.2 变压器的使用

5.2.2.1 变压器的额定值

使用任何电气设备或元器件时，其工作电压、电流、功率等都是有一定限度的。为了确保电气产品安全、可靠、经济、合理运行，生产厂家为用户提供其在给定的工作条件下能正常运行而规定的允许工作数据，称为额定值。它们通常标注在电气设备的铭牌和使用说明书上，并用下标"N"表示，如额定电压 U_N、额定电流 I_N、额定容量 S_N 等。变压器的额定值主要有以下几项。

（1）额定电压

变压器的额定电压是根据变压器的绝缘强度和允许温升而规定的电压值。变压器的额定电压有原边额定电压 U_{1N} 和副边额定电压 U_{2N}。U_{1N} 指原边应加的电源电压，U_{2N} 指原边加上 U_{1N} 时副边的空载电压。

变压器的额定电压用分数形式标在铭牌上，分子为高压的额定值，分母为低压的额定值。在三相变压器中，额定电压指的是相应联结法的线电压，因此联结法与额定电压一并给出。例如 10000V/400V、Y/Y_0。

超过额定电压使用时，将因磁路过饱和、励磁电流增高和铁损增大，引起变压器温升增高，超过额定电压严重时可能造成绝缘击穿和烧毁。

（2）额定电流

变压器的额定电流是原边接额定电压时原、副边允许温度条件下长期通过的最大电流，分别用字母 I_{1N}、I_{2N} 表示，三相变压器的额定电流是相应联结法的线电流。

（3）额定容量

单相变压器的额定容量为额定电压与额定电流的乘积，用视在功率 S_N 表示，单位为 V·A 或 kV·A，即

$$S_N = U_N I_N \times 10^{-3} \tag{5-16}$$

三相变压器的额定容量为

$$S_{N3P} = \sqrt{3} U_N I_N \times 10^{-3} \tag{5-17}$$

（4）额定频率

额定运行时变压器原边外加交流电压的频率，以 f_N 表示。我国以及世界上大多数国家都规定 $f_N = 50\text{Hz}$。有些国家规定 $f_N = 60\text{Hz}$。

（5）额定温升

变压器的额定温升是在额定运行状态下指定部位允许超出标准环境温度之值。我国以 40℃ 作为标准环境温度。大容量变压器油箱顶部的额定温升用水银温度计测量，定为 55℃。

5.2.2.2 变压器的选择

（1）额定电压的选择

变压器额定电压选择的主要依据是输电线路电压等级和用电设备的额定电压。在一般情况下，变压器的原边的额定电压应与线路的额定电压相等。由于变压器至用电设备往往需要经过一段低压配电线路，为计其电压损失，变压器副边的额定电压通常应超过用电设备额定电压的 5%。

（2）额定容量的选择

变压器额定容量选择是一个非常重要的问题。容量选小了，会造成变压器经常过载运行，缩短变压器的使用寿命，甚至影响工厂的正常供电。如果选得过大，变压器得不到充分利用，效率因数也很低，不但增加了初投资，而且根据我国电业部门的收费制度，变压器容量越大基本电费收得越高。

变压器容量能否正确选择，关键在工厂总电力负荷，即用电量能否正确统计计算。工厂总电力负荷的统计计算是一件十分复杂和细致的工作。因为工厂各设备不是同时工作，即使同时工作也不是同时满负荷工作，所以工厂总负荷不是各用电设备容量的总和，而是乘以一个系数，该系数可在有关设计手册中查到，一般为 0.2～0.7。工厂的有功负荷和无功负荷计算出来以后，即可计算出视在功率，再根据它选定变压器的额定容量。

（3）台数的选择

主要由容量和负荷的性质而定。当总负荷小于 1000kV·A 时，一般选用 1 台变压器运行。当负荷大于 1000kV·A 时，可选用 2 台技术指标相同的变压器并联运行。对于特别重要的负荷，一般也应选用两台变压器，当 1 台出现故障或检修时，另 1 台能保证重要负荷的正常供电。

（4）变压器的外特性

由于实际变压器的绕组电阻不为零，当初级输入电压 U_1 保持不变时，次级输出电压 U_2 将随着次级电流 I_2 的变化而变化。U_1 为额定值不变，负载功率因数为常数时，$U_2 = f(I_2)$

的变化关系称为变压器的外特性。这种变化关系的曲线表示，称为变压器的外特性曲线，如图 5-16 所示。

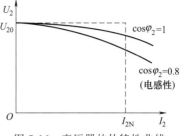

图 5-16 变压器的外特性曲线

一般情况下，当负载波动时，变压器的输出电压 U_2 也是波动的。从负载用电的角度来看，总希望电源电压尽量稳定。当负载波动时，次级绕组输出电压的稳定程度可以用电压调整率来衡量。

变压器从空载到额定负载（$I_2 = I_{2N}$）运行时，次级绕组输出电压的变化量 ΔU 与空载时额定电压 U_{20} 的比例，称为变压器的电压调整率，即

$$\Delta U\% = (U_{20} - U_{2N})/U_{20} \times 100\% \tag{5-18}$$

式中，U_{2N} 是指额定负载下的输出电压。

电压调整率是变压器的主要性能指标之一，$\Delta U\%$ 越小，说明变压器输出电压越稳定，变压器带负载能力越强。电力变压器在额定负载时的电压调整率为 4%～6%。当然变压器电压调整率与负载功率因数有关，功率因数越高，电压调整率也越小，因此，提高供电的功率因数，也有减小电压波动的作用。

变压器的效率等于变压器的输出功率 P_2 和输入功率 P_1 之比，可用下式确定

$$\eta = P_2/P_1 = P_2/(P_2 + \Delta P_{Fe} + \Delta P_{Cu}) \tag{5-19}$$

式中，ΔP_{Fe} 为变压器的铁损；ΔP_{Cu} 为变压器的铜损。

变压器的铁损近似与铁心中磁感应强度的最大值的平方成正比。设计变压器时，其额定最大磁感应强度 B_{mN} 的值不宜选得过大，否则，变压器运行时将因为铁损过多而过热，从而损伤甚至损坏线圈，以致损坏变压器。对运行中的变压器而言，它具有恒磁性，因此铁损基本保持不变，称为变压器的不变损耗。变压器的铜损主要有电流 I_1、I_2 分别在初级、次级绕组电阻上产生的损耗，它要随负载电流的变化而变化，称为变压器的可变损耗。

变压器的损耗一般比较小，电力变压器的效率一般都在 95% 以上，甚至达 99%。如果忽略变压器的损耗，将其视为理想变压器，就有

$$P_1 \approx P_2 \tag{5-20}$$

变压器是输配电系统中必不可少的重要设备之一。从发电厂把交流电功率 $P = \sqrt{3} UI \cos\varphi$ 输送到用电的地方，在输送功率和负载的功率因数 $\cos\varphi$ 为定值的情况下，如果电压 U 越高，则线路电流 I 越小，一则可以减少输电线上的能量损耗，二则可以减小输电线的截面积，节约导线材料的用量。另外，发电机的额定输出电压远低于输电电压，因此，在将电能进行远距离输送之前，必须利用变压器把发电机输出的电压升高到所需的数值。把高电压输送到用电的地方后，由于各类电器所需的电压不同，如有 36V、110V、220V、380V 等，所以同样需要用变压器将线路的高电压变换成负载所需的低电压。

在生产实践中，为安全起见，常用变比为 1 的隔离变压器；在电子技术中，大量利用变压器变换电压、电流和进行阻抗变换，实现阻抗匹配，使负载获得最大功率；在自动控制中，利用变压器可获得不同的控制电压；此外，变压器在通信、冶金、电气测量等方面均有广泛的应用。

5.2.3 变压器特性测试

本项目主要针对变压器的特性进行实验测试，进一步了解变压器的外特性，学会测定单

相电路的基本物理量。掌握电压、电流参考方向的概念，变压器的变比。通过实验，掌握单相变压器高、低绕组的判别方法。

5.2.3.1　测定变压器的变比

测定变压器变比的实验电路如图 5-17 所示。合上开关 S，分别测量初级、次级绕组的电压 U_1、U_2 值，记录于表 5-1 中。

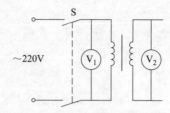

图 5-17　变压器变比的实验电路

表 5-1　变压器变比测定数据

测量值		计算值
U_1	U_2	K

5.2.3.2　测定变压器的外特性

变压器外特性的测定电路如图 5-18 所示。

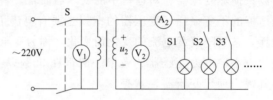

图 5-18　变压器外特性的测定电路

合上开关 S 接通电源，依次闭合开关 S1，S2，S3，……，直到带上额定负载，使次级绕组电流 I_2 从零开始逐渐增大到额定值，在其间选取 6～7 个测试点，测量各点次级绕组电压 U_2 和电流 I_2，记录于表 5-2 中。

表 5-2　变压器外特性测定数据

序号	测量值		外特性
	U_2	I_2	
1			
2			
3			
4			
5			
6			

5.2.3.3 判别变压器的高、低压绕组

变压器不接电源，分别利用万用表欧姆挡测量两绕组的电阻值。按图 5-19 所示电路接线，将变压器的任一绕组接到自耦调压器的输出端，合上开关 S，将调压器的输出电压调节到低于变压器低压绕组的额定电压，用电压表或万用表测量两绕组的两端电压 U_1、U_2，记录于表 5-3 中。

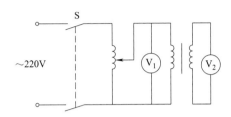

图 5-19　变压器高、低压绕组的测定电路

表 5-3　判别变压器高、低压绕组测定数据

	测定值	
	电阻值	电压值
1、2 绕组		
判定该绕组为		
	电阻值	电压值
3、4 绕组		
判定该绕组为		

5.2.3.4 注意事项

① 在实验过程中，注意不要接触金属带电部件，以防触电。

② 用万用表测量电阻时，应先调零。

③ 电流表应串联在所测电路中，电压表应并联在所测电压两端，不可接错，否则易发生事故。

④ 在做测定变压器的变比和外特性实验时，要分清初级、次级绕组，切不可将次级绕组接电源。另外，在做测定外特性实验时，所加负载不能超过额定值。

⑤ 使用自耦变压器时要正确接线。切不可将可调侧接电源，也不能接错相线和中线的位置。

6   电气控制基础

【项目描述】 电动机是把电能转换成机械能的设备。在生产上主要用的是交流电动机，特别是三相异步电动机，具有结构简单、坚固耐用、运行可靠、价格低廉、维护方便等优点。用电动机驱动电气设备的正常使用和生产机械的运转，需要选择合适的继电器、接触器、按钮、行程开关、熔断器等电气元件，进行合理的控制。生产工艺和过程不同，对控制电路的要求也不同。但是，无论哪一种控制要求，都是由一些比较基本的控制环节组合而成的。因此，只要掌握控制电路的基本环节以及一些典型电路的工作原理、分析方法和设计方法，就很容易掌握复杂电气控制电路的分析方法和设计方法。

6.1   三相异步电动机认知

6.1.1   三相异步电动机的结构与工作原理

6.1.1.1   三相异步电动机的构造

三相异步电动机的两个基本组成部分为定子（固定部分）和转子（旋转部分）。此外还有端盖、风扇等附属部分，如图 6-1 所示。

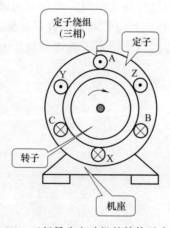

图 6-1   三相异步电动机的结构示意图

（1）定子

三相异步电动机的定子由三部分组成，见表6-1。

表6-1　定子组成

定子	定子铁心	由厚度为0.5mm的、相互绝缘的硅钢片叠成,硅钢片内圆上有均匀分布的槽,其作用是嵌放定子三相绕组AX、BY、CZ
	定子绕组	三组用漆包线绕制好的,对称地嵌入定子铁心槽内的相同的线圈。这三相绕组可接成星形或三角形
	机座	机座用铸铁或铸钢制成,其作用是固定铁心和绕组

（2）转子

三相异步电动机的转子由三部分组成，见表6-2。

表6-2　转子组成

转子	转子铁心	由厚度为0.5mm的、相互绝缘的硅钢片叠成,硅钢片外圆上有均匀分布的槽,其作用是嵌放转子三相绕组
	转子绕组	转子绕组有两种形式: 鼠笼式——鼠笼式异步电动机 绕线式——绕线式异步电动机
	转轴	转轴上加机械负载

鼠笼式电动机由于构造简单、价格低廉、工作可靠、使用方便，成了生产上应用最广泛的一种电动机。为了保证转子能够自由旋转，在定子与转子之间必须留有一定的空气隙，中小型电动机的空气隙约在0.2～1.0mm。

6.1.1.2　三相异步电动机的工作原理

（1）基本原理

为了说明三相异步电动机的工作原理，做如下演示实验，如图6-2所示。

① 演示实验。在装有手柄的蹄形磁铁的两极间放置一个闭合导体，当转动手柄带动蹄形磁铁旋转时，将发现导体也跟着旋转；若改变磁铁的转向，则导体的转向也跟着改变。

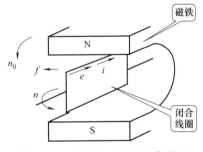

图6-2　三相异步电动机工作原理

② 现象解释。当磁铁旋转时，磁铁与闭合的导体发生相对运动，鼠笼式导体切割磁力线而在其内部产生感应电动势和感应电流。感应电流又使导体受到一个电磁力的作用，于是导体就沿磁铁的旋转方向转动起来，这就是异步电动机的基本原理。转子转动的方向和磁极旋转的方向相同。

③ 结论。欲使异步电动机旋转，必须有旋转的磁场和闭合的转子绕组。

（2）旋转磁场

① 产生。图6-3表示最简单的三相定子绕组AX、BY、CZ，它们在空间按互差120°的规律对称排列，并接成星形与三相电源U、V、W相连，则三相定子绕组便通过三相对称电流：随着电流在定子绕组中通过，在三相定子绕组中就会产生旋转磁场（图6-4）。

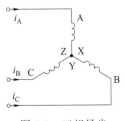

图6-3　三相异步
电动机定子接线

$$i_U = I_m \sin\omega t$$

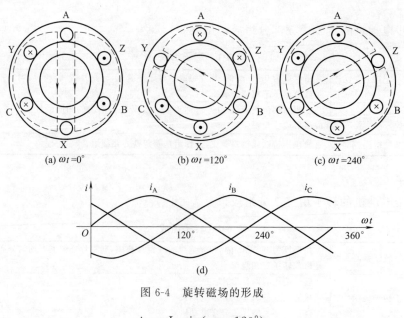

图 6-4　旋转磁场的形成

$$i_V = I_m \sin(\omega t - 120°)$$
$$i_W = I_m \sin(\omega t + 120°)$$

当 $\omega t = 0°$ 时，$i_A = 0$，AX 绕组中无电流；i_B 为负，BY 绕组中的电流从 Y 流入从 B 流出；i_C 为正，CZ 绕组中的电流从 C 流入从 Z 流出。由右手螺旋定则可得合成磁场的方向如图 6-4（a）所示。当 $\omega t = 120°$ 时，$i_B = 0$，BY 绕组中无电流；i_A 为正，AX 绕组中的电流从 A 流入从 X 流出；i_C 为负，CZ 绕组中的电流从 Z 流入从 C 流出。由右手螺旋定则可得合成磁场的方向如图 6-4（b）所示。当 $\omega t = 240°$ 时，$i_C = 0$，CZ 绕组中无电流；i_A 为负，AX 绕组中的电流从 X 流入从 A 流出；i_B 为正，BY 绕组中的电流从 B 流入从 Y 流出。由右手螺旋定则可得合成磁场的方向如图 6-4（c）所示。

可见，当定子绕组中的电流变化一个周期时，合成磁场也按电流的相序方向在空间旋转一周。随着定子绕组中的三相电流不断地作周期性变化，产生的合成磁场也不断地旋转，因此称为旋转磁场。

② 旋转磁场的方向。旋转磁场的方向是由三相绕组中电流相序决定的，若想改变旋转磁场的方向，只要改变通入定子绕组的电流相序，即将三根电源线中的任意两根对调即可。这时，转子的旋转方向也跟着改变。

（3）三相异步电动机的极数与转速

① 极数（磁极对数 p）。三相异步电动机的极数就是旋转磁场的极数。旋转磁场的极数和三相绕组的安排有关。当每相绕组只有一个线圈，绕组的始端之间相差 120° 空间角时，产生的旋转磁场具有一对极，即 $p = 1$；当每相绕组为两个线圈串联，绕组的始端之间相差 60° 空间角时，产生的旋转磁场具有两对极，即 $p = 2$。

同理，如果要产生三对极，即 $p = 3$ 的旋转磁场，则每相绕组必须有均匀安排在空间的串联的三个线圈，绕组的始端之间相差 40°（120°/p）空间角。极数 p 与绕组的始端之间的空间角 θ 的关系为 $\theta = \dfrac{120°}{p}$。

② 转速 n。三相异步电动机旋转磁场的转速 n_0 与电动机磁极对数 p 有关，它们的关

系是

$$n_0 = \frac{60f_1}{p} \tag{6-1}$$

由式 (6-1) 可知，旋转磁场的转速 n_0 取决于电流频率 f_1 和磁场的极数 p。对某一异步电动机而言，f_1 和 p 通常是一定的，所以磁场转速 n_0 是个常数。在我国，工频 $f_1 = 50\text{Hz}$，因此对应于不同极数 p 的旋转磁场转速 n_0，见表 6-3。

表 6-3　p 与 n_0 的对应关系

p	1	2	3	4	5	6
n_0	3000	1500	1000	750	600	500

③ 转差率 s。电动机转子转动方向与磁场旋转的方向相同，但转子的转速 n 不可能达到与旋转磁场的转速 n_0 相等，否则转子与旋转磁场之间就没有相对运动，因而磁力线就不切割转子导体，转子电动势、转子电流以及转矩也就都不存在。也就是说旋转磁场与转子之间存在转速差，因此我们把这种电动机称为异步电动机，又因为这种电动机的转动原理是建立在电磁感应基础上的，故又称为感应电动机。旋转磁场的转速 n_0 常称为同步转速。转差率 s 是用来表示转子转速 n 与磁场转速 n_0 相差的程度的物理量。即

$$s = \frac{n_0 - n}{n_0} = \frac{\Delta n}{n_0} \tag{6-2}$$

转差率是异步电动机的一个重要的物理量，当旋转磁场以同步转速 n_0 开始旋转时，转子则因机械惯性尚未转动，转子的瞬间转速 $n = 0$，这时转差率 $s = 1$。转子转动起来之后，$n > 0$，$(n_0 - n)$ 差值减小，电动机的转差率 $s < 1$。如果转轴上的阻转矩加大，则转子转速 n 降低，即异步程度加大，才能产生足够大的感应电动势和电流，产生足够大的电磁转矩，这时的转差率 s 增大。反之，s 减小。异步电动机运行时，转速与同步转速一般很接近，转差率很小。在额定工作状态下约为 0.015～0.06。根据式 (6-2)，可以得到电动机的转速常用公式

$$n = (1 - s)n_0 \tag{6-3}$$

【例 6-1】　有一台三相异步电动机，其额定转速 $n = 975\text{r/min}$，电源频率 $f = 50\text{Hz}$，求电动机的极数和额定负载时的转差率 s。

解　由于电动机的额定转速接近而略小于同步转速，而同步转速对应于不同的极数有一系列固定的数值。显然，与 975r/min 最相近的同步转速 $n_0 = 1000\text{r/min}$，与此相应的磁极对数 $p = 3$。因此，额定负载时的转差率为

$$s = \frac{n_0 - n}{n_0} \times 100\% = \frac{1000 - 975}{1000} \times 100\% = 2.5\%$$

④ 三相异步电动机的定子电路与转子电路。三相异步电动机中的电磁关系同变压器类似，定子绕组相当于变压器的原绕组，转子绕组（一般是短接的）相当于副绕组。给定子绕组接上三相电源电压，则定子中就有三相电流通过，此三相电流产生旋转磁场，其磁力线通过定子和转子铁心而闭合，这个磁场在转子和定子的每相绕组中都要感应出电动势。

6.1.2 三相异步电动机的转矩特性与机械特性

6.1.2.1 电磁转矩（简称转矩）

异步电动机的转矩 T 是由旋转磁场的每极磁通 Φ 与转子电流 I_2 相互作用而产生的。电磁转矩的大小与转子绕组中的电流 I 及旋转磁场的强弱有关。经理论证明，它们的关系为

$$T = K_T \Phi I_2 \cos\varphi_2 \tag{6-4}$$

式中，T 为电磁转矩；K_T 为与电动机结构有关的常数；Φ 为旋转磁场每个极的磁通量；I_2 为转子绕组电流的有效值；φ_2 为转子电流滞后于转子电势的相位角。

若考虑电源电压及电动机的一些参数与电磁转矩的关系，式(6-4) 修正为

$$T = K_T' \frac{sR_2 U_1^2}{R_2^2 + (sX_{20})^2} \tag{6-5}$$

式中，K_T' 为常数；U_1 为定子绕组的相电压；s 为转差率；R_2 为转子每相绕组的电阻；X_{20} 为转子静止时每相绕组的感抗。

由上式可知，转矩 T 还与定子每相电压 U_1 的平方成比例，所以当电源电压有所变动时，对转矩的影响很大。此外，转矩 T 还受转子电阻 R_2 的影响。

6.1.2.2 机械特性曲线

在一定的电源电压 U_1 和转子电阻 R_2 下，电动机的转矩 T 与转差率 s 之间的关系曲线 $T = f(s)$ 或转速与转矩的关系曲线 $n = f(T)$，称为电动机的机械特性曲线，它可根据式(6-4)得出，如图 6-5 所示。

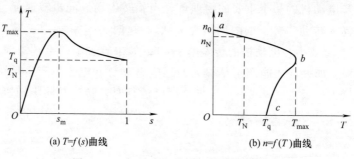

(a) $T=f(s)$曲线　　　　(b) $n=f(T)$曲线

图 6-5　三相异步电动机的机械特性曲线

在机械特性曲线上，讨论三个转矩。

（1）额定转矩 T_N

额定转矩 T_N 是异步电动机带额定负载时，转轴上的输出转矩，有

$$T_N = 9550 \frac{P_2}{n} \tag{6-6}$$

式中，P_2 是电动机轴上输出的机械功率，其单位是 W；n 的单位是 r/min；T_N 的单位是 N·m。当忽略电动机本身机械摩擦转矩 T_0 时，阻转矩近似为负载转矩 T_L，电动机作等速旋转时，电磁转矩 T 必与阻转矩 T_L 相等，即 $T = T_L$。额定负载时，则有 $T_N = T_L$。

（2）最大转矩 T_m

T_m 又称为临界转矩，是电动机可能产生的最大电磁转矩。它反映了电动机的过载能力。最大转矩的转差率为 s_m，此时的 s_m 叫做临界转差率，见图 6-5(a)。最大转矩 T_m 与额定转矩 T_N 之比称为电动机的过载系数 λ，即

$$\lambda = T_m / T_N$$

一般三相异步的过载系数在 1.8～2.2。在选用电动机时，必须考虑可能出现的最大负载转矩，而后根据所选电动机的过载系数算出电动机的最大转矩，它必须大于最大负载转矩。否则，就要重选电动机。

（3）启动转矩 T_{st}

T_{st} 为电动机启动初始瞬间的转矩，即 $n=0$、$s=1$ 时的转矩。为确保电动机能够带额定负载启动，必须满足 $T_{st} > T_N$，一般的三相异步电动机有 $\dfrac{T_{st}}{T_N} = 1～2.2$。

6.1.2.3 电动机的负载能力自适应分析

电动机在工作时，它所产生的电磁转矩 T 的大小能够在一定的范围内自动调整，以适应负载的变化，这种特性称为自适应负载能力。即

$$T_L \uparrow \ \to \ n \downarrow \ \to \ s \uparrow, \ I_2 \uparrow \ \to \ T_C \uparrow$$

直至新的平衡。此过程中，$I_2 \uparrow$ 时，$I_1 \uparrow$，电源提供的功率自动增加。

6.2　常用低压电器

6.2.1　低压电器认识

6.2.1.1　低压电器的定义和分类

（1）低压电器的定义

电器是一种能根据外界的信号和要求，手动或自动地接通或断开电路，实现断续或连续地改变电路参数，以达到对电路或非电对象的控制、切换、保护、检测、变换和调节作用的电工器件。

低压电器通常是指工作在交流 50Hz、额定电压小于 1200V、直流电压小于 1500V 的电路中的电器。

（2）低压电器的分类

低压电器的种类繁多，结构各异，用途不同。其分类也不尽相同。

① 按在电路中的作用分类。

a. 控制电器。主要用于在电路中起控制、转换作用，包括接触器、开关电器、控制继电器、主令电器等。

b. 保护电器。主要用于在电路中起短路、过载、欠压等保护作用，包括熔断器、热继电器、过电流继电器、欠电压继电器等。

② 按控制对象分类。

a. 低压配电电器。主要用于低压配电系统，包括刀开关、转换开关、熔断器、自动开关等。主要技术要求是工作可靠、有足够的热稳定性和动稳定性、在系统发生故障的情况下保护动作准确。

b. 低压控制电器。主要用于电气传动系统，包括接触器、控制继电器、启动器、主令电器、电磁铁等。主要技术要求是工作可靠、寿命长、操作频率高等。

③ 按操作方式分类。

a.自动电器。依靠本身参数变化或外来信号的作用自动完成电路接通、分断等动作，包括接触器、继电器等。

b.非自动切换电器。依靠外力（如人力）直接操作来完成电路接通、分断等动作，包括按钮、刀开关、转换开关等。

④ 按工作原理分类。

a.电磁式电器。依据电磁感应原理来工作的电器，如交直流接触器、各种电磁式继电器等。

b.非电量控制器。电器的工作是靠外力或某种非电物理量的变化而动作的电器，如刀开关、行程开关、按钮、速度继电器、压力继电器、温度继电器等。

目前，低压电器正沿着体积小、重量轻、安全可靠、使用方便的方向发展，应大力发展电子化的新型控制电器，如接近开关、光电开关、电子式时间继电器、固态继电器与接触器等，以适应控制系统迅速电子化的需要。

6.2.1.2　电磁式电器

电气控制系统中以电磁式电器的应用最为普遍。电磁式低压电器是一种用电磁现象实现电器功能的电器类型，此类电器在工作原理及结构组成上大体相同。

从结构上看电磁式低压电器一般都有两个基本组成部分：感受部分和执行部分。感受部分接收从外界输入的信号，并通过转换、放大、判断，做出相应反应使执行部分动作，实现控制的目的。电磁式电器的感受部分为电磁机构，执行部分为触头系统。

（1）电磁机构

电磁机构为电磁式电器的感测机构，它的作用是将电磁能量转换为带动触头动作的机械能量，从而实现触头状态的改变，完成电路通、断的控制。

电磁机构由吸引线圈、铁心、衔铁等几部分组成，其工作原理是：线圈通过工作电流产生足够的磁动势，在磁路中形成磁通，使衔铁获得足够的电磁力，用以克服反作用力与铁心吸合，由连接机构带动相应的触头动作。

（2）触头系统

触头作为电器的执行机构，起着接通和分断电路的重要作用，必须具有良好的接触性能，故应考虑其材质和结构设计。

对于电流容量较小的电器，如机床电气控制线路所应用的接触器、继电器等，常采用银质材料作触头，其优点是银的氧化膜电阻率与纯银相近，与其他材质（比如铜）相比，可以避免因长时间工作，触头表面氧化膜电阻率增加而造成触头接触电阻增大。

触头系统的结构如图 6-6 所示，可分为桥式和指式两种。其中桥式触头又分为点接触式和面接触式。

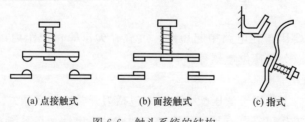

(a) 点接触式　　　(b) 面接触式　　　(c) 指式

图 6-6　触头系统的结构

（3）灭弧系统

① 电弧产生的条件。当被分断电路的电流超过 $0.25 \sim 1A$，分断后加在触头间隙两端的电压超过 $12 \sim 20V$（根据触头材质的不同取值）时，在触头间隙中会产生电弧。

② 电弧的实质。电弧是一种气体放电现象，即触头间气体在强电场作用下产生自由电子，正、负离子呈游离状态，使气体由绝缘状态转变为导电状态，并伴有高温、强光。

③ 熄弧的主要措施有机械性拉弧、窄缝灭弧和栅片灭弧三种。

a. 机械性拉弧。分断触点时，迅速增加电弧长度，使单位长度内维持电弧燃烧的电场强度不够而熄弧，如图 6-7 所示。

b. 窄缝灭弧。依靠磁场的作用，将电弧驱入耐弧材料制成的窄缝中，以加快电弧的冷却，如图 6-8 所示。这种灭弧装置多用于交流接触器。

c. 栅片灭弧。分断触点时，产生的电弧在电动力的作用下被推入彼此绝缘的多组镀铜薄钢片（栅片）中，电弧被分割成多组串联的短弧，如图 6-9 所示。

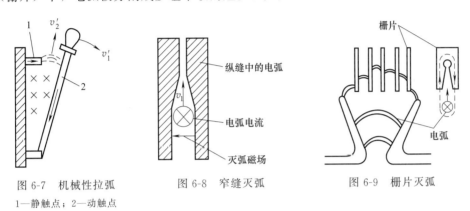

图 6-7　机械性拉弧
1—静触点；2—动触点

图 6-8　窄缝灭弧

图 6-9　栅片灭弧

6.2.2　低压电器的选用

6.2.2.1　常用刀开关的选用

刀开关是手动操作电器中结构最简单的一种，一般用来不频繁地接通和分断容量不很大的低压供电电路或直接启动小容量的三相异步电动机，也可以作为电源隔离开关。常见的刀开关有开启式、封闭式、组合开关。

闸刀开关是一种带熔断器的开启式负荷开关，是一种结构简单且应用广泛的低压电器，又叫胶盖开关。

① 闸刀开关的外形与结构。

HK1 系列闸刀开关是由刀开关和熔断器组合而成的一种电器。瓷底板上装有进线座、出线座、保险丝、触刀（动触头）、触刀座（静触头）、瓷柄；上边还罩有两块胶盖，使开关在合闸状态时手不会触及导电体，电路分断时产生的电弧也不会飞出胶盖外而灼伤操作人员。上、下胶盖均可打开，便于更换熔体。其结构和外形及图文符号如图 6-10 所示。

② 闸刀开关技术参数与选择。

外形与结构闸刀开关种类很多，有两极的（额定电压 250V）和三极的（额定电压 380V），额定电流有 10~100A 不等，其中 60A 及以下的才用来控制电动机。常用的闸刀开关型号有 HK1、HK2 系列。正常情况下，闸刀开关一般能接通和分断其额定电流，因此，普通负载可根据负载的额定电流来选择闸刀开关的额定电流。用闸刀开关控制电动机时，考虑其启动电流可达 4~7 倍的额定电流，选择闸刀开关的额定电流，宜选电动机额定电流的 3 倍左右。

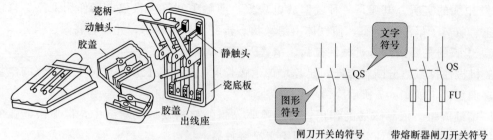

图 6-10 闸刀开关的结构和外形及图文符号

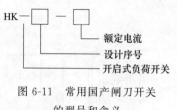

图 6-11 常用国产闸刀开关
的型号和含义

常用的国产闸刀开关，其型号和含义如图 6-11。

③ 使用闸刀开关时的注意事项。

a. 将它垂直地安装在控制屏或开关板上，不可随意搁置；当闸刀开关用来直接控制电动机时，只能控制 7.5kW 以下的小容量的异步电动机的不频繁启动和停止。

b. 进线座应在上方，接线时不能把它与出线座接反，否则在更换保险丝时将会发生触电事故。

c. 更换保险丝必须先拉开闸刀，并换上与原用保险丝规格相同的新保险丝，同时还要防止新保险丝受到机械损伤。

d. 若胶盖和瓷底板损坏或胶盖脱落，闸刀开关就不可再使用，以防止安全事故。

6.2.2.2 组合开关

组合开关又称转换开关，其操作较灵巧，靠动触片的左右旋转来代替闸刀开关的推合与拉开。它比刀开关轻巧而且组合性强，能组合成各种不同的电路。

（1）外形与结构

组合开关由多个分别装在数层绝缘体内的双断点桥式动触片、静触片组成。动触片装在附加有手柄的绝缘方轴上，方轴随手柄而旋转，于是动触片也随方轴转动并变更其与静触片分、合位置。所以组合开关实际上是一个多触点、多位置式，可以控制多个回路的主令电器。其结构与外形、图文符号如图 6-12、图 6-13 所示。

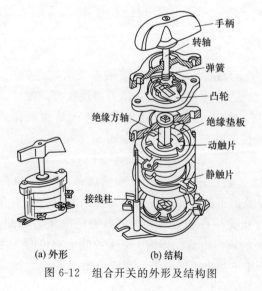

图 6-12 组合开关的外形及结构图

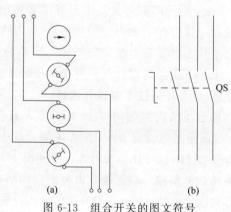

图 6-13 组合开关的图文符号

组合开关具有体积小、寿命长、结构简单、操作方便、灭弧性能较好等优点。选用时，应根据电源种类、电压等级、所需触头数量及电动机的容量进行选择。

（2）组合开关的选用

① 用于电动机电路时，可控制 7kW 以下电动机的启动和停止，组合开关的额定电流是电动机额定电流的 1.5～2.5 倍。也可用转换开关接通电源，另由接触器控制电动机时，其转换开关的额定电流可稍大于电动机的额定电流。

② 当操作频率过高或负载的功率因数较低时，转换开关要降低容量使用，否则会影响开关寿命。

③ 组合开关的通断能力差，控制电动机进行可逆运转时，必须在电动机完全停止转动后，才能反向接通。

6.2.2.3　低压断路器

低压断路器又称自动空气开关，可在电路正常工作时，不频繁接通或断开电路。当电路中发生短路、过载、欠压、过压等故障时，低压断路器自动掉闸断开电路，起到保护电路和设备的作用，并防止事故范围扩大。

（1）低压断路器的结构与原理

低压断路器主要由以下几部分组成：触头和灭弧系统、各种脱扣器（包括电磁脱扣器、欠压脱扣器、热脱扣器）、操作机构和自由脱扣机构（包括锁链和搭钩）。低压断路器的按钮和触头接线柱分别引出壳外，其余各组成部分均在壳内。常用的低压断路器的外形及安装现场如图 6-14。

图 6-14　常用低压断路器的外形及安装现场

低压断路器的工作原理及图文符号如图 6-15 所示。图中主触头 2 有三对，串联在被保护的三相电路中。手动扳动按钮为"合"位置（图中未画出），这时主触头 2 由锁键 3 保持在闭合状态，锁键 3 由搭钩 4 支撑着。要使开关分断，扳动按钮为"分"位置（图中未画出），搭钩被杠杆 7 顶开，主触头 2 就被主弹簧 1 拉开，电路被分断。断路器的自动分断，是由电磁脱扣器 6、欠压脱扣器 11 和双金属片 12 使搭钩 4 被杠杆 7 顶开而完成的，电磁脱扣器 6 的线圈和主电路串联，当电路工作正常时所产生的电磁吸力不能将衔铁 8 吸合。只有当电路发生短路或产生很大的过电流时，其电磁吸力才能将衔铁 8 吸合，撞击杠杆 7，顶开搭钩 4，使主触头 2 断开，从而将电路分断。

欠压脱扣器 11 的线圈并联在主电路上，当电路电压正常时，欠压脱扣器产生的电磁吸力能够克服弹簧 9 的拉力而将衔铁 10 吸合，如果电路电压降到某一值以下时，电磁吸力小于弹簧 9 的拉力，衔铁 10 被弹簧 9 拉开，衔铁撞击杠杆 7，顶开搭钩 4，使主触头 2 断开，从而将电路分断。当电路发生过载时，过载电流通过热脱扣器的发热元件 13 使双金属片 12 受热弯曲，撞击杠杆 7，顶开搭钩 4，使主触头 2 断开，从而使电路分断。

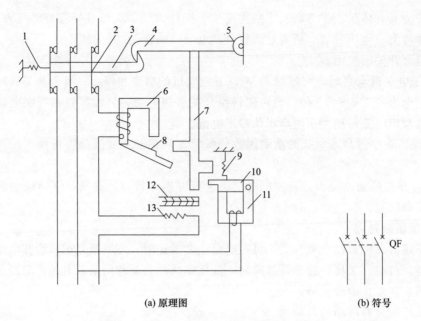

(a) 原理图   (b) 符号

图 6-15　低压断路器的工作原理及图文符号

1—主弹簧；2—主触头；3—锁键；4—搭钩；5—轴；6—电磁脱扣器；7—杠杆；8—电磁脱扣器衔铁；

9—弹簧；10—欠压脱扣器衔铁；11—欠压脱扣器；12—双金属片；13—发热元件

（2）断路器的分类

① 装置式自动开关。又叫塑壳式自动开关，常用作电动机及照明系统的控制开关、供电线路的保护开关等。DZ 系列断路器的型号含义如图 6-16。其外形和内部结构如图 6-17 所示。

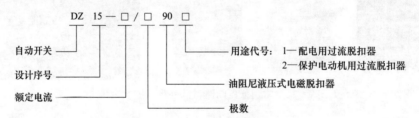

图 6-16　DZ 系列断路器的型号含义

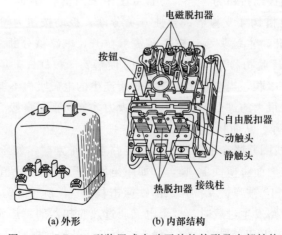

(a) 外形   (b) 内部结构

图 6-17　DZ5-20 型装置式自动开关的外形及内部结构

② 万能式自动开关。又称为框架式自动开关，主要用于低压电路上不频繁接通和分断容量较大的电路，常用万能式自动开关的外形如图 6-18 所示。

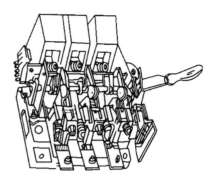

图 6-18　DW10 型万能式自动开关外形

③ 漏电保护式断路器。漏电保护式断路器（漏电自动开关）是为了防止低压电路发生人身触电、漏电等事故而研制的一种电器。这种漏电自动开关实际上是装有检漏保护元件的塑壳式断路器。常见的有电磁式电流动作型、电压动作型和晶体管（集成电路）电流动作型。为了经常检测漏电开关的动作性能，漏电开关设有试验按钮，在漏电开关闭合后，按下试验按钮，如果开关断开，则证明漏电开关正常。我国规定，在民用建筑中必须使用漏电保护式断路器。漏电保护式断路器结构及原理如图 6-19 所示。

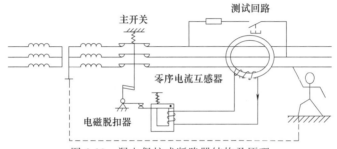

图 6-19　漏电保护式断路器结构及原理

a.作用：当发生人身触电或漏电时，能迅速切断电源，保障人身安全，防止触电事故。有的漏电保护器还兼有过载、短路保护，用于不频繁启、停电动机。

b.工作原理：当正常工作时，不论三相负载是否平衡，通过零序电流互感器主电路的三相电流相量之和等于零，故其二次绕组中无感应电动势产生，漏电保护器工作于闭合状态。如果发生漏电或触电事故，三相电流之和便不再等于零，而等于某一电流值 I_S。电流 I_S 会通过人体、大地、变压器中性点形成回路，这样零序电流互感器二次侧产生与 I_S 对应的感应电动势，加到脱扣器上，当 I_S 达到一定值时，脱扣器动作，推动主开关的锁扣，分断主电路。

（3）低压断路器的选用

选用断路器，主要应考虑其额定电压、额定电流、允许切断的极限电流、所控制的负载性质等。选用低压断路器时，首先根据电路的具体情况和类别选用断路器型号，其主要参数可以按以下条件选择。

① 低压断路器的额定电流和额定电压不小于电路正常工作电流和工作电压。

② 热脱扣器的额定电流不小于所控制的电动机额定电流或其他负载的额定电流。

③ 电磁脱扣器的瞬时动作整定电流应大于电路正常工作时可能出现的尖峰电流。配电电路可按不低于尖峰电流 1.35 倍的原则确定。做单台电动机保护时，可按电动机启动电流的 1.7～2 倍确定。

（4）低压断路器的常见故障与排除

① 产生触头不能闭合故障的原因有：

a. 欠压脱扣器无电压或线圈损坏，则衔铁不闭合，使搭钩被顶无法锁住锁链；

b. 反作用弹簧力过大，机构不能复位再行锁扣。

② 产生自动脱扣器不能使开关分断故障的原因有：

a. 反作用弹簧弹力不足；

b. 贮能弹簧弹力不足；

c. 机械部件卡阻。

6.2.2.4 接触器选用

接触器是一种可对交、直流主电路及大容量控制电路作频繁通、断控制的自动电磁式开关。它通过电磁力作用下的吸合和反作用弹簧作用下的释放使触头闭合和分断，从而控制电路的通断。按其触头通过电流种类的不同，分为交流接触器和直流接触器两类。常用接触器外形如图 6-20 所示。

图 6-20　常用接触器外形

（1）接触器的结构及工作原理

① 接触器的结构。接触器主要由电磁系统、触头系统、灭弧装置等部分组成，其外形及结构如图 6-21 所示。其中，电磁机构包括线圈、铁心和衔铁。触头系统中的主触头为常开触点，用于控制主电路的通断；辅助触头包括常开、常闭两种，用于控制电路，起电气联锁作用。其他部件还包括反作用弹簧、缓冲弹簧、触头压力弹簧、传动机构和外壳等。图 6-22 为 CJ20-63 型交流接触器的结构图。

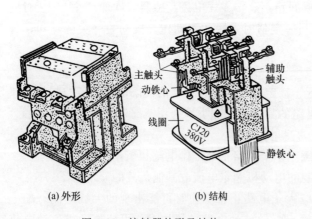

(a) 外形　　　　(b) 结构

图 6-21　接触器外形及结构

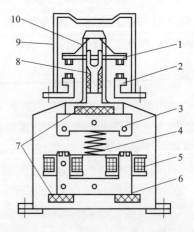

图 6-22　CJ20-63 型交流接触器的结构

1—动触头；2—静触头；3—衔铁；4—缓冲弹簧；
5—电磁线圈；6—铁心；7—垫毡；8—触头弹簧；
9—灭弧罩；10—压力弹簧

② 接触器的工作原理。接触器是根据电磁原理工作的，当电磁线圈通电后，线圈电流产生磁场，使静铁心产生电磁吸力吸引衔铁，并带动触头动作，使常闭触头断开，常开触头闭合，两者是联动的。

当电磁线圈断电时，电磁力消失，衔铁在释放弹簧的作用下释放，使触头复原，即常开触头断开，常闭触头闭合。常用的交流接触器在 0.85～1.05 倍额定电压下，能保证可靠吸合。

（2）接触器主要技术参数

接触器铭牌上标注的主要技术参数介绍如下。

① 额定电压。指接触器主触点上的额定电压。电压等级通常有以下几种。

交流接触器：127V、220V、380V、500V 等。

直流接触器：110V、220V、440V、660V 等。

② 额定电流。指接触器主触点的额定电流。电流等级通常有以下几种。

交流接触器：10A、20A、40A、60A、100A、150A、250A、400A、600A。

直流接触器：25A、40A、60A、100A、250A、400A、600A。

③ 线圈额定电压。指接触器线圈两端所加额定电压。电压等级通常有以下几种。

交流线圈：12V、24V、36V、127V、220V、380V。

直流线圈：12V、24V、48V、220V、440V。

④ 接通与分断能力。指接触器的主触点在规定的条件下能可靠地接通和分断的电流值，而不应该发生熔焊、飞弧和过分磨损等。

⑤ 额定操作频率。指每小时接通的次数。交流接触器最高为 600 次/h，直流接触器可高达 1200 次/h。

⑥ 动作值。指接触器的吸合电压与释放电压。国家标准规定，接触器在额定电压 85％以上时，应可靠吸合，释放电压不高于额定电压的 70％。

（3）接触器电气符号及型号含义

① 交流接触器在电气控制系统中的符号如图 6-23 所示。

② 型号含义。如图 6-24 所示。目前，我国常用的交流接触器主要有 CJ20、CJX1、CJX2、CJ12 和 CJ10 等系列。引进产品中应用较多的有施耐德公司的 LC1D/LP1D 系列等，该系列产品采用模块化生产，产品本体上可以附加辅助触头、通电/断电延时触头和机械闭锁等模块，也可以很方便地组合成可逆接触器、星形-三角形启动器。另外，常用的交流接触器还有德国 BBC 公司的 B 系列，SIEMENS 公司的 3TB 系列等。新产品结构紧凑，技术性能显著提高，多采用积木式结构，通过螺钉和快速卡装在标准导轨上的方式加以安装。交、直流接触器的主要技术参数有额定电压、额定电流、吸引线圈的额定电压等。

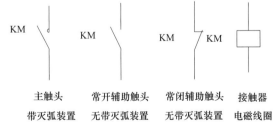

图 6-23　交流接触器的电气符号

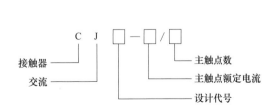

图 6-24　常用的交流接触器的型号含义

（4）接触器的选用

选择接触器，主要应考虑以下技术参数。

① 根据负载性质选择接触器类型。

② 主触点的额定电压和额定电流。

③ 辅助触点的种类、数量及触点额定电流。

④ 电磁线圈的电源种类、频率和额定电压。

⑤ 额定操作频率（次/h），即每小时允许接通的最多次数。

（5）接触器的常见故障与排除

接触器可能发生的故障很多，接触器触头、线圈、铁心等容易发生的故障及处理方法见表 6-4。

表 6-4 接触器故障及处理方法

故障现象	产生故障的原因	处理方法
吸不上或吸力不足	① 电源电压过低或波动过大 ② 操作回路电源容量不足或发生断线、触头接触不良及接线错误 ③ 线圈技术参数不符合要求 ④ 接触器线圈断线，可动部分被卡住，转轴生锈、歪斜等 ⑤ 触头弹簧压力与超程过大 ⑥ 接触器底盖螺钉松脱等原因使静、动铁心间距太大 ⑦ 接触器安装角度不合规定	① 调整电源电压 ② 增大电源容量，修理电路和触头 ③ 更换线圈 ④ 更换线圈，排除可动零件的故障 ⑤ 按要求调整触头 ⑥ 拧紧螺钉，调整间距 ⑦ 电器底板垂直于水平面安装
不释放或释放缓慢	① 触头弹簧压力过小 ② 触头被熔焊 ③ 可动部分被卡住 ④ 铁心截面有油污 ⑤ 反作用弹簧损坏 ⑥ 用久后，铁心截面之间的气隙消失	① 调整触头参数 ② 修理或更换触头 ③ 拆修有关零件再装好 ④ 清洁铁心截面 ⑤ 更换弹簧 ⑥ 更换或修理铁心
线圈过热或烧损	① 电源电压过高或过低 ② 线圈技术参数不符合要求 ③ 操作频率过高 ④ 线圈已损坏 ⑤ 使用环境特殊，如空气潮湿、含有腐蚀性气体或温度太高 ⑥ 运动部分被卡住 ⑦ 铁心截面不平或气隙过大	① 调整电源电压 ② 更换线圈或接触器 ③ 按使用条件选用接触器 ④ 更换或修理线圈 ⑤ 选用特殊设计的接触器 ⑥ 针对不同情况设法排除 ⑦ 修理或更换铁心
噪声较大	① 电源电压低 ② 触头弹簧压力过大 ③ 铁心截面生锈或粘有油污、灰尘 ④ 零件歪斜或卡住 ⑤ 分磁环断裂 ⑥ 铁心截面磨损过度而不平	① 提高电压 ② 调整触头压力 ③ 清理铁心截面 ④ 调整或修理有关零件 ⑤ 更换铁心或分磁环 ⑥ 更换铁心

故障现象	产生故障的原因	处理方法
触头熔焊	① 操作频率过高或过负荷使用 ② 负载侧短路 ③ 触头弹簧压力过小 ④ 触头表面有突起的金属颗粒或异物 ⑤ 操作回路电压过低或机械性卡阻,触头停顿在刚好接触的位置上	① 按使用条件选用接触器 ② 排除短路故障 ③ 调整弹簧压力 ④ 修整触头 ⑤ 提高操作电压,排除机械性卡阻故障
触头过热或灼伤	① 触头弹簧压力过小 ② 触头表面有油污或不平,铜触头氧化 ③ 环境温度过高或使用于密闭箱中 ④ 操作频率过高或工作电流过大 ⑤ 触头的超程太小	① 调整触头压力 ② 清理触头 ③ 接触器降容使用 ④ 调换合适的接触器 ⑤ 调整或更换触头
触头过度磨损	① 接触器选用欠妥,在某些场合容量不足,如反接制动、密集操作等 ② 三相触头不同步 ③ 负载侧短路	① 接触器降容使用 ② 调整触头使之同步 ③ 排除短路故障
相间短路	① 可逆接触器互锁不可靠 ② 灰尘、水汽油污等使绝缘材料导电 ③ 某些零部件损坏(如灭弧室)	① 检修互锁装置 ② 经常清理,保持清洁 ③ 更换损坏的零部件

6.2.2.5 继电器选用

（1）继电器简介

继电器是一种根据外界输入的信号（电量或非电量）的变化来接通或断开控制电路，以完成控制或保护任务的电器。

① 继电器的结构。继电器的结构和工作原理与接触器相似，也是由电磁机构和触点系统组成的，但继电器没有主触点，其触点不能用来接通和分断负载电路，而均接于控制电路，且电流一般小于5A，故不必设灭弧装置。

② 继电器的作用。继电器主要用于电路的逻辑控制，它根据输入量（如电压或电流），利用电磁原理，通过电磁机构使衔铁产生吸合动作，从而带动触点动作，实现触点状态的改变，使电路完成接通或分断控制。

③ 继电器的分类。继电器应用广泛，种类很多，分类也有许多。这里仅介绍用于电力拖动系统中以实现控制过程自动化和提供某种保护的继电器。按继电器的用途，也就是在电路中所起的作用不同，可将其分为两大类。一类是在电路中主要起控制、放大作用的控制继电器，另一类是在电路中主要起保护作用的保护继电器。

控制继电器主要有：中间继电器、时间继电器、速度继电器、主令电器等。保护继电器主要有：过电流继电器、欠电流继电器、过电压继电器、欠电压继电器、热继电器、压力继电器等。

（2）中间继电器

中间继电器属于电压继电器种类，主要用在500V及以下的小电流控制回路中，用来扩大辅助触点数量，进行信号传递、放大、转换、联锁等。它具有触点数量多、触点容量不大于 5A、动作灵敏等特点，得到广泛的应用。

① 结构原理。中间继电器的工作原理及结构与接触器基本相似，不同的是中间继电器触点对数多，且没有主辅触点之分，触点允许通过的电流大小相同，且不大于 5A，无灭弧装置。因此，对于工作电流小于 5A 的电气控制线路，可用中间继电器代替接触器进行控制。

这里以 JZ7 系列交流中间继电器为例介绍其结构原理，JZ7 系列交流中间继电器采用立体布置，由铁心、衔铁、线圈、触点系统、反作用弹簧和复位弹簧等组成。触点采用双触点桥式结构，上下两层各有 4 对触点，下层触点只能是常开触点，常见触点系统可分为八常开触点、六常开触点、两常闭触点、四常开触点及四常闭触点等组合形式。继电器吸引线圈额定电压有 12V、36V、110V、220V 和 380V 等。其外形及结构如图 6-25。

② 电气图文符号。按国标要求，继电器在电路图中的电气符号如图 6-26 所示。

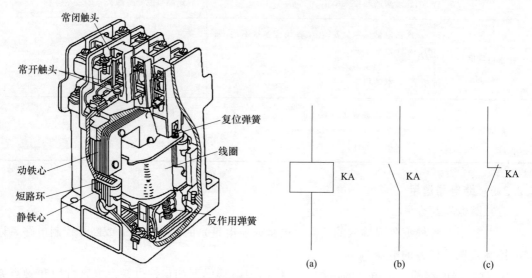

图 6-25　JZ7 系列交流中间继电器的外形结构图　　　图 6-26　中间继电器的电气符号

③ 型号含义。其型号含义如图 6-27 所示。

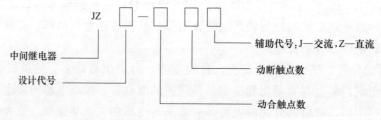

图 6-27　中间继电器型号含义

④ 中间继电器的选用。中间继电器的选用主要依据被控制电路的电压等级，所需触点的数量、种类和容量等要求来进行选择。

（3）时间继电器

从得到输入信号起，需经一定的延时后才能输出信号的继电器称为时间继电器，延时方式有通电延时和断电延时。按其结构和动作原理不同可分为电磁式、空气阻尼式、电动式和电子式时间继电器。

① 直流电磁式时间继电器。电磁继电器线圈通电或断电时，由于电磁惯性，到触头动作，需一定的时间，这是继电器的固有动作时间，这段时间很短，一般千分之几秒到百分之几秒。电磁式时间继电器利用感应电流所产生的磁通阻碍原主磁通变化的原理，达到延时目的。其结构如图6-28。它是电磁继电器的铁心上附加一个阻尼铜套而成的。当电磁线圈通电或断电后，主磁通就要减小，由于磁通的变化，在阻尼铜套中产生感应电流。感应电流产生磁通阻碍原磁通的变化，于是就延长了衔铁的动作时间。一般利用阻尼铜套、铝套、短接线圈产生延时。

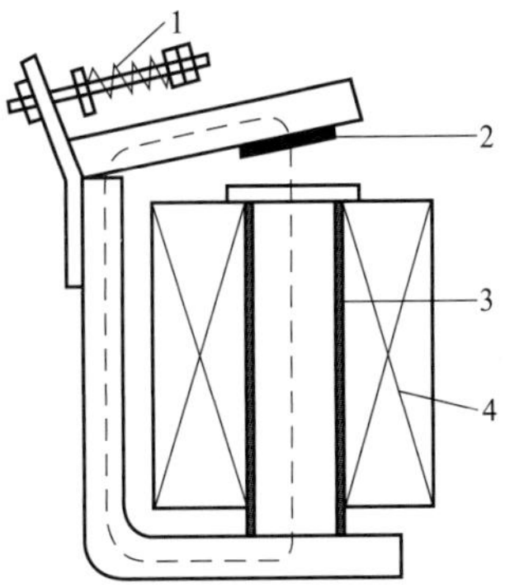

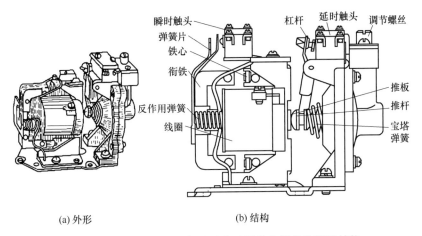

图6-28　电磁式时间继电器结构
1—调整弹簧；2—非磁性垫片；
3—阻尼铜套；4—工作线圈

由于电磁式时间继电器在通电前是释放状态，磁路气隙较大，线圈电感小，电磁惯性小，故延时时间仅有 $0.1 \sim 0.5s$，而断电延时时间为 $0.2 \sim 10s$。因此，电磁式时间继电器一般只作断电延时使用。电磁式时间继电器的延时精度和稳定性不高，但适应能力较强。

② 空气阻尼式时间继电器。利用空气气隙阻尼作用原理制成，主要由电磁系统、触头、空气室、传动机构等组成。有通电延时和断电延时两种类型。图6-29为JS7-A系列空气阻尼式时间继电器的外形及结构图。

瞬时触头　弹簧片　铁心　衔铁　反作用弹簧　线圈　杠杆　延时触头　调节螺丝　推板　推杆　宝塔弹簧

(a) 外形　　　　(b) 结构

图6-29　JS7-A系列空气阻尼式时间继电器的外形及结构

通电延时式工作原理如下。电磁线圈通电时，电磁铁吸合，活塞杆在弹簧力作用下通过活塞带动橡胶膜移动。但受进气孔进气速度的限制，空气进入气囊，使气囊充满气体需经过一段时间，活塞杆才能使微动开关动作，动断触头断开，动合触头闭合。通过改变进气孔的气隙大小调整延时时间。同时，可以通过电磁铁动作直接控制一组微动开关，不需延时的瞬动开关。当线圈断电时，电磁铁在复位弹簧作用下复位，同时推动推杆、推板、橡胶膜，利用推板和橡胶膜之间的配合在排气时形成单向阀的作用，使气囊中的气体快速排出，微动开关复位。

断电延时空气阻尼式时间继电器工作原理与通电延时工作原理相似，只是在结构上将电磁机构进行调整，将图6-29所示通电延时型时间继电器的电磁铁翻转180°安装后，使电磁铁在断电时气囊延时进气，即变成断电延时型时间继电器。

空气阻尼式时间继电器的结构简单、价格低廉、延时范围大，但误差较大。

③ 电动式时间继电器。电动式时间继电器由电动机、减速器、离合电磁铁、凸轮、触点系统等组成。

如图 6-30 所示，其工作原理为：接通电源开关，电磁铁通电动作，使两齿轮啮合，传动机构接通，电动机通过常闭触点得电工作，通过减速器带动凸轮转动，经过一定时间，凸轮转到凹处时，在弹簧作用下通过杠杆，使常开触点闭合，去控制其他电路。同时，其常闭触点断开，电动机电路断电。当打开电源开关时，电磁铁断电，使两齿轮分开。同时，凸轮在弹簧作用下恢复到原始位置。电动式时间继电器延时时间是从起始位置到凹处的一段弧长，可通过调整起始位置来调整延时时间。

优点：延时值不受电源电压波动及环境温度变化的影响，重复精度高；延时范围宽，可达数十小时，延时过程可以通过指针表示。缺点：结构复杂，成本高，寿命低，不适于频繁操作，延时误差受电源频率的影响。常用的是 JS11 系列。

④ 电子式时间继电器。电子式时间继电器也叫晶体管式时间继电器。具有延时范围广、体积小、精度高、延时范围宽、功耗小、调节方便、可采用数字显示等优点，因此，使用日益广泛。

电子式时间继电器有通电延时和断电延时两种。按工作原理分阻容式、数字式。阻容式时间继电器利用 RC 充电、放电的过渡过程来延时。图 6-31 为阻容式时间继电器原理图，适合于中等延时场合（0.05s～1h）。数字式时间继电器采用数字脉冲计数电路来延时，延时时间长，精度很高，调整延时方便，适合于高精度、时间长的场合。

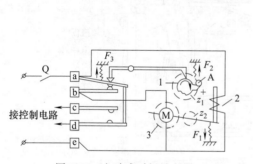

图 6-30　电动式时间继电器

1—凸轮；2—离合电磁铁；3—减速器

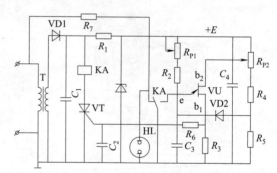

图 6-31　阻容式时间继电器原理图

常用的电子式时间继电器有 JS20、JS13、JS14、JS15 等，日本富士公司产 ST、HH、AR 等。常用国产晶体管式时间继电器外形如图 6-32。

⑤ 时间继电器的型号。现以我国生产的产品 JS23 系列为例说明时间继电器的型号意义，见图 6-33。

⑥ 图形及文字符号。时间继电器的图文符号如图 6-34 所示。

⑦ 时间继电器的选用。主要考虑控制回路所需要的延时触头的延时方式（通电延时还是断电延时）、瞬动触头的数量、线圈电压等，根据不同的使用条件选择不同类型的时间继电器。

电磁式结构简单，价格低廉，但延时较短；空气阻尼式结构简单，价格低，延时范围较大（0.4～180s），但延时误差大；电动式延时精确度较高，且延时调节范围宽，可从几秒钟

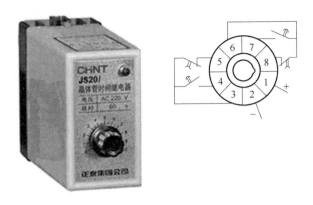

图 6-32　国产晶体管式时间继电器

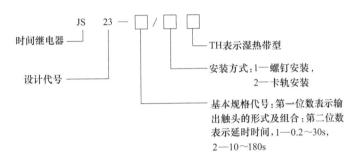

图 6-33　JS23 系列时间继电器型号意义

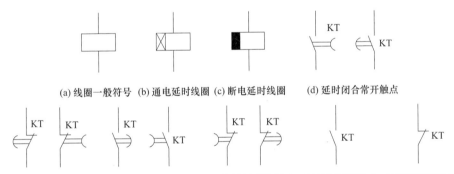

(a) 线圈一般符号　(b) 通电延时线圈　(c) 断电延时线圈　　(d) 延时闭合常开触点

(e) 延时断开常闭触点　(f) 延时断开常开触点　(g) 延时闭合常闭触点　(h) 瞬时常开触点　(i) 瞬时常闭触点

图 6-34　时间继电器的图文符号

到数十分钟，最长可达数十个小时；电子式延时可从几秒钟到数十分钟，精度介于电动式和空气阻尼式之间，随着电子技术的发展，其应用越来越广泛。

（4）速度继电器

速度继电器是当转速达到规定值时动作的继电器。它常用于电动机反接制动的控制电路中，当反接制动的转速下降到接近零时，自动及时地切断电源。

① 结构原理。速度继电器主要由永久磁铁制成的转子、用硅钢片叠成的铸有笼形绕组的定子、支架、胶木摆杆、触头系统等组成，其中转子与被控电动机的转轴相连接。

由于速度继电器与被控电动机同轴连接，当电动机制动时，由于惯性，它要继续旋转，从而带动速度继电器的转子一起转动。该转子的旋转磁场在速度继电器定子绕组中感应出电动势和电流，由左手定则可以确定。此时，定子受到与转子转向相同的电磁转矩的作用，使定子和转子沿着同一方向转动。定子上固定的胶木摆杆也随着转动，推动簧片（端部有动触头）与静触头闭合（按轴的转动方向而定）。静触头又起挡块作用，限制胶木摆杆继续转动。因此，转子转动时，定子只能转过一个不大的角度。当转子转速接近于零（低于 100r/min）时，胶木摆杆恢复原来状态，触头断开，切断电动机的反接制动电路。速度继电器结构及图文符号如图 6-35。

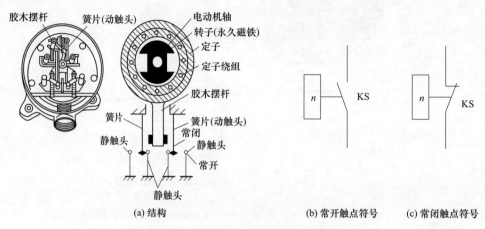

(a) 结构　　　　　　(b) 常开触点符号　　(c) 常闭触点符号

图 6-35　速度继电器结构及图文符号

② 速度继电器类型及选用原则。国内常用的感应式速度继电器有永磁式 JY1 和 JFZ0 系列。一般来说，可根据动作速度的大小来选择速度继电器的类型。JY1 系列能在 3000r/min 的转速下可靠工作。JFZ0 型触点动作速度不受定子柄偏转快慢的影响，触点改用微动开关。JFZ0 系列 JFZ0-1 型适用于 300～1000r/min，JFZ0-2 型适用于 1000～3000r/min。速度继电器有两对常开、常闭触点，分别对应于被控电动机的正、反转运行。一般情况下，速度继电器的触点，在转速达 120r/min 时能动作，100r/min 左右时能恢复正常位置。

6.2.2.6　主令电器选用

主令电器是指在控制电路中发出闭合、断开的指令信号或作程序控制的开关电器。主令电器应用广泛，种类繁多。常见的有按钮、行程开关、接近开关、万能转换开关和主令控制器等。

（1）按钮

按钮是一种短时接通或分断小电流电路的手动电器。它不直接控制主电路的通断，而在控制电路中发出指令去控制接触器、继电器等电器的电磁线圈，再由它们控制主电路的通断。按钮触头允许通过的电流一般不超过 5A。一般规格为交流 500V，允许持续电流为 5A。

① 按钮的结构原理。按钮一般由按钮帽、复位弹簧、动触头、静触头和外壳等组成。图 6-36 中是一个复合按钮，工作时常闭和常开是联动的，当按下按钮时，常闭触点断开，然后常开触点接通。按钮松开后，在弹簧作用下，常开触点断开，然后常闭触点接通。即先断开，后吸合。在分析实际控制电路过程时应特

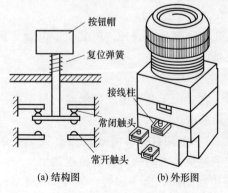

(a) 结构图　　　(b) 外形图

图 6-36　复合按钮的结构示意图

别注意的是：常闭和常开触点在改变工作状态时，先后有个很短的时间差不能被忽视。

② 型号含义。按钮可根据实际工作需要组成多种结构形式，如 LA18 系列按钮采用积木式结构，触头数量按需要拼装，最多可至六对常开触点和六对常闭触点。结构类型有：紧急式装有突出的蘑菇形钮帽，以便紧急操作；指示灯式在透明按钮内装有指示灯，作信号显示；钥匙式为使用安全，必须用钥匙插入后方可旋转操作；旋钮式用手旋转进行操作。通常将按钮的颜色分成黄、绿、红、黑、白、蓝等，供不同场合选用。工作中为便于识别不同作用的按钮，避免误操作，GB 5226—85 对其颜色规定如下。

a.停止和急停按钮：红色。按红色按钮时，必须使设备断电、停车。

b.启动按钮：绿色。

c.点动按钮：黑色。

d.启动与停止交替按钮：必须是黑色、白色或灰色，不得使用红色和绿色。

e.复位按钮：必须是蓝色，当其兼有停止作用时，必须是红色。

其结构形式代号见图 6-37，结构形式代号的含义是：K—开启式，H—保护式，S—防水式，F—防腐式，J—紧急式，X—旋钮式，Y—钥匙操作式，D—光标按钮。

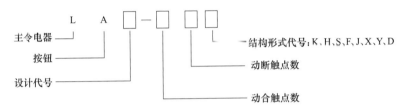

图 6-37　结构形式代号

③ 电气图文符号。按国际 IEC 标准要求，按钮在电路中的图文符号如图 6-38 所示。

④ 按钮的选用。

a.根据使用场合和具体用途的不同要求，按照电器产品选用手册来选择国产品牌、国际品牌的不同型号和规格的按钮。

b.根据控制系统的设计方案对工作状态指示和工作情况要求合理选择按钮或指示灯的颜色，如启动按钮选用绿色、停止按钮选择红色等。

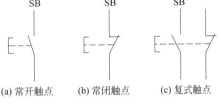

图 6-38　按钮的图文符号

c.根据控制回路的需要选择按钮的数量，如单联钮、双联钮和三联钮等。

（2）行程开关

行程开关又称限位开关或位置开关，其作用与按钮相同，只是其触头的动作不是靠手动操作，而是利用生产机械某些运动部件的碰撞使其触头动作后，发出控制命令以实现近、远距离行程控制和限位保护。

① 结构原理。行程开关是一种根据运动部件的行程位置而切换电路的电器。它由操作头、触头系统和外壳等组成。按运动形式可分为直动式和转动式，按结构可分为直动式、滚动式、微动式，按触点性质可分为有触点式和无触点式。常用国产行程开关外形如图 6-39。

a.直动式行程开关。直动式行程开关结构如图 6-40，动作原理与按钮类似，其推杆由机械运动部件碰撞动作。其结构简单，成本低，分离速度慢，易烧触点。适用于机械运动速度小于 0.4m/min。

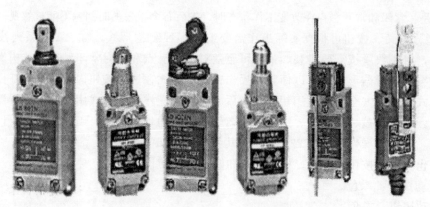

图 6-39 常用国产行程开关外形

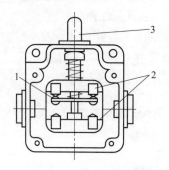

图 6-40 直动式行程开关结构
1—动触点；2—静触点；3—推杆

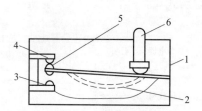

图 6-41 微动开关结构
1—壳体；2—弹簧片；3—常开触点；
4—常闭触点；5—动触点；6—推杆

b. 微动开关。为克服直动式行程开关的缺点，微动开关使用微动机构，以减轻电流对触点烧蚀，触点动作具有迅速性和准确性。如图 6-41 所示，按下推杆，弹簧片发生变形，储存能量并产生位移，当推杆达到临界点时，弹簧片带动触点产生瞬时跳跃，使常闭触点断开，常开触点接通。当推杆松开时，弹簧释放能量向相反方向跳动，开关恢复原位。

特点：体积小，动作灵敏，适合在小型电器中使用，但推杆操作行程小，结构强度不够高，使用中应注意，以防撞坏。

c. 滚轮旋转行程开关。为克服直动式行程开关的缺点，可采用瞬动式旋转行程开关。如图 6-42，滚轮 1 在受到向左的外力作用下，通过轮臂 2 的转动，压缩盘形弹簧 3，同时使推杆 4 向右转动，压缩动触点 10，滚球 5 压缩静触点 9，沿其操纵件 6 中点向右移动，移动到操纵件 6 中点时，盘形弹簧 3 和静触点 9 使操纵件 6 迅速转动，从而使动触点迅速与右边静触点分开，与左边静触点闭合。其动作速度快，减少电弧烧蚀触点，工作可靠，适合慢速工作。

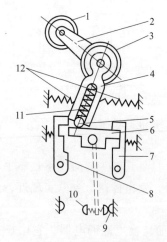

图 6-42 滚轮旋转行程开关
1—滚轮；2—轮臂；3—盘形弹簧；
4—推杆；5—滚球；6—操纵件；
7,8—摆杆；9—静触点；10—动触点；
11—压缩弹簧；12—弹簧

② 电气图文符号。按国际 IEC 标准要求，行程开关在电路中的图形及文字符号如图 6-43 所示。

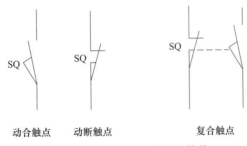

图 6-43　行程开关电气图文符号

③ 型号含义。其型号含义如图 6-44 所示。

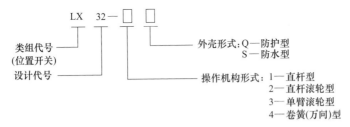

图 6-44　行程开关型号含义

④ 行程开关的选用。选用行程开关，主要应根据被控制电路的特点、要求及生产现场条件和所需触头数量、种类等因素综合考虑。

a. 根据额定电压、额定电流、触头换接时间、动力、动作角度、触头数量等选择类型。

b. 根据使用场合和具体用途的不同要求，按照电器产品选用手册来选择国产品牌、国际品牌的不同型号和规格的行程开关。常用国产型号有 LXl、JLXl 系列，LX2、JLXK2 系列，LXW-11、JLXKl-11 系列以及 LXl9、LXW5、LXK3、LXK32、LXK33 系列，等等。国外产品如德国西门子公司产的 3SE 等。实际选用时可直接查阅电器产品样本手册。

c. 根据控制系统的设计方案对工作状态和工作情况要求合理选择行程开关的数量。

（3）万能转换开关

万能转换开关是一种可以同时控制多条回路的主令电器。它由多组结构相同的开关元件叠装而成，触头的动作挡数很多，主要用于对各种配电装置进行控制；作为电压表、电流表的换相测量开关；小容量电动机的启动、制动、调速、正反转控制等。由于开关的触头挡位很多，用途极为广泛，故称为万能转换开关。万能转换开关的外形，如图 6-45 所示。

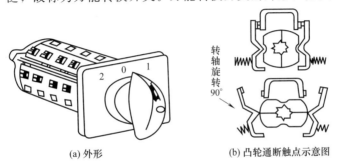

(a) 外形　　　　(b) 凸轮通断触点示意图

图 6-45　万能转换开关的外形及凸轮通断触点示意图

① 结构原理。常用的万能转换开关有 LW2、LW5、LW6、LW8 等系列。LW5 系列的外形及开关单层结构如图 6-46 所示：它的骨架采用热塑性材料制成，由多层触头底座叠加而成。每层触头底座内装有一对（或三对）触头和一个装在转轴上的凸轮。操作时，手柄带动转轴和凸轮一起转动，凸轮就可以接通或分断触头。当手柄在不同操作位置时，利用凸轮顶开或靠弹簧恢复动触头，控制它与静触头的分与合，从而达到对电路进行换接的目的。

② 电气图文符号。万能转换开关在电气原理图中的图形符号以及各位置的触头通断表如图 6-47 所示。图中"—o—o—"代表一路触头，每根竖的点划线表示手柄位置，点划线上的黑点"•"表示手柄在该位置时，上面这一路触头接通。万能转换开关的文字符号：SA。

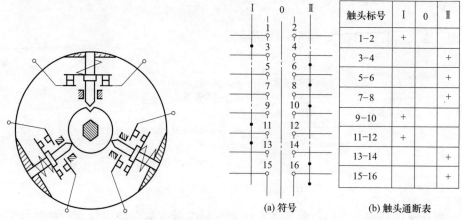

图 6-46 LW5 系列的外形及开关单层结构　　图 6-47 万能转换开关图形符号以及触头通断表

③ 型号含义。其型号含义如图 6-48 所示。

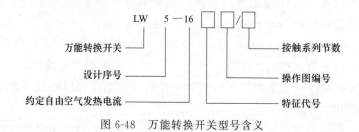

图 6-48 万能转换开关型号含义

④ 转换开关的选用。

a.转换开关的额定电压应不小于安装地点线路的电压等级。

b.用于照明或电加热电路时，转换开关的额定电流应不小于被控制电路中的负载电流。

c.用于电动机电路时，转换开关的额定电流是电动机额定电流的 1.5～2.5 倍。

d.当操作频率过高或负载的功率因数较低时，转换开关要降低容量使用，否则会影响开关寿命。

e.转换开关的通断能力差，控制电动机进行可逆运转时，必须在电动机完全停止转动后，才能反向接通。

6.2.2.7　熔断器选用

熔断器是一种最常用的简单有效的短路保护电器，使用时将熔断器串联在被保护的电路中。当电路发生短路或严重过载故障时，便有较大的电流流过熔断器，熔断器中的熔体（保险丝）产生较大的热量而熔断，从而自动分断电路，起到保护作用。

（1）结构原理

熔断器主要由熔体和放置熔体的绝缘管或绝缘底座组成。熔体是熔断器的核心，由铅、铅锡合金、锌、铜及银等材料制成丝状或片状，熔点约为 200～300℃，俗称保险丝。工作中，熔体串接于被保护电路，既是感测元件，又是执行元件。当电路发生短路或严重过载故障时，通过熔体的电流势必超过一定的额定值，使熔体发热，当达到熔点温度时，熔体某处自行熔断，从而分断故障电路，起到保护作用。熔座（或熔管）是由陶瓷、硬质纤维制成的管状外壳。熔座的作用主要是便于熔体的安装并作为熔体的外壳，在熔体熔断时兼有灭弧的作用。熔断器的结构外形如图 6-49 所示。

 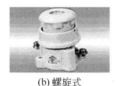  

(a) 瓷插式　　　(b) 螺旋式　　　(c) 无填料封闭管式　　(d) 有填料封闭管式

图 6-49　熔断器的结构外形图

（2）熔断器的类型及型号含义

常用的低压熔断器有瓷插式、螺旋式、封闭管式（有填料管式和无填料管式）及快速熔断器等。其型号意义如图 6-50 所示。

① 瓷插式熔断器。瓷插式熔断器由瓷盖、瓷座、动触头、静触头和保险丝组成，外形及结构如图 6-51 所示，额定电流 60A 以上的熔断器的灭弧室中还垫有熄弧用的纺织石棉。瓷插式熔断器分断能力较小，电弧的弧光效应较大，动触头铜片的弹性随着使用而变差，与静触头接触不紧密，容易造成发热。但它价格便宜，更换方便，多用于 500V 以下低压分支电路或小容量电动机的短路保护。

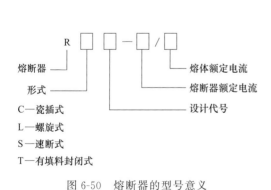

图 6-50　熔断器的型号意义

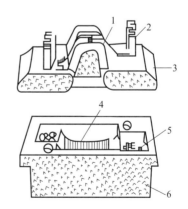

图 6-51　RC1A 系列瓷插式熔断器
1—保险丝；2—动触头；3—瓷盖；
4—石棉带；5—静触头；6—瓷座

② 螺旋式熔断器。螺旋式熔断器主要由瓷帽、熔断管（芯子）、指示器、瓷套上下接线端及底座等组成。熔断管内装有熔体和石英砂，石英砂用来熄灭电弧。熔断管一端有一红色金属片——指示器，熔断管有红点的一端插入瓷帽，瓷帽上有螺纹，将瓷帽连同瓷管一起拧进瓷底

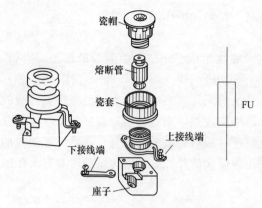

座。透过瓷帽的玻璃窗口可观察到熔断器的工作情况，若红色指示器弹出，说明熔体已熔断。产品系列有 RL1 和 RL2 等。常用 RL1 系列螺旋式熔断器的外形及结构、熔断器的电气图文符号如图 6-52 所示。额定电压为 500V，额定电流有 15A、60A、100A、200A 等。

螺旋式熔断器分断能力较强、体积小、安装方便、使用安全可靠，熔体熔断后有明显指示，常用于交流 380V、电流 200A 以内的线路和用电设备作短路保护。

图 6-52　RL1 系列螺旋式熔断器的
外形及结构、符号

③ 无填料封闭管式熔断器。无填料封闭管式熔断器的产品系列为 RM7、RM10 系列等。额定电压有 220V、380V、500V，额定电流有 15A、60A、100A、200A、350A、600A等几种规格。主要由钢纸管、黄铜套管、黄铜帽、熔体、插刀和静插座等组成，熔断管内装有熔体，当大电流通过时，熔体在狭窄处被熔断，钢纸管在熔体熔断所产生的电弧的高温作用下，分解出大量气体增大管内压力，起到灭弧作用，其外形及结构如图 6-53 所示。

多用于交流 380V、额定电流 1000A 以内的低压线路及成套配电设备作短路保护。

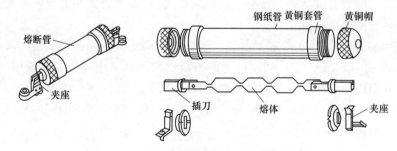

图 6-53　无填料封闭管式熔断器外形及结构

④ 有填料封闭管式熔断器。有填料封闭管式熔断器的产品系列为 RT0 系列，额定电压380V，额定电流有 100A、200A、400A、600A 和 1000A 等规格，其外形及结构如图 6-54所示。

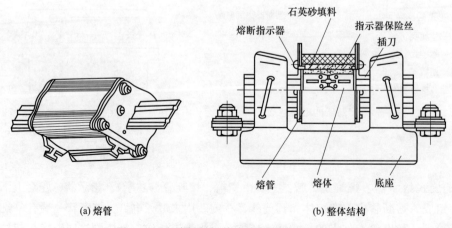

(a) 熔管　　　　　　　　　　　　　　　(b) 整体结构

图 6-54　有填料封闭管式熔断器外形及结构

它主要由熔管、熔体和底座等组成。熔管内填满直径为 0.5～1.0mm 的石英砂,以加强灭弧功能。其分断能力可达 50kA,熔断管只能一次性使用,当熔体熔断后,需更换整个熔管。

主要用于交流 380V、额定电流 1000A 以内的高短路电流的电力网络和配电装置中作为电路、电机、变压器及其它设备的短路保护电器。

（3）熔断器的主要技术参数

① 额定电压。额定电压是指能保证熔断器长期正常工作的电压。若熔断器的实际工作电压大于额定电压,熔体熔断时可能发生电弧不能熄灭的危险。

② 额定电流。额定电流保证熔断器在长期工作下,各部件温升不超过极限允许温升所能承载的电流值。它与熔体的额定电流是两个不同的概念。熔体的额定电流:在规定工作条件下,长时间通过熔体而熔体不熔断的最大电流值。通常一个额定电流等级的熔断器可以配用若干个额定电流等级的熔体,但熔体的额定电流不能大于熔断器的额定电流值。

③ 分断能力。熔断器在规定的使用条件下,能可靠分断的最大短路电流值。通常用极限分断电流值来表示。

④ 时间-电流特性。时间-电流特性又称保护特性,表示熔断器的熔断时间与流过熔体电流的关系。熔断器的熔断时间随着电流的增大而减少,即反时限保护特性。

（4）熔断器的选用

常用熔断器型号有 RCl、RLl、RT0、RTl5、RTl6（NT）和 RTl8 等,在选用时可根据使用场合酌情选择。选择熔断器的基本原则如下。

① 根据使用场合确定熔断器的类型。

② 熔断器的额定电压必须不低于线路的额定电压。额定电流必须不小于所装熔体的额定电流。

③ 熔体额定电流的选择应根据实际使用情况进行计算。熔体电流的选择是熔断器选择的核心。

a.对于照明线路等无冲击电流负载,其熔体额定电流应等于或稍大于线路工作电流。

b.对一台异步电动机的保护,其熔体额定电流可按电动机额定电流的 1.5～2.5 倍来选择。

c.对多台电动机共用一个熔断器保护,其熔体额定电流可按容量最大一台电动机的额定电流的 1.5～2.5 倍加上其余电动机的额定电流之和来选择。

④ 熔断器的分断能力应大于电路中可能出现的最大短路电流。

6.2.2.8 热继电器

热继电器是利用流过继电器热元件的电流所产生的热效应而反时限动作的保护继电器。所谓反时限动作,是指热继电器动作时间随电流的增大而减小的性能。热继电器主要用于电动机的过载、断相、三相电流不平衡运行及其他电气设备发热引起的不良状态而进行的保护控制。

（1）热继电器的结构

图 6-55 和图 6-56 所示为热继电器的结构图及工作原理图。热继电器主要由热元件、触头、动作机构、复位按钮和整定电流装置五部分组成。热元件由双金属片及围绕在外面的电阻丝组成。双金属片由两种热膨胀系数不同的金属片（如铁镍铬合金和铁镍合金）复合而成。使用时将电阻丝直接串联在三相异步电动机的两相电路上。温度补偿器用与主双金属片同样类型的双金属片制成,以补偿环境温度变化对热继电器动作精度的影响。

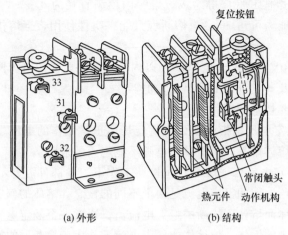

(a) 外形   (b) 结构

图 6-55   热继电器的外形及结构

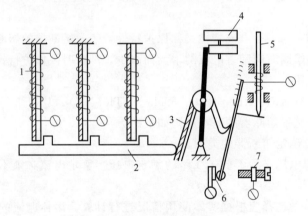

图 6-56   热继电器的工作原理

1—热元件；2—推杆；3—温度补偿器；4—动作电流整定装置；5—复位按钮；
6—静触头；7—复位方式调节螺钉

（2）热继电器的工作原理

当电动机过载时，过载电流使电阻丝发热，引起双金属片受热弯曲，推动推杆向右移动，推动温度补偿器，使动、静触头分开，使电动机控制电路中的接触器线圈断电释放而切断电动机的电源。

热继电器动作后有自动复位和手动复位两种，由复位方式调节螺钉来控制。当螺钉靠左时为自动复位状态，将螺钉向右调到一定位置时为手动复位状态。

热继电器通常有一对常开触头和一对常闭触头。常闭触头串入控制回路，常开触头可接入信号回路。

（3）热继电器的型号及图文符号

热继电器的种类繁多，其中双金属片式热继电器应用最多。按极数划分，热继电器可分为单极、两极和三极 3 种，其中三极的又包括带断相保护装置和不带断相保护装置。按复位方式划分，有自动复位式和手动复位式。目前常用的有国产的 JR16、JR36、JR20、JRS1 等系列以及国外的 T 系列、LR2D 系列、3UA 系列等产品。

以 JRS1 系列为例，其型号含义如图 6-57 所示。

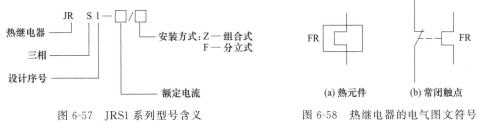

图 6-57　JRS1 系列型号含义	图 6-58　热继电器的电气图文符号

（4）电气图形及文字符号

热继电器的常闭触点串入控制回路，常开触点可接入报警信号回路或 PLC 控制时的输入接口电路。按国标要求，热继电器在电路图中的电气图文符号如图 6-58 所示。

（5）热继电器的选用

热继电器的整定电流靠凸轮调节，一般调节范围是热元件额定电流值的 66%～100%。

① 热继电器有 3 种安装方式，应按实际安装情况选择其安装方式。

② 原则上热继电器的额定电流应按略大于电动机的额定电流来选择。一般情况下，热继电器的整定值为电动机额定电流的 0.95～1.05 倍。但是如果电动机拖动的负载是冲击性负载或启动时间较长及拖动的设备不允许停电的场合，热继电器的整定值可取电动机额定电流的 1.1～1.5 倍。如果电动机的过载能力较差，热继电器的整定值可取电动机额定电流的 0.6～0.8 倍。同时，整定电流应留有一定的上、下限调整范围。

③ 在不频繁启动的场合，要保证热继电器在电动机启动过程中不产生误动作。若电动机启动电流小于等于 6 倍额定电流，启动时间小于 6s，很少连续启动时，可按电动机额定电流配置。

④ 在三相电压均衡的电路中，一般采用两相结构的热继电器进行保护；在三相电源严重不平衡或要求较高的场合，需要采用三相结构的热继电器进行保护；对于三角形接法电动机，应选用带断相保护装置的热继电器。

⑤ 当电动机工作于重复短时工作制时，要注意确定热继电器的允许操作频率。

6.3　三相异步电动机基本控制电路

6.3.1　电气控制系统图的识读

电气控制电路是用导线将电机、电器、仪表等元器件按照一定规律连接起来并能实现规定的控制要求的电路。电气控制电路的表示方法有两种：电气原理图和电气安装图。电气原理图是用图形符号、文字符号和项目代号表示各个电气元件连接关系和电气工作原理的图形，具有结构简单、层次分明、便于研究和分析电路的工作原理等优点。电气安装图是按照电器实际位置和实际接线，用规定的图形符号、文字符号和项目代号画出来的，电气安装图便于实际安装时的操作、调整和维护，检修时查找故障及更换元件等。

6.3.1.1　电路图

电路图，又叫电气控制原理图。按电路的功能来划分，控制电路可分为主电路和控制电路，有些还带有辅助电路。一般把电源和起拖动作用的电动机之间的电路称为主电路，它由电源开关、熔断器、热继电器的热元件、接触器的主触头、电动机以及其他按要求配置的启动电器等电气元件连接而成。

通常把由主令电器、热继电器的常闭触点、接触器的辅助触头、继电器和接触器的线圈等组成的电路称作控制电路。辅助电路主要是指实现电源显示、工作状态显示、照明和故障报警等的电路，它们也多由控制电路中的元件来控制完成。

6.3.1.2 电气控制系统中图形符号、文字符号

电气控制电路图涉及大量的元器件，为了表达电气控制系统的设计意图，便于分析系统工作原理，安装、调试和检修控制系统，通常用图形符号来表示一个设备或概念的图形、标记或字符。电气控制电路图必须采用符合国家统一标准的图形符号和文字符号。

文字符号为电气控制电路各种器械或部件提供字母代码和功能字母代码。文字符号通常可分为基本文字符号和辅助文字符号两类。为了便于阅读和理解电气电路图，国家标准化管理委员会参照国际电工委员会（IEC）颁布的有关文件，制定了我国电气设备的有关国家标准。

6.3.1.3 电气控制系统图的绘制

按照用途和表达方式不同，电气控制系统图可分为电气原理图、电气位置图、电气接线图等几类。

（1）电气原理图

电气原理图是用图形符号和项目代号表示电气元件连接关系及电气工作原理的图形，它是在设计部门和生产现场广泛应用的电路图。现以图 6-59 为例，来说明识读电气原理图时应注意的以下几点绘制规则。

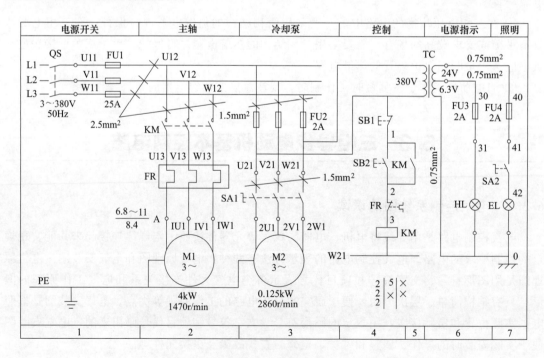

图 6-59　CW6132 型普通车床的电气原理图

① 在识读电气原理图时，一定要注意图中所有电气元件的可动部分通常表示的是在电器非激励或不工作时的状态和位置，即常态位置。

② 电气原理图电路可水平或垂直布置。一般将主电路和辅助电路分开绘制。

③ 电气原理图中的所有电气元件不画出实际外形图，而采用国家标准规定的图形符号和文字符号表示，同一电器的各个部件可根据实际需要画在不同的地方，但用相同的文字符号标注。

④ 原理图上应标注各电源的电压值、极性、频率及相数等，元器件的特性（电阻的阻值、电容的容量等），不常用电器（如位置传感器、手动触头等）的操作方式和功能。

⑤ 在原理图上可将图按功能分成若干图区，以便阅读、分析、维修。

（2）电气位置图

电气位置图用来表示电气设备和电气元件的实际安装位置，是机械电气控制设备制造、安装和维修必不可少的技术文件。电气位置图可集中画在一张图上，或将控制柜、操作台的电气元件布置图分别画出，但图中各电气元件的代号应与有关原理图和元器件清单上的代号相同。在位置图中，电气元件用实线框表示，而不必按其外形形状画出。图中往往还留有10%以上的备用面积及导线管（槽）的位置，以供走线和改进设计时用。同时图中还需要标注出必要的尺寸，方便制作。CW6132型普通车床电气位置图如图6-60所示。

（3）电气接线图

电气接线图用来表明电气设备各单元之间的接线关系，主要用于安装接线、电路检查、电路维修和故障处理，在生产现场得到广泛应用。识读电气接线图时应熟悉绘制电气接线图的四个基本原则。

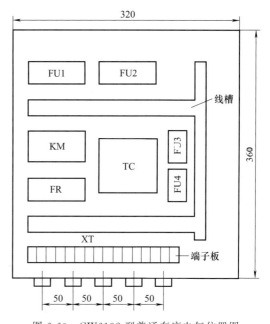

图 6-60　CW6132型普通车床电气位置图

① 各电气元件的图形符号、文字符号等均与电气原理图一致。

② 外部单元同一电器的各部件画在一起，其布置基本符合电器实际情况。

③ 不在同一控制箱和同一配电屏上的各电气元件的连接是经接线端子板实现的，电气互联关系以线束表示，连接导线应标明导线参数（数量、截面积、颜色等），一般不标注实际走线途径。

④ 控制装置的外部连接线应在图上或用接线表示清楚，并标明电源引入点。图6-61是CW6132型普通车床的电气接线图。

（4）原理图中连接端上的标志和编号

在电气原理图中，三相交流电源的引入线采用 L1、L2、L3 来标记，中性线以 N 表示。电源开关之后的三相交流电源主电路分别按 U、V、W 顺序标记，分级三相交流电源主电路采用代号 U、V、W 的前面加阿拉伯数字 1、2、3 等标记，如 1U、1V、1W 及 2U、2V、2W 等。电动机定子三相绕组首端分别用 U、V、W 标记，尾端分别用 U′、V′、W′标记。双绕组的中点则用 U″、V″、W″标记。

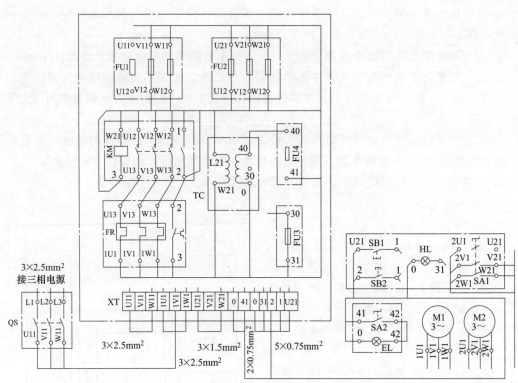

图 6-61　CW6132 型普通车床的电气接线图

（5）电气原理图中的其他规定

在设计和施工图中，过去常常把主电路部分以粗实线绘出，辅助电路则以细实线绘制。完整的电气原理图还应标明主要电器的有关技术参数和用途。例如电动机应标明其用途、型号、额定功率、额定电压、额定电流、额定转速等。

6.3.2　三相异步电动机的基本控制电路分析

三相笼型异步电动机坚固耐用，结构简单，且价格经济，在生产实际中应用十分广泛。因此，在相关项目及任务中，通常均以三相笼型异步电动机为例来分析常用的电气控制电路。又由于电动机的转子由静止状态转为正常运转状态的过程中，电动机的启动电流将增至额定值的 4～7 倍，会造成供电电路电压的波动。另外，频繁启动产生的较高热量会加快线圈和绝缘的老化，影响电动机使用寿命。所以，在设计电动机的控制电路时，必须考虑过载、短路等问题。

6.3.2.1　电动机单向点动控制电路的分析

在生产过程中，需要点动控制的生产机械也有许多，如机床调整对刀和刀架、立柱的快速移动、电动葫芦的走车等。

（1）点动控制电路图

点动控制电路是用按钮和接触器控制电动机的最简单的控制电路，分为主电路和控制电路两部分。主电路的电源引入采用了负荷开关 QS，电动机的电源由接触器 KM 主触点的通、断来控制，控制电路仅有一个按钮的常开触点与接触器线圈串联。点动控制电路的原理和实物接线如图 6-62 所示。

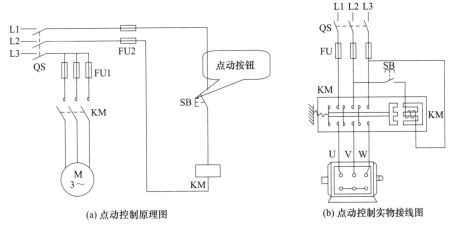

(a) 点动控制原理图　　　　　(b) 点动控制实物接线图

图 6-62　点动控制电路的原理与实物接线图

（2）工作原理分析

先合上 QS。

启动：按下 SB→KM 线圈得电→KM 主触头闭合→电动机 M 接通三相电源并运转。

停止：松开 SB→KM 线圈失电→KM 主触头断开→电动机 M 脱离三相电源并停转。

（3）点动控制的概念与特点

这种当按钮按下时电动机就运转，按钮松开后电动机就停转的控制方式，称为点动控制。优点是电路简单、控制动作迅速。缺点是不能实现电动机的连续运转。

6.3.2.2　电动机单向长动控制电路的分析

上述点动控制电路要使电动机连续运行，按钮 SB 就必须一直按着不能松开，这显然不符合生产实际。事实上，在工作和生活中，电动机用得最多的是连续控制。图 6-63 为最典型的电动机单向长动控制电路。

（1）长动控制电路图

图 6-63 中左侧为主电路，由刀开关 QS、熔断器 FU1、接触器 KM 主触点、热继电器 FR 的热元件

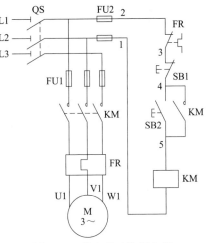

图 6-63　单向长动控制电路

和电动机 M 构成；右侧控制电路由熔断器 FU2、热继电器 FR 常闭触点、停止按钮 SB1、启动按钮 SB2、接触器 KM 常开辅助触点和它的线圈构成。

（2）工作原理分析

首先合上电源开关 QS。

（3）自锁的概念

这种当启动按钮松开后，依靠接触器自身辅助动合触点使其线圈保持通电的现象称为自

锁（或称自保）。起自锁作用的动合触点，称为自锁触点（或称自保触点），这样的控制电路称为具有自锁（或自保）的控制电路。自锁的作用是实现电动机的连续运转。

（4）电路保护环节

① 短路保护。图6-63中由熔断器FU1、FU2分别对主电路和控制电路进行短路保护。为了扩大保护范围，在电路中熔断器应安装在靠近电源端，通常安装在电源开关下面。

② 过载保护。图6-63中由热继电器FR对电动机进行过载保护。当电动机工作电流长时间超过额定值时，FR的动断触点会自动断开控制回路，使接触器线圈失电释放，从而使电动机停转，实现过载保护作用。

③ 欠压和失压保护。图6-63中由接触器本身的电磁机构还能实现欠压和失压保护。当电源电压过低或失去电压时，接触器的衔铁自行释放，电动机断电停转；而当电压恢复正常时，要重新操作启动按钮才能使电动机再次运转。这样可以防止重新通电后因电动机自行运转而发生的意外事故。

6.3.2.3 电动机的点长联动控制电路分析

机床这类电气设备在正常工作时，电动机一般都处于连续运行状态。但机床在试车或调整刀具与工件的相对位置时，又需要对电动机进行点动控制。实现这种控制要求的电路叫点长联动控制电路。

（1）电路图

电动机单向点长联动控制电路，如图6-64所示。

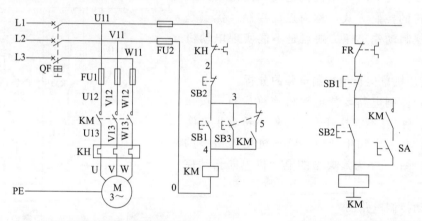

(a) 复合按钮切换的点长联动控制电路　　　　(b) 转换开关切换的点长联动控制电路

图6-64　单向点长联动控制电路

（2）工作原理

图6-64(a)为复合按钮切换的点长联动控制电路原理。合上QF开关，单按下SB2按钮时，为点动控制；单按下SB3按钮时，为长动控制。其原理如下。

① 点动控制。

② 长动控制。

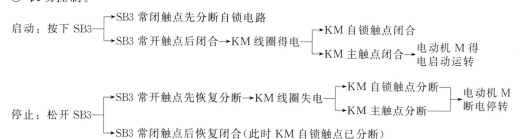

启动：按下 SB3 —┬─ SB3 常闭触点先分断自锁电路

　　　　　　　　└─ SB3 常开触点后闭合→KM 线圈得电 ─┬─ KM 自锁触点闭合

　　　　　　　　　　　　　　　　　　　　　　　　　　 └─ KM 主触点闭合→电动机 M 得
　　　　　　　　　　　　　　　　　　　　　　　　　　　　　　　　　　　电启动运转

停止：松开 SB3 —┬─ SB3 常开触点先恢复分断→KM 线圈失电 ─┬─ KM 自锁触点分断 ─┐ 电动机 M
　　　　　　　　　　　　　　　　　　　　　　　　　　　　　 └─ KM 主触点分断 ──┘ 断电停转

　　　　　　　　　└─ SB3 常闭触点后恢复闭合(此时 KM 自锁触点已分断)

6.3.2.4 多地控制电路分析

多地控制是指在两地或两个以上地点进行的控制操作。在大型生产设备上，为使操作人员在不同方位均能进行启停操作，常常要求组成多地控制电路。例如，船内机舱许多泵浦电动机不但要求能在泵的附近进行启停控制，而且要求能在集中控制室进行操纵。而两地控制使用频率最高，所谓两地控制，是指在两个地点各设一套电动机启动和停止用的控制按钮。

图 6-65 为两地控制的控制电路。其中 SB11、SB12 为安装在甲地的启动按钮和停止按钮，SB21、SB22 为安装在乙地的启动按钮和停止按钮。电路的特点是：启动按钮应并联接在一起，停止按钮应串联接在一起。这样就可以分别在甲、乙两地控制同一台电动机，达到操作方便的目的。对于三地或多地控制，只要将各地的启动按钮并联、停止按钮串联即可实现。

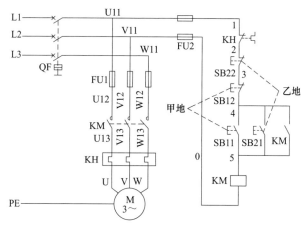

图 6-65　两地控制的控制电路原理

6.3.2.5 三相异步电动机的顺序控制电路分析

实现多台电动机的顺序启动的电路也有很多种，下面以两台电动机顺序启动的电路为例介绍几种常见的顺序控制电路。

（1）主电路实现顺序控制

① 电路图。图 6-66 是两台电动机主电路实现顺序控制电路。电动机 M1 和 M2 分别通过接触器 KM1 和 KM2 来控制。接触器 KM2 的主触点接在接触器 KM1 主触点的下面，这样就保证了当 KM1 主触点闭合，电动机 M1 启动运转后，M2 才可能通电运转。

② 工作原理。电路工作过程：合上电源开关 QS，按下启动按钮 SB1，接触器 KM1 线圈得电，接触器 KM1 主触点闭合，电动机 M1 启动连续运转。此后，按下按钮 SB2，接触器 KM2 线圈才能吸合自锁，接触器 KM2 主触点也同时闭合，电动机 M2 启动连续运转。

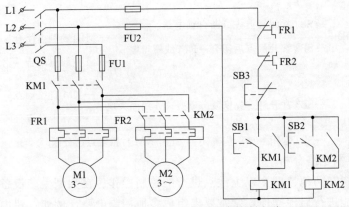

图 6-66　电动机主电路实现顺序控制电路

按下按钮 SB3，控制电路失电，接触器 KM1 和 KM2 线圈失电，主触点分断，电动机 M1 和 M2 失电停转。

（2）控制电路实现顺序控制

① 电路图。图 6-67 所示为电动机控制电路实现顺序控制的三种常用电路。电动机 M1 启动运行之后，电动机 M2 才能启动。

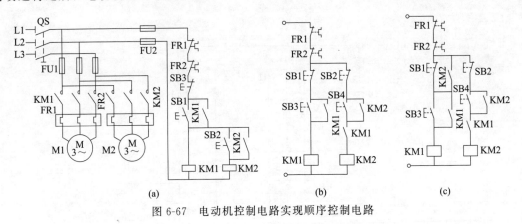

图 6-67　电动机控制电路实现顺序控制电路

② 工作原理。

a. 顺序启动同时停止控制。图 6-67（a）中，接触器 KM2 的线圈串联在接触器 KM1 自锁触点的下方，这就保证了只有当 KM1 线圈得电自锁、电动机 M1 启动后，KM2 线圈才可能得电自锁，使电动机 M2 启动。接触器 KM1 的辅助动合触点具有自锁和顺序控制的双重功能。

工作过程：合上电源开关 QS，按下按钮 SB1→KM1 线圈得电→KM1 主辅触头闭合并自锁→M1 启动运转后，再按下按钮 SB2→KM2 线圈得电→KM2 主触头闭合并自锁→M2 启动运转。按下按钮 SB3，控制电路失电，接触器 KM1 和 KM2 线圈失电，主触点分断，电动机 M1 和 M2 失电同时停转。

b. 顺序启动分别停止控制。图 6-67（b）所示控制电路，是将图 6-67（a）中 KM1 辅助动合触点自锁和顺序控制的功能分开，专门用一个 KM1 辅助动合触点作为顺序控制触点，串联在接触器 KM2 的线圈回路中。当接触器 KM1 线圈得电自锁、辅助动合触点闭合后，接触器 KM2 线圈才具备得电工作的先决条件，同样可以实现顺序启动控制的要求。在该电路中，按下停止按钮 SB1 和 SB2 可以分别控制两台电动机使其停转。

c.顺序启动逆序停止控制。图 6-67(c) 所示的控制电路，该电路除具有顺序启动控制功能以外，还能实现逆序停车的功能。图 6-67(c) 中，接触器 KM2 的辅助动合触点并联在停止按钮 SB1 动断触点两端，只有接触器 KM2 线圈失电（电动机 M2 停转）后，操作 SB1 才能使接触器 KM1 线圈失电，从而使电动机 M1 停转，即实现电动机 M1、M2 顺序启动及逆序停车的控制要求。

6.3.2.6 三相异步电动机正反转控制

电梯、吊车等起重设备必须能进行上下运动，一些机床的工作台也需要进行前后运动，生活和生产中很多拖动设备的运动部件要求两个方向的运动，这就要求作为拖动这些设备的电动机能实现正反转可逆运转，对电动机来说就必须要进行正反转控制。由三相交流电动机的工作原理可知，如果将接至电动机的三相电源线中的任意两相对调，就可以实现电动机的反转。

常用的正反转控制电路有：接触器联锁的正反转控制电路、按钮联锁的正反转控制电路、按钮和接触器双重联锁的正反转控制电路。按钮联锁的正反转控制电路如图 6-68 所示，它们的共同点是由两个按钮分别控制两个接触器来改变电源相序，实现电动机正反向控制。正转接触器 KM1、反转接触器 KM2。正转接触器 KM1 主触头闭合时，电动机相序：L1-U、L2-V、L3-W。反转接触器 KM2 主触头闭合时，电动机相序：L1-W、L2-V、L3-U。

（1）接触器联锁的正反转控制电路的分析

① 接触器不联锁的正反转控制电路。图 6-68(a) 为最简单的电动机正反转控制电路。按下启动按钮 SB2 或 SB3，此时 KM1 或 KM2 得电吸合，KM1 或 KM2 主触头闭合并自锁，电动机正转或反转。按下停止按钮 SB1，电动机停止运行。

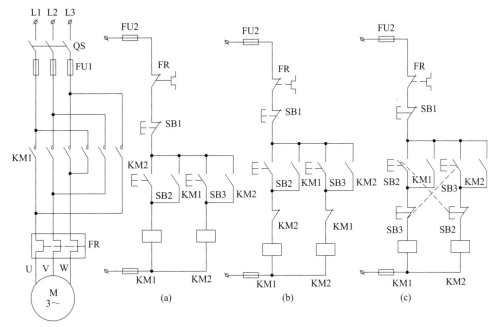

图 6-68　按钮联锁的正反转控制电路

但该电路的最大缺点是：当电动机正向（反向）运转时，如果直接按下反向（正向）启动按钮，接触器 KM2（KM1）线圈也同时通电，其主触头闭合，造成电源两相短路。因此，该电路由于可靠性很差，实际中一般不采用。

② 接触器联锁的正反转控制电路。

为了避免两接触器同时得电而造成电源相间短路的事故，改进电路如图 6-68(b) 所示，它是在图 6-68(a) 的电路基础上，在接触器 KM1、KM2 线圈各自的支路中相互串联了对方的常闭辅助触头，以保证接触器 KM1 与 KM2 不会同时通电。两常闭辅助触头 KM1、KM2 在电路中所起的作用为互锁（联锁），这两对触头称为互锁触头。这种利用接触器（或继电器）常闭触头的互锁方式也称为电气互锁。它要求在改变电动机转向时，必须先按停止按钮 SB1，再按反转按钮，才能使电动机反转。

图 6-68(b) 接触器联锁的正反转控制电路原理如下。

合上电源开关 QS。

正转控制：

按下 SB2→KM1 线圈得电—→KM1 主触点闭合→电动机 M 正转
　　　　　　　　　　　　→KM1 辅助动断触点分断，对 KM2 互锁
　　　　　　　　　　　　→KM1 辅助动合触点闭合，自锁

停止控制：

按下 SB1→KM1 线圈失电—→KM1 主触点分断→电动机 M 停转
　　　　　　　　　　　　→KM1 辅助动断触点闭合，互锁解锁
　　　　　　　　　　　　→KM1 辅助动合触点分断，自锁解锁

反转控制：

按下 SB3→KM2 线圈得电—→KM2 主触点闭合→电动机 M 反转
　　　　　　　　　　　　→KM2 辅助动断触点分断，对 KM1 互锁
　　　　　　　　　　　　→KM2 辅助动合触点闭合，自锁

图 6-68(b) 的控制电路作正反向操作控制时，必须首先按下停止按钮 SB1，然后再反向启动，因此，此电路只能构成正—停—反的操作顺序。

(2) 按钮和接触器双重联锁的正反转控制电路的分析

如要求频繁实现正反转的控制电路，可采用图 6-68(c) 所示电路，它是将图 6-68(b) 接触器 KM1 与 KM2 的常闭互锁触头去掉，换上正、反转按钮 SB2、SB3 的常闭触头。利用按钮的常开、常闭触头的机械连接（按下按钮时常闭触头先断开，然后常开触头闭合，释放按钮时常开触头先断开，然后常闭触头闭合），在电路中相互制约。这种互锁方式称为机械互锁。

这种电路操作虽然方便，但容易产生短路故障。例如当 KM1 主触头发生熔焊或有杂物卡阻，即使其线圈断电，主触头也可能分断不开。此时，若按下 SB2，KM2 线圈得电，其主触头闭合，这就发生了两接触器主触头同时闭合的情况，造成电源两相短路。因此，单用复合按钮互锁的电路安全性能并不高。在实际工作中，经常采用按钮和接触器双重联锁的正反转控制电路。

按钮和接触器双重联锁的正反转控制电路是在接触器联锁的基础上，又增加了按钮联锁，故兼有二者的优点，使电路更安全、可靠、实用。这种具有电气、机械双重互锁的控制电路特别适合于中、小型电动机的可逆旋转控制，它既可实现正转—停止—反转—停止的控制，又可实现正转—反转—停止的控制。如图 6-69 所示。

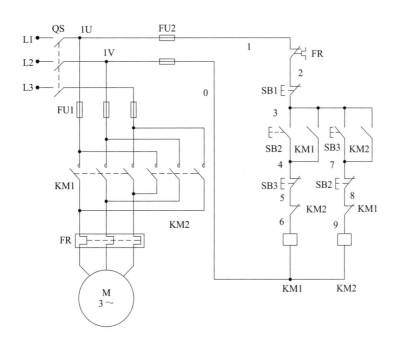

图 6-69　按钮和接触器双重联锁的正反转控制电路

电路工作原理如下。

合上电源开关 QS。

正转控制：

按下正转按钮 SB1→KM1 线圈得电

→KM1 自锁触头闭合
→KM1 主触头闭合→电动机 M 正转
→KM1 互锁触头断开

反转控制：

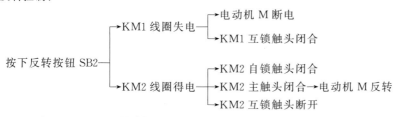

按下反转按钮 SB2

→KM1 线圈失电
　　→电动机 M 断电
　　→KM1 互锁触头闭合

→KM2 线圈得电
　　→KM2 自锁触头闭合
　　→KM2 主触头闭合→电动机 M 反转
　　→KM2 互锁触头断开

6.3.2.7　自动往返循环控制

（1）位置控制

工农业生产中有很多机械设备都是需要往复运动的。例如，机床的工作台、高炉的加料设备等要求工作台在一定距离内能自动往返运动，它是通过行程开关来检测往返运动的相对位置，进而控制电动机的正反转来实现的。因此，把这种控制称为位置控制、限位控制或行程控制。

（2）限位控制的实现

实现限位控制是相当简单的，只要将行程开关安置在需要限制的位置上，其常闭触点与控制电路中的停止按钮串联，则当机械移到此极限位置时，行程开关被撞击，常闭触点断开，与按下停止按钮是同样的效果，电动机便停车。显然限位控制是一种限位保护，使生产机械避免进入异常位置。那么，行程开关是如何控制电动机自动进行往返运动的呢？

（3）自动往返循环控制电路的设计

① 电路结构特点。若要求生产机械在两个行程位置内来回往返运动，则可将两个自复位行程开关 SQ1、SQ2 置于两个行程位置并在行程的两个极限位置安放限位开关 SQ3、SQ4，并组成控制电路，如图 6-70 所示。

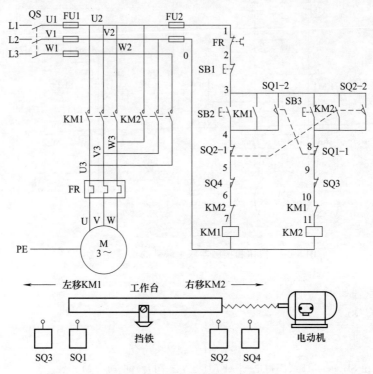

图 6-70　自动往返循环控制电路

② 工作原理。若要工作台向右移动，首先合上电源开关 QS，按下正转启动按钮 SB2，正转接触器 KM1 通电吸合，电动机便带动工作台向右移动。当工作台移动到右端行程位置时，便碰撞行程开关 SQ2，其常闭触点 SQ2-1 断开，切断了正转接触器 KM1 的线圈电路，常开触点 SQ2-2 闭合，接通了反转接触器 KM2 的线圈电路，电动机便反转带动工作台向左移动。当工作台离开右端行程位置后，SQ2 自动复位，为下次工作做好准备。工作台移至左端极限位置后的换接过程与刚才分析的类似。当左右往返行程控制开关 SQ1 或 SQ2 失灵，工作台超过原定的行程移动范围，碰撞左端 SQ3 或右端 SQ4 时，接触器断电释放，实现了限位保护功能。

6.3.2.8　星形-三角形降压启动控制

如果电动机在正常运转时作三角形连接，启动时先把它改接成星形，使加在绕组上的电压降低到额定值的 $1/\sqrt{3}$，从而减小了启动电流。待电动机的转速升高后，再通过开关把它改接成三角形，使它在额定电压下运转。利用这种方法启动时，其启动转矩只有直接启动的 1/3。所以这种启动方法，只适用于轻载或空载下启动。常见的启动线路有以下几种。

（1）时间继电器自动控制星形-三角形降压启动电路

图 6-71 为 QX4 系列自动星形-三角形启动器电路，适用于 125kW 及以下的三相笼型异步电动机作星形-三角形减压启动和停止的控制。该电路由接触器 KM1、KM2、KM3，热继电器 FR，时间继电器 KT，按钮 SB1、SB2 等元件组成，具有短路保护、过载保护和失压

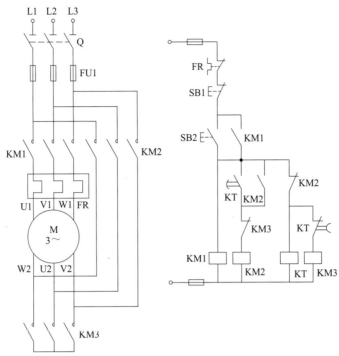

图 6-71　QX4 系列自动星形-三角形启动器电路

保护等功能。

电路工作原理：先合上电源开关 Q，按下启动按钮 SB2，KM1、KT、KM3 线圈同时通电并实现 KM1 的自锁，电动机三相定子绕组接成星形接入三相交流电源进行减压启动，当电动机转速接近额定转速时，通电延时型时间继电器动作，KT 常闭触头断开，KM3 线圈断电释放；同时 KT 常开触头闭合，KM2 线圈通电吸合并自锁，电动机绕组接成三角形全压运行；当 KM2 通电吸合后，KM2 常闭触头断开，使 KT 线圈断电，避免时间继电器长期工作。KM2、KM3 常闭触头互为互锁触头，以防同时接成星形和三角形造成电源短路。

（2）自耦变压器减压启动控制

电动机自耦变压器减压启动是将自耦变压器一次侧接在电网上，启动时定子绕组接在自耦变压器二次侧上。这样，启动时电动机获得的电压为自耦变压器的二次电压。待电动机转速接近电动机额定转速时，再将电动机定子绕组接在电网上，即电动机额定电压上，进入正常运转。这种减压启动适用于较大容量电动机的空载或轻载启动，自耦变压器二次绕组一般有三个抽头，用户可根据电网允许的启动电流和机械负载所需的启动转矩来选择。

图 6-72 为 XJ01 系列自耦减压启动电路图。图中 KM1 为减压启动接触器，KM2 为全压运行接触器，KA 为中间继电器，KT 为减压启动时间继电器，HL1 为电源指示灯，HL2 为减压启动指示灯，HL3 为正常运行指示灯。

电路工作原理：合上主电路与控制电路电源开关，HL1 灯亮，表明电源电压正常；按下启动按钮 SB2，KM1、KT 线圈同时通电并自锁，将自耦变压器接入，电动机由自耦变压器二次电压供电作减压启动，同时指示灯 HL1 灭、HL2 亮，显示电动机正进行减压启动；当电动机转速接近额定转速时，时间继电器 KT 通电延时闭合触头闭合，使 KA 线圈通电并

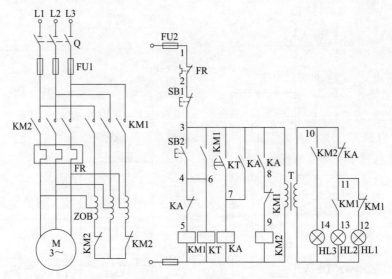

图 6-72　XJ01 系列自耦减压启动电路图

自锁，其常闭触头断开 KM1 线圈电路，KM1 线圈断电释放，将自耦变压器从电路切除；KA 的另一对常闭触头断开，HL2 指示灯灭；KA 的常开触头闭合，使 KM2 线圈通电吸合，电源电压全部加在电动机定子上，电动机在额定电压下进入正常运转，同时 HL3 指示灯亮，表明电动机减压启动结束。由于自耦变压器星形联结部分的电流为自耦变压器一、二次电流之差，故用 KM2 辅助触头来连接。

6.4　实　训

6.4.1　三相异步电动机的点动与长动运转控制

6.4.1.1　实训目的

① 了解按钮、交流接触器和热继电器的基本结构和动作原理。

② 掌握三相异步电动机直接启动的工作原理、接线及操作方法。

③ 了解电动机运行时的保护方法。

④ 比较常用点动、长动控制电路的特点。

⑤ 学会实验电路接线及故障排除。

6.4.1.2　实训设备

三相异步电动机一台，三相转换开关一个，交流接触器一个，热继电器一个，三联按钮开关一个，导线若干。

6.4.1.3　实训原理及依据

（1）点动控制环节

点动控制电路主要由按钮、接触器组成，如图 6-73 所示。闭合电源开关 QS，按下启动按钮 SB，接触器 KM

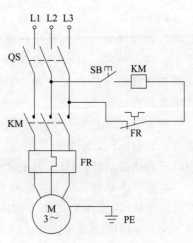

图 6-73　点动控制电路

线圈得电，接触器常开主触头闭合，电动机得电运转；松开启动按钮 SB，由于复位弹簧的作用，按钮复位，接触器 KM 线圈失电，接触器常开主触头断开，电动机停转，从而实现点动控制。

（2）长动控制环节（自锁控制环节）

点动控制只能在按下按钮时使电动机转动，松开按钮就停止运行。为了实现电动机长期连续运行，需要加入自锁触头。当按下启动按钮 SB2 时，接触器 KM 线圈得电，常开主触头吸合，同时自锁触头闭合，这样即使松开启动按钮 SB2，接触器的线圈仍然有电流通过，因此，电动机可连续运行。为了使自锁后的电动机可以停止运转，在控制电路中再串入一个停止按钮 SB1 即可。自锁环节控制电路如图 6-74 所示。

（3）保护环节

为确保电动机正常运行，防止由于短路、过载、失压和欠压等事故造成的危害，在电动机的主电路和控制电路中必须具备各种保护装置。一般有短路保护、过载保护、失压保护和欠压保护等。

短路保护利用熔断器来实现，过载保护利用热继电器来实现（本实验台带有短路保护，故电路中没有接入熔断器）。注意，由于熔断器和热继电器在电路中所起作

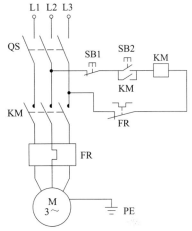

图 6-74　自锁环节控制电路

用不同，所以，两者不能互相代替使用。失压保护：在电动机运行时，由于外界原因突然断电又重新供电，在未加防范的情况下容易出现事故，为了确保断电后，在工作人员没有重新操作的情况下，电动机不能得电转动，因此，在控制电路中应有保护环节。在三相异步电动机控制电路中，常用接触器实现失压和欠压保护。

6.4.1.4　实训内容和步骤

① 三相异步电动机的单方向点动控制。按图 6-73 接线，其中电动机采用星形接法。合上开关，按下按钮 SB，观察电动机和交流接触器的动作情况，松开 SB，电动机停止运转。

② 电动机连续运转。主电路不变，控制电路如图 6-74 接线，按下启动按钮 SB2，电动机连续运转，按下停止按钮 SB1，电动机停转。

6.4.1.5　实训要求

① 认真仔细连接电路并自检，确认无误后方可通电。

② 连接电路时，要按照"先主后控、先串后并、上入下出、左进右出"的原则接线，做到心中有数。

③ 主、控制电路的导线要区分颜色，以便于检查。

④ 实验所用电压为 380V 或 220V 的三相交流电，严禁带电操作，不可触及导电部件，尽可能单手操作，以保证人身和设备的安全。

6.4.1.6　技能训练考核评分标准

技能训练考核评分标准见表 6-5。

表 6-5 评分标准

项目内容	评分标准	配分	扣分	得分
装前检查	① 电动机质量检查,每漏一处扣 3 分 ② 电气元件漏检或错检,每处扣 2 分	15		
安装元件	① 不按布置图安装,扣 10 分 ② 元件安装不牢固,每只扣 2 分 ③ 安装元件时漏装螺钉,每只扣 0.5 分 ④ 元件安装不整齐、不匀称、不合理,每只扣 3 分 ⑤ 损坏元件,扣 10 分	15		
布线	① 不按电路图接线,扣 15 分 ② 布线不符合要求:主电路,每根扣 2 分;控制电路,每根扣 1 分 ③ 接点松动、接点露铜过长、压绝缘层、反圈等,每处扣 0.5 分 ④ 损伤导线绝缘或线芯,每根扣 0.5 分 ⑤ 标记线号不清楚、遗漏或误标,每处扣 0.5 分	30		
通电试车	① 第一次试车不成功,扣 10 分 ② 第二次试车不成功,扣 20 分 ③ 第三次试车不成功,扣 30 分	40		
安全文明生产	违反安全文明生产规程,扣 5～40 分			
定额时间 90min	按每超时 5min 扣 5 分计算			
备注	除定额时间外,各项目的最高扣分不应超过配分数			
开始时间		结束时间		实际时间	

指导教师签名 _____   日期 _____

6.4.2　三相异步电动机的正反转控制

生产机械往往要求运动部件可以正反两个方向运动,如机械工作台的前进与后退、主轴的正反转、起重机吊钩的上升与下降、自动送料机等,这就要求拖动生产机械的电动机正、反向运行,满足生产工艺要求。从电机学我们学到,若将接至电动机的三相电源进线中任意两相对调接线,即可达到电机反向运行的目的。

6.4.2.1　实训目的
① 掌握三相异步电动机正反转控制电路的工作原理。
② 熟悉三相异步电动机正反转控制电路的接线及操作方法。
③ 理解电气互锁和按钮互锁的特点及应用。

6.4.2.2　实训设备
三相异步电动机一台,三相转换开关一个,交流接触器两个,热继电器一个,三联按钮开关一个,导线若干。

6.4.2.3　实训原理及依据
改变三相异步电动机的旋转方向,只需改变引入三相异步电动机的相序即可,这可通过两个接触器来实现。两个接触器的常开触头按照相反的相序分别与电动机的绕组相接,如图 6-75(a) 所示。当 KM1 主触头闭合时,电动机正转,当 KM2 主触头闭合时,电动机反转,限制条件是 KM1、KM2 主触头不能同时闭合,否则两相电源会发生短路事故,因此,在控制电路中利用两个接触器的联锁触头互相制约,见图 6-75(b),实现电动机的自动控制和保护。电动机正、反转之间的切换都要先按停止按钮,按下反方向运转的启动按钮,对于功率较大的电动机是必要的，但对于一些功率较小的，允许直接正、反转的电动机而言，就有些烦琐，为此可采用复式按钮互锁的控制电路，见图 6-75(c)。这种方法是用复合按钮来实现两个接触器的互相制约。为了保证电路更可靠地工作，控制电路可采用既有接触器互锁又有按钮互锁的双重互锁方式，见图 6-75(d)。

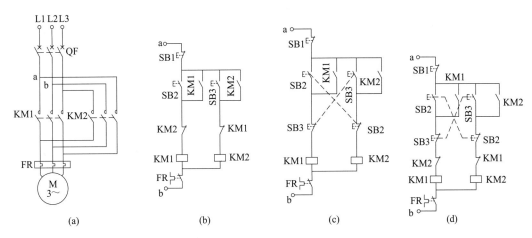

图 6-75　实训电路

6.4.2.4　实训内容及步骤

（1）实训内容

① 接触器互锁的正反转控制电路［图 6-75(b)］。

② 按钮互锁的正反转控制电路［图 6-75(c)］。

③ 接触器和按钮双重互锁的正反转控制电路［图 6-75(d)］。

（2）实训步骤

① 首先把电动机按星形接法接线，先接主电路［图 6-75(a)］，控制电路按图 6-75(b)接线，检查无误后，接通电源，按下正转启动按钮 SB2，观察接触器的动作情况和电机的转向，按下停止按钮 SB1，再按下反转启动按钮 SB3，观察接触器的动作情况和电机的转向。

② 主电路不变，控制电路按图 6-75(c) 接线，检查无误后接通电源，先按下正转启动按钮 SB2，观察接触器的动作情况和电动机的转向，再按下反转启动按钮 SB3，观察接触器和电机的动作情况，体会联锁触头的作用，按下停止按钮 SB1，电机停转。

③ 主电路不变，控制电路按图 6-75(d) 接线，检查无误后接通电源，先按下正转启动按钮 SB2，观察接触器的动作情况和电动机的转向，再按下反转启动按钮 SB3，观察接触器和电机的动作情况，体会联锁触头的作用，按下停止按钮 SB1，电机停转。

6.4.2.5　实训要求

① 认真仔细连接电路并自检，确认无误后方可通电。

② 连接电路时，要按照"先主后辅、先串后并、上入下出、左进右出"的原则接线，做到心中有数。

③ 主、控制电路的导线要区分颜色，以便于检查。

④ 实验所用电压为 380V 或 220V 的三相交流电，严禁带电操作，不可触及导电部件，尽可能单手操作，以保证人身和设备的安全。

6.4.2.6 技能训练考核评分标准

技能训练考核评分标准见表 6-6。

表 6-6 评分标准

项目内容	评分标准	配分	扣分	得分
装前检查	① 电动机质量检查,每漏一处扣 3 分 ② 电气元件漏检或错检,每处扣 2 分	15		
安装元件	① 不按布置图安装,扣 10 分 ② 元件安装不牢固,每只扣 2 分 ③ 安装元件时漏装螺钉,每只扣 0.5 分 ④ 元件安装不整齐、不匀称、不合理,每只扣 3 分 ⑤ 损坏元件,扣 10 分	15		
布线	① 不按电路图接线,扣 15 分 ② 布线不符合要求:主电路,每根扣 2 分;控制电路,每根扣 1 分 ③ 接点松动、接点露铜过长、压绝缘层、反圈等,每处扣 0.5 分 ④ 损伤导线绝缘或线芯,每根扣 0.5 分 ⑤ 标记线号不清楚、遗漏或误标,每处扣 0.5 分	30		
通电试车	① 第一次试车不成功,扣 10 分 ② 第二次试车不成功,扣 20 分 ③ 第三次试车不成功,扣 30 分	40		
安全文明生产	违反安全文明生产规程,扣 5～40 分			
定额时间 90min	按每超时 5min 扣 5 分计算			
备注	除定额时间外,各项目的最高扣分不应超过配分数			
开始时间		结束时间		实际时间

指导教师签名 _____ 日期 _____

6.4.3 三相异步电动机 Y-△启动控制

6.4.3.1 实训目的

① 熟悉空气阻尼式时间继电器的结构、原理及使用方法。

② 掌握异步电动机 Y-△启动控制电路的工作原理及接线方法。

③ 进一步熟悉电路的接线方法、故障分析及排除方法。

6.4.3.2 实训设备

① 交流接触器 3 个。

② 热继电器 1 个。

③ 二联按钮 1 个。

④ 时间继电器 1 个。

⑤ 三相转换开关 1 个。

⑥ 三相电动机（△接法）1 台。

⑦ 电工工具 1 套。

6.4.3.3 实训原理及依据

图 6-76 是异步电动机 Y-△启动的控制电路。

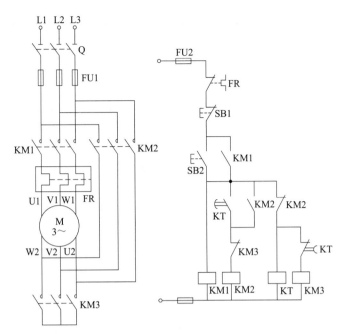

图 6-76　异步电动机 Y-△启动的控制电路

6.4.3.4　实训内容和步骤

① 检查电气元件是否良好,要弄清时间继电器的类型。

② 用粗线接好主电路,用细线接好控制电路,经老师检查后进行后序操作。

③ 合上 Q,按下 SB2,观察各电气元件的动作。

④ 调节 KT 的延时,观察其动作时间和电动机的启动情况。

6.4.3.5　技能训练考核评分标准

技能训练考核评分标准见表6-7。

表 6-7　评分标准

项目内容	评分标准	配分	扣分	得分
装前检查	① 电动机质量检查,每漏一处扣 3 分 ② 电气元件漏检或错检,每处扣 2 分	15		
安装元件	① 不按布置图安装,扣 10 分 ② 元件安装不牢固,每只扣 2 分 ③ 安装元件时漏装螺钉,每只扣 0.5 分 ④ 元件安装不整齐、不匀称、不合理,每只扣 3 分 ⑤ 损坏元件,扣 10 分	15		
布线	① 不按电路图接线,扣 15 分 ② 布线不符合要求:主电路,每根扣 2 分;控制电路,每根扣 1 分 ③ 接点松动、接点露铜过长、压绝缘层、反圈等,每处扣 0.5 分 ④ 损伤导线绝缘或线芯,每根扣 0.5 分 ⑤ 标记线号不清楚、遗漏或误标,每处扣 0.5 分	30		
通电试车	① 第一次试车不成功,扣 10 分 ② 第二次试车不成功,扣 20 分 ③ 第三次试车不成功,扣 30 分	40		
安全文明生产	违反安全文明生产规程,扣 5～40 分			

项目内容	评分标准	配分	扣分	得分
定额时间 90min	按每超时 5min 扣 5 分计算			
备注	除定额时间外,各项目的最高扣分不应超过配分数			
开始时间		结束时间		实际时间	

指导教师签名_____   日期_____

习　题

(1) 填空题

① 刀开关在安装时,手柄要_____,不得_____,避免由于重力自动下落,引起误动合闸。接线时_____应接在刀开关上端,_____接在刀开关下端。

② 螺旋式熔断器在装接时,_____应当接在下接线端,_____接到上接线端。

③ 自动空气开关又称_____,其热脱扣器作_____保护用,电磁脱扣器作_____保护用,欠压脱扣器作_____保护用。

④ 交流接触器由_____、_____、_____、_____等部分组成。

⑤ 接触器按其线圈通过电流的种类不同可分为_____和_____接触器两种。

⑥ 热继电器是利用电流的_____效应而动作的,它的发热元件应串联_____,常闭触点应串联_____,它做_____保护用。

⑦ 电气控制的系统图包括_____、_____、_____。

⑧ 三相笼型异步电动机的启动方式有_____和_____,直接启动时,电动机启动电流 I_S 为额定电流的_____倍。

⑨ 依靠接触自身的辅助触点保持线圈通电的电路称为_____电路。

⑩ 多地控制是用多组_____、_____来控制的,就是把各启动按钮的常开触头_____连接,各停止按钮的常闭触头_____连接。

⑪ 三相笼型异步电动机常用的降压启动有_____、_____、_____等。

(2) 选择题

① 接触器的常态是指 (　　)。

　　A. 线圈未通电情况　　　　　　　　B. 线圈带电情况

　　C. 触头断开　　　　　　　　　　　D. 触头动作

② 复合按钮在按下时,其触头动作情况是 (　　)。

　　A. 动合先闭合　　　　　　　　　　B. 动断先断开

　　C. 动合、动断同时动作　　　　　　D. 动断动作,动合不动作

③ 下列电器不能用来通断主电路的是 (　　)。

　　A. 接触器　　　　　　　　　　　　B. 自动空气开关

　　C. 刀开关　　　　　　　　　　　　D. 热继电器

④ 交流接触器在不同的额定电压下,额定电流 (　　)。

　　A. 相同　　　　　　　　　　　　　B. 不相同

　　C. 与电压无关　　　　　　　　　　D. 与电压成正比

⑤ 采用星形-三角形降压启动的电动机,正常工作时定子绕组接成（   ）。

    A. 角形　　　　　　　　　　　　　　B. 星形

    C. 星形或角形　　　　　　　　　　　D. 定子绕组中间带抽头

⑥ 欲使接触器 KM1 动作后接触器 KM2 才能动作,需要（   ）。

    A. 在 KM1 的线圈回路中串入 KM2 的常开触点

    B. 在 KM1 的线圈回路中串入 KM2 的常闭触点

    C. 在 KM2 的线圈回路中串入 KM1 的常开触点

    D. 在 KM2 的线圈回路中串入 KM1 的常闭触点

⑦ 频敏变阻器启动控制的优点是（   ）。

    A. 启动转矩平稳,电流冲击大　　　　B. 启动转矩大,电流冲击大

    C. 启动转矩平稳,电流冲击小　　　　D. 启动转矩小,电流冲击大

⑧ 三相异步电动机 Y-△降压启动时,其启动转矩是全压启动转矩的（   ）倍。

    A. $\dfrac{1}{3}$　　　　　B. $\dfrac{1}{\sqrt{3}}$　　　　　C. $\dfrac{1}{2}$　　　　　D. 不能确定

⑨ 下列哪个控制电路能正常工作（   ）。

⑩ 适用于电机容量较大且不允许频繁启动的降压启动方法是（   ）。

    A. 星形-三角形　　　B. 自耦变压器　　　C. 定子串电阻　　　D. 延边三角形

⑪ 用来表明电机、电器实际位置的图是（   ）。

    A. 电气原理图　　　B. 电气位置图　　　C. 功能图　　　D. 电气系统图

⑫ 转子绕组串电阻启动适用于（   ）。

    A. 鼠笼式异步电动机　　　　　　　　B. 绕线式异步电动机

    C. 串励直流电动机　　　　　　　　　D. 并励直流电动机

⑬ Y-△启动,启动时先把它改接成星形,使加在绕组上的电压降低到额定值的（   ）。

    A. 1/2　　　　　B. 1/3　　　　　C. 1/$\sqrt{3}$　　　　　D. 以上都不是

⑭ 在控制电路中,如果两个常开触点串联,则它们是（   ）。

    A. 与逻辑关系　　　B. 或逻辑关系　　　C. 非逻辑关系　　　D. 与非逻辑关系

⑮ 电机正反转运行中的两接触器必须实现相互间（   ）。

    A. 联锁　　　　　B. 自锁　　　　　C. 禁止　　　　　D. 记忆

⑯ 欠电流继电器可用于（   ）保护。

    A. 短路　　　　　B. 过载　　　　　C. 失压　　　　　D. 失磁

⑰ 下列电动机中,（   ）可以不设置过电流保护。

    A. 直流电动机　　　　　　　　　　　B. 三相笼型异步电动机

    C. 绕线式异步电动机　　　　　　　　D. 以上三种电动机

⑱ 若接触器用按钮启动,且启动按钮两端并联接触器的常开触点,则电路具有（   ）。

A. 零压保护功能　　B. 短路保护功能　　C. 过载保护功能　　D. 弱磁保护功能

(3) 判断题

① 选择刀开关时，刀开关的额定电压应大于或等于线路的额定电压，额定电流应大于或等于线路的额定电流。　　　　　　　　　　　　　　　　　　　　（　）

② 熔断器应用于低压配电系统和控制系统及用电设备中，作为短路和过电流保护，使用时并联在被保护电路中。　　　　　　　　　　　　　　　　　　　（　）

③ 中间继电器有时可控制大容量电动机的启停。　　　　　　　　　　（　）

④ 交流接触器除通断电路外，还具备短路和过载保护作用。　　　　　（　）

⑤ 断路器也可以进行短路和过载保护。　　　　　　　　　　　　　　（　）

⑥ QJ10 和 XJ01 系列自耦变压器降压启动器，在进入正常运行时，自耦变压器仍然带电。　　　　　　　　　　　　　　　　　　　　　　　　　　　　　（　）

⑦ 当改变通入电动机定子绕组的三相电源相序，即把接入电动机三相电源进线中的三根线对调接线时，电动机就可以反转。　　　　　　　　　　　　　　　（　）

⑧ 启动电阻和调速电阻可以相互替代。　　　　　　　　　　　　　　（　）

⑨ 弱磁保护就是磁场越弱越好。　　　　　　　　　　　　　　　　　（　）

⑩ 两台功率相同的异步电动机，甲电机的转速是乙电机的二倍，则甲电机的转矩是乙电机的一半。　　　　　　　　　　　　　　　　　　　　　　　　　（　）

⑪ 电动机正反转控制电路为了保证启动和运行的安全性，要采取电气上的互锁控制。
　　　　　　　　　　　　　　　　　　　　　　　　　　　　　　（　）

⑫ 制动就是给电动机一个与转动电压相反的电压，使它迅速停转。　　（　）

⑬ 能耗制动比反接制动所消耗的能量小，制动平稳。　　　　　　　　（　）

⑭ 延边三角形降压启动时，把定子绕组的一部分接成"△"，另一部分接成"Y"，使整个绕组接成延边三角形。　　　　　　　　　　　　　　　　　　　　　（　）

⑮ 电路图中，不画电气元件的实际外形图，而采用国家统一规定的电气图形符号。
　　　　　　　　　　　　　　　　　　　　　　　　　　　　　　（　）

⑯ 电气原理图设计中，应尽量减少电源的种类。　　　　　　　　　　（　）

⑰ 电气原理图设计中，应尽量减少通电电器的数量。　　　　　　　　（　）

⑱ 电气接线图中，同一电气元件的各部分不必画在一起。　　　　　　（　）

⑲ 电气原理图中，所有电器的触点都按没有通电或没有外力作用时的开闭状态画出。
　　　　　　　　　　　　　　　　　　　　　　　　　　　　　　（　）

(4) 综合题

① 常用的电气控制系统有哪三种？

② 何为电气原理图？绘制电气原理图的原则是什么？

③ 何为电气位置图？电气元件的布置应注意哪些问题？

④ 何为电气接线图？电气接线图的绘制原则是什么？

⑤ 何为互锁控制？实现电动机正反转互锁控制的方法有哪两种？它们有何不同？

⑥ 分析图 6-67 三种顺序联锁控制电路工作原理，试总结其控制规律。

⑦ 试画出两台电动机 M1、M2 启动时，M2 先启动，M1 后启动，停止时 M1 先停止，M2 后停止的电气控制电路。

⑧ 电动机正反转电路中，要实现直接由正转变反转，反转直接变正转，其控制要点在

何处？

⑨ 电动机"正—反—停"控制线路中，复合按钮已经起到了互锁作用，为什么还要用接触器的常闭触点进行联锁？

⑩ 试找出图 6-77 中各控制电路的错误，这些错误会出现何现象？应如何改正？

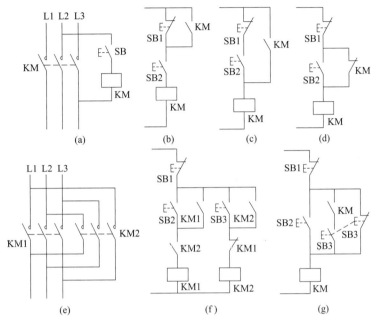

图 6-77　综合题⑩图

⑪ 电动机常用的保护环节有哪些？它们各由哪些电器来实现保护？

⑫ 电动机的短路保护、过载保护、过流保护各有何相同和不同之处？

⑬ 失电压保护与欠电压保护有何不同？

⑭ 一台三相异步电动机运行要求为：按下启动按钮，电机正转，5s 后，电机自行反转，再过 10s，电机停止，并具有短路、过载保护，设计主电路和控制电路。

⑮ 某机床有两台三相异步电动机，要求第一台电动机启动运行 5s 后，第二台电动机自行启动，第二台电动机运行 10s 后，两台电动机停止，两台电动机都具有短路、过载保护，设计主电路和控制电路。

⑯ 一台小车由一台三相异步电动机拖动，动作顺序如下：a.小车由原位开始前进，到终点后自动停止；b.在终点停留 20s 后自动返回原位并停止。要求在前进或后退途中任意位置都能停止或启动，并具有短路、过载保护，设计主电路和控制电路。

⑰ 设计两台三相异步电动机 M1、M2 的主电路和控制电路，要求 M1、M2 可分别启动和停止，也可实现同时启动和停止，并具有短路、过载保护。

参考文献

[1] 秦曾煌.电工学简明教程.2 版.北京：高等教育出版社，2008.

[2] 王文槿，张绪光.电工技术 .北京：高等教育出版社，2003.

[3] 秦曾煌.电工学：上册电工技术.6 版.北京：高等教育出版社，2006.

[4] 唐介.电工学：少学时.北京：高等教育出版社，2005.

[5] 邱关源.电路.4 版.北京：高等教育出版社，1999.

[6] 江缉光.电路原理：上册.北京：清华大学出版社，2005.

[7] 刘介才.工厂供电 .4 版.北京：机械工业出版社，2004.

[8] 齐占庆，王振臣.电气控制技术 .北京：机械工业出版社，2002.